Carolin Höhnke
Verkehrsgovernance in Megastädten –
Die ÖPNV-Reformen in Santiago de Chile und Bogotá

MEGACITIES AND GLOBAL CHANGE
MEGASTÄDTE UND GLOBALER WANDEL
herausgegeben von

Frauke Kraas, Jost Heintzenberg, Peter Herrle und Volker Kreibich

———————

Band 5

Carolin Höhnke

Verkehrsgovernance in Megastädten –
Die ÖPNV-Reformen in Santiago de Chile und Bogotá

Franz Steiner Verlag

Gedruckt mit freundlicher Unterstützung der Helmholtz-Zentrum
für Umweltforschung (UFZ) GmbH

Umschlagabbildung:
Transmilenio-Strecke in Bogotá © Carolin Höhnke

Bibliografische Information der Deutschen Nationalbibliothek:
Die Deutsche Nationalbibliothek verzeichnet diese Publikation in der Deutschen
Nationalbibliografie; detaillierte bibliografische Daten sind im Internet über
<http://dnb.d-nb.de> abrufbar.

Dieses Werk einschließlich aller seiner Teile ist urheberrechtlich geschützt.
Jede Verwertung außerhalb der engen Grenzen des Urheberrechtsgesetzes
ist unzulässig und strafbar.
© 2012 Franz Steiner Verlag, Stuttgart
Die vorliegende Arbeit wurde von der Mathematisch-Naturwissenschaftlichen
Fakultät II der Humboldt-Universität zu Berlin als Dissertation angenommen.
Titel der Arbeit lautete: Multi-Level Governance in der Verkehrspolitik
lateinamerikanischer Megastädte. Die Beispiele der ÖPNV-Reformen in
Santiago de Chile und Bogotá.
Druck: AZ Druck und Datentechnik GmbH, Kempten
Gedruckt auf säurefreiem, alterungsbeständigem Papier.
Printed in Germany.
ISBN 978-3-515-10251-3

VORWORT

Die vorliegende Arbeit über Multi-Level Governance in der Verkehrspolitik lateinamerikanischer Megastädte behandelt die Fallbeispiele der Reformen des öffentlichen Personennahverkehrs (ÖPNV) in Santiago de Chile und Bogotá. Darin konnte ich mein Interesse für Verkehrspolitik und Governance, mit dem für die Stadtentwicklung in Lateinamerika hervorragend verknüpfen. Durch seine große Aktualität während der Bearbeitungszeit war für mich das Thema bis zum letzten Tag spannend und die zukünftige Entwicklung werde ich weiter verfolgen.

Die Untersuchung war am Helmholtz-Zentrum für Umweltforschung (UFZ) in Leipzig in die Forschungsinitiative „Risk Habitat Megacity" eingebunden und wurde von der Helmholtz-Gemeinschaft ebenso wie von der Elsa-Neumann-Stiftung finanziell unterstützt, wofür ich mich sehr bedanken möchte. Fachlich konnte meine Arbeit von der Integration in die Megacity-Forschungsgruppe am Department für Stadt- und Umweltsoziologie des UFZ sehr profitieren. Deshalb gilt mein besonderer Dank Prof. Dr. Sigrun Kabisch, die sich immer sehr für beste Arbeitsbedingungen einsetzte, und Prof. Dr. Henning Nuissl, der als Professor für Angewandte Geographie und Raumplanung an der HU Berlin die Arbeit hervorragend betreute und immer ein offenes Ohr für Probleme und Fragen hatte. Weiterer Dank gilt außerdem den beiden weiteren GutachterInnen Prof. Dr. Barbara Lenz, Professorin für Verkehrsgeographie der HU Berlin, und Prof. Dr. Christoph Görg, Professor für Politikwissenschaft der Universität Kassel, die sich beide schon während des Entstehungsprozesses der Dissertation immer wieder Zeit für Diskussionen nahmen und damit die Arbeit sehr unterstützten.

Während der Durchführung der empirischen Untersuchung in Santiago war ich an das *Instituto de Estudios Urbanos y Territoriales* der *Pontificia Universidad Católica de Chile* angeschlossen, wo mir Claudia Rodriguez Seeger hilfreich zur Seite stand. In Bogotá hat mir Claudia Dangond vom *Departamento de Ciencia Política* der *Pontificia Universidad Javeriana* sehr mit einer Angliederung an das Institut geholfen. Ihr, sowie Jean-Francois Jolly von der Architekturfakultät, möchte ich für die freundliche Aufnahme in die dortige Stadtpolitik-Forschungsgruppe sowie für die interessanten Diskussionen über Bogotá danken. Ein besonderer Dank gilt an dieser Stelle vor allem den vielen Interviewpartnern in Santiago und Bogotá, die ein großes Interesse für meine Arbeit zeigten, sehr offen antworteten und mir sehr hilfsbereit weitere Kontakte und Dokumente zur Verfügung stellten. Ohne sie wäre diese Arbeit nicht möglich gewesen.

Für die sprachliche Unterstützung z. B. bei der Transkription möchte ich mich bei Vannia Berrios, José Gallardo und David Pérez sowie bei Veronika Harris bedanken. Schließlich danke ich meinen Eltern und insbesondere meinem Mann Karsten für die große Unterstützung in den letzten Jahren.

Carolin Höhnke

ZUSAMMENFASSUNG

Vor dem Hintergrund einer zunehmenden Motorisierung der Bevölkerung sowie steigenden Einwohnerzahlen sind in den Megastädten Lateinamerikas Strategien für den Umgang mit dem städtischen Verkehr erforderlich. Dementsprechend wurden in den letzten Jahren in mehreren Megastädten verschiedene verkehrspolitische Maßnahmen umgesetzt, so auch Reformen der weitgehend unkoordinierten Bussysteme einiger Städte. Viele dieser Reformprojekte konnten das Angebot des ÖPNV (öffentlicher Personennahverkehr) verbessern. Im Fall des Reformprojekts Transantiago in Santiago de Chile wurde allerdings deutlich, dass Steuerungs- und Koordinationsdefizite zu gravierenden Umsetzungsproblemen führen können (vgl. Figueroa/Orellana 2007:165).

In dieser Arbeit wird der problematische Umsetzungsprozess von Transantiago mit der im Allgemeinen bewerteten Implementierung von Transmilenio in Bogotá in einem kontrastierenden Vergleich gegenübergestellt. Dabei wird der theoretische Begriff Governance verwendet, der darauf eingeht, dass verschiedene Akteure an der Regelung öffentliche Belange beteiligt sind, wozu auch der ÖPNV gehört. Dabei liegt der Fokus auf den Governancestrukturen und -prozessen der Entstehung und Umsetzung der ÖPNV-Reformen vor dem Hintergrund von Multi-Level Arrangements. Damit wird auf die Komplexität von Governance angesichts der Einbeziehung verschiedener Akteursgruppen und administrativer Ebenen eingegangen.

Diese qualitativ-empirische Untersuchung basiert auf einer Mischung aus einer Textanalyse sowie einer zusammenfassenden Inhaltsanalyse von leitfadengestützten Experteninterviews, für die ein passendes Analyseschema erarbeitet wurde. Die Untersuchung zeigt, dass in beiden Städten mit den Reformprojekten nicht nur die ÖPNV-Systeme verändert wurden, sondern auch verschiedene Reskalierungsprozesse von Governance auftraten. Damit wird deutlich, dass die administrativen Ebenen nicht als gegeben anzusehen sind, sondern durch politische Diskussionsprozesse verändert werden können. Diese Reskalierungsprozesse ließen die Entscheidungsfindung in Santiago sehr komplex und schwierig werden, wohingegen diese Prozesse in Bogotá aufgrund der relativ weit fortgeschrittenen politischen und administrativen Dezentralisierung unproblematisch waren. Die Untersuchung kommt zu dem Ergebnis, dass ein dezentrales politisches System mit einer detaillierten Planung von verkehrspolitischen Maßnahmen unter Einbeziehung möglichst vieler betroffener Akteure hilfreich für die Umsetzung einer solch umfassenden verkehrspolitischen Maßnahme ist. Dadurch kann ein ÖPNV-System entwickelt werden, welches der Nachfrage der Nutzer, dem wirtschaftlichen Bestrebungen der Betreiber sowie einer nachhaltigen Stadtentwicklung gerecht werden kann.

ABSTRACT

Against the background of an increasing level of motorization as well as a rising population in Latin American megacities strategies to cope with the problems of urban transport are needed in these cities. Accordingly special transport policies were implemented in many megacities in Latin America in the last years, e. g. widespread reforms of the mostly uncoordinated public transport systems. Many of these reforms could improve the public transport supply. But in the case of the reform project Transantiago in Santiago de Chile it became apparent, that coordination deficits and inappropriate power constellations can cause serious implementation problems (cf. Figueroa/Orellana 2007:165).

In the present work the problematic implementation process of Transantiago in Santiago de Chile and the positive evaluated case of Transmilenio in Bogotá are compared in a contrastive manner by using the theoretical term of governance. Governance is dealing with the regulation of public affairs (to which public transport belongs) from different groups of actors. Its focus is on governance structures and processes of the implementation against the background of multi-level arrangements. This refers to the complexity of governance in the light of the integration of different actor groups as well as different administrative levels.

This qualitative-empirical study is based on a mixture of literature analysis and of several guided expert interviews which were conducted with actors and other experts from different administrative levels in Santiago and Bogotá. The interviews were analysed by using an adequate analytical scheme which was mostly developed out of the literature about governance. The results show that the reform projects in both cities did not only change the public transport system, but also let different kind of governance rescaling processes appear. This makes clear that administrative levels are not fixed, but could be changed by political or social discussions. The rescaling processes in Santiago let the decision-making being more complex, whereas these processes in Bogotá had less complex impacts due to the relatively advanced political and administrative decentralization. This study concludes that a decentralized political system with a detailed planning of transport policies and an integration of as many actors as possible is helpful for the implementation of such a widespread transport policy. Thus a public transport system can be developed, that conduces to the requirement of the people, to the economical efforts of the operators as well as to a sustainable urban development.

RESUMEN

En el contexto de la creciente motorización de la población y la creciente población en las megaciudades de América Latina se necesita estrategias para gobernar el tráfico urbano. Por eso en los últimos años se implementaron en varias megaciudades diversas medidas de política de transporte, incluida en algunas ciudades reformas de los sistemas de buses que eran muy descoordinda antes. Muchos de estos reformas podría aumentar la oferta de transporte público. Sin embargo, se puso de manifiesto los graves problemas de aplicación del proyecto Transantiago en Santiago de Chile, que han ocurrido en este caso con muchas dificultades principalmente debido a los déficit de gestión y coordinación (cf. Figueroa/Orellana 2007:165).
En este trabajo los problemas del proceso de implementación de Transantiago se enfrentan en una comparación de contraste con la implementación del proyecto de Transmilenio en Bogotá. Se utiliza el concepto teórico de governance, que enfoque en los diferentes actores involucrados en la regulación de los asuntos públicos, incluido el transporte público. Se centra en las estructuras de gobierno y procesos de la formación e implementación de las reformas de transporte público en el contexto de los multi-niveles. Esto refleja la complejidad de la gobernabilidad, dada la participación de diferentes grupos de actores y niveles administrativos.
Este estudio cualitativo empírico se basa en una mezcla de análisis de texto y un análisis del contenido de las entrevistas semi-estructuradas que fueron hechos con expertos, para cuales un esquema de análisis adecuado fue desarrollado. El estudio muestra que en ambas ciudades se han cambiado con los proyectos de reforma no sólo a los sistemas de transporte público, sino que también se produjo varios procesos de rescalar el governance. Esto pone de manifiesto que los niveles de la administración no han de considerarse como un hecho, pero se puede cambiar mediante el proceso de discusión política. Estos procesos de rescalar hizo que la toma de decisiónes en Santiago fue muy compleja y difícil, mientras que estos procesos en Bogotá, debido a la relativamente avanzada la descentralización política y administrativa fueron sin problemas. El estudio concluye que un sistema político descentralizado, con una planificación detallada de las medidas de política de transporte en que participen el mayor número de los interesados es útil para la aplicación de una medida política extensa de de transporte. Por lo tanto así se puede desarrollar un sistema de transporte público, que puede cumplir a la demanda de los usuarios, las aspiraciones económicas de los operadores y un desarrollo urbano sostenible.

INHALTSVERZEICHNIS

Vorwort 5
Zusammenfassung 7
Abstract 9
Resumen 11
Inhaltsverzeichnis 13
Lesehinweise 16
Abbildungsverzeichnis 17
Tabellenverzeichnis 17
Abkürzungsverzeichnis 18

TEIL A: EINLEITUNG 19

1. Verkehrsgovernance in Lateinamerikas Megastädten: Einordnung und
   Relevanz des Themas 19

2. Verkehrspolitik und Governance auf der Agenda
   der Verkehrswissenschaft 22
   2.1. Verkehrspolitik als Gegenstand der Verkehrswissenschaft 22
   2.2. Governance als Gegenstand der Verkehrswissenschaft 24

3. Herausforderungen von Verkehr und ÖPNV in den Megastädten
   Lateinamerikas 25

4. ÖPNV-Reformen in Santiago de Chile und Bogotá:
   Fragen und Ziele der Arbeit 28

TEIL B: THEORETISCH-KONZEPTIONELLE GRUNDLAGEN ... 33

5. Governance als theoretischer Zugang 33
   5.1. Bedeutung und Entwicklung des Begriffs Governance 33
   5.2. Unterscheidung von Governancebegriffen 38
        5.2.1. normativ vs. analytisch vs. diagnostisch 38
        5.2.2. staatszentriert vs. netzwerkzentriert 41

6. Multi-Level Governance und Dezentralisierung 42
   Exkurs zum Begriff Dezentralisierung 47

7. Policy-Making als Forschungsgegenstand 49

8. Governance als theoretisch-konzeptioneller Zugang zum Policy-Making
   von verkehrspolitischen Maßnahmen in Multi-Level-Arrangements ... 51

TEIL C: GOVERNANCE IN DER EMPIRISCHEN FORSCHUNG ... 54

9. Herausforderungen der empirischen Governanceforschung 54

10. Beiträge für eine empirische Governanceanalyse 56
    10.1. Governanceebenen 56
    10.2. Analyserahmen für Governance räumlicher Planung 57
    10.3. Zyklusmodell des Policy-Making 58

11. Analyserahmen zur Untersuchung von Governanceprozessen 61

TEIL D: DESIGN VON FORSCHUNG UND METHODIK 66

12. Forschungsstrategie 66

13. Methodik der empirischen Untersuchung 69

TEIL E: FALLSTUDIE SANTIAGO DE CHILE 75

14. Governance und ÖPNV in Santiago 75
    14.1. Importsubstitution und staatliche Interventionen im ÖPNV 75
    14.2. Militärdiktatur und ökonomische Liberalisierung des ÖPNV 76
    14.3. Re-Demokratisierung und Vertiefung des neoliberalen Modells
          in Santiagos ÖPNV 78

15. Veränderungen des ÖPNV durch Transantiago 80
    15.1. Technische Veränderungen: Re-Organisierung des Liniennetzes 82
    15.2. Unternehmerische Veränderungen: von tausenden zu
          zehn Unternehmen 83
    15.3. Finanzielle Veränderungen: Einführung eines
          integrierten Tarifsystems 83

16. Governance des Policy Making von Transantiago 84
    16.1. Metagovernance 84
        16.1.1. Strukturell-politischer Kontext: Santiago im zentralisierten
               politischen System 84
        16.1.2. Wirtschaftsmodell: Marktorientierte Verkehrspolitik für
               privatwirtschaftliche Akteure 87
        16.1.3. Symbolik: Transantiago als Symbol für die globale
               Wettbewerbsfähigkeit Santiagos 90
    16.2. Institutioneller Rahmen 92
        16.2.1. Informelle Institutionen 92
        16.2.2. Formelle Institutionen 96
        16.2.3. Verkehrsentwicklungsplan PTUS – ein informelles
               Planungsinstrument 100
    16.3. Akteure 105
        16.3.1. Akteure der internationalen Ebene 105
        16.3.2. Akteure der nationalen Ebene 106
        16.3.3. Akteure der regionalen Ebene 108
        16.3.4. Akteure der lokalen Ebene 109

16.3.5. Zusammenfassende Betrachtung der Akteure 111
16.4. Policy-Making-Prozess 112
    16.4.1. Wahrnehmung und Agenda-Setting der ÖPNV-Probleme
          vor Transantiago 112
    16.4.2. Formulierung des Projekts Transantiago im PTUS 117
    16.4.3. Implementierung der Reform 118
    16.4.4 Auswirkungen von Transantiago und deren Evaluierung 134
    16.4.5. Re-Definition 139

TEIL F: FALLSTUDIE BOGOTÁ 144

17. Governance und ÖPNV in Bogotá 144
17.1. Staatskonsolidierung und der Beginn des ÖPNV in Bogotá 144
17.2. Lokalpolitische Autonomie und die Weiterführung des
       kleinteiligen ÖPNV-Systems 148

18. Veränderungen des ÖPNV durch Transmilenio 149
18.1. Technische Veränderungen: Re-Organisierung auf einzelnen
       Korridoren 151
18.2. Unternehmerische Veränderungen: von einer kleinteiligen
       Unternehmerstruktur zu wenigen Großunternehmen 152
18.3. Finanzielle Veränderungen: Einführung eines
       integrierten Tarifsystems 152
18.4. Flankierende Verkehrsmaßnahmen 153

19. Governance des Policy Making von Transmilenio 154
19.1. Metagovernance 154
    19.1.1. Strukturell-politischer Kontext: Bogotá im
          dezentralisierten politischen System 154
    19.1.2. Wirtschaftsmodell: Marktorientierte Verkehrspolitik mit
          privatwirtschaftlichen Akteuren 157
    19.1.3. Symbolik: Transmilenio als Symbol für Wandel 159
19.2. Institutioneller Rahmen 160
    19.2.1. Informelle Institutionen 160
    19.2.2. Formelle Institutionen 162
    19.2.3. Verkehrsentwicklungsplanung – formelle und informelle
          Planungsinstrumente 165
19.3. Akteure 169
    19.3.1. Akteure der internationalen Ebene 170
    19.3.2. Akteure der nationalen Ebene 170
    19.3.3. Akteure der regionalen Ebene 172
    19.3.4. Akteure der lokalen Ebene 173
    19.3.5. Zusammenfassende Betrachtung der Akteure 177
19.4. Policy Making Prozess 179
    19.4.1. Wahrnehmung und Agenda-Setting von Transmilenio 179
    19.4.2. Formulierung des Projekts Transmilenio 184

19.4.3. Implementierung der Reform 186
19.4.4. Auswirkungen von Transmilenio und deren Evaluierung......198
19.4.5. Re-Definition...202

TEIL G: VERGLEICHENDE DISKUSSION 205

20. Besonderheiten der Governanceprozesse 205
20.1. ...von Transantiago 205
20.2. ...von Transmilenio 209

21. Multi-Level Governance und Reskalierung....................................213
21.1. ...in Santiago 213
21.2. ...in Bogotá...216

22. Förderliche und hinderliche Governancefaktoren 217
22.1. ...von Transantiago 218
22.2. ...von Transmilenio 220

23. Handlungsempfehlungen 226

24. Resümee und weiterer Forschungsbedarf.......................................228

LITERATUR 233
Internetquellen 247
Gesetze..247

ANHANG 249
Interviewpartner in Santiago...249
Interviewpartner in Bogotá 250
Beispiel Interviewleitfaden 251

LESEHINWEISE

Fachbegriffe aus dem Englischen oder Spanischen, für die es keine adäquate Übersetzung ins Deutsche gibt, wurden beibehalten und bei ihrer Einführung erklärt. Englische Begriffe, die in den deutschen Wortschatz intergiert sind, wurden wie deutsche Begriffe behandelt.

Zitate aus den durchgeführten Experteninterviews sind mit dem Wort „Interview", der Person (anonymisiert), der Jahreszahl und der Absatznummer in der Transkription (nach MaxQDA) versehen. Beispiel: Interview S.12 2006: 65. Im Anhang befindet sich eine Liste mit den befragten Interviewpartnern.

ABBILDUNGSVERZEICHNIS

Abb. 1: Überblick über den Aufbau der Arbeit 22
Abb. 2: Der idealtypische Policy Cycle 59
Abb. 3: Beziehungen zwischen den Governanceelementen 65
Abb. 4: Screenshot einer digitalen Interviewauswertung mit MAXQDA 73
Abb. 5: Schematische Darstellung der Organisationsstruktur und Hierarchien im öffentlichen Busverkehr in Santiago vor Transantiago 79
Abb. 6: Schematische Darstellung des Transantiago Systems 82
Abb. 7: Interesse und Kooperationen der Akteure in Santiago 112
Abb. 8: Vergleich des Modal Split der Jahre 1991 und 2001 115
Abb. 9: Schematische Darstellung der Organisationsstruktur und der Hierarchien im öffentlichen Busverkehr in Bogotá vor Transmilenio 147
Abb. 10: Schematische Abbildung des Transmilenio-Liniennetzes 2011 151
Abb. 11: Chronologie der Bürgermeister und Präsidenten 155
Abb. 12: Relevante Planungsinstrumente in Bogotá 169
Abb. 13: Interesse und Kooperationen der Akteure in Bogotá 178
Abb. 14: Modal Split 1995 180
Abb. 15: Modal Split 2005 200
Abb. 16: Zusammenfassung der Governanceelemente von Transantiago 206
Abb. 17: Zusammenfassung der Governanceelemente von Transmilenio 211

TABELLENVERZEICHNIS

Tab. 1: Analyserahmen für Governanceprozesse im ÖPNV 62
Tab. 2: Überblick über die Veränderungen im ÖPNV-System mit Transantiago 81
Tab. 3: Publikation über den PTUS 100
Tab. 4: Modal Split 2001 nach Einkommensniveaus 116
Tab. 5: Szenarien von F&C zur Ermittlung der benötigten Busflottengröße 123
Tab. 6: Zeitplan von Transantiago 132
Tab. 7: Erhebung zu Auswirkungen von Transantiago auf den ÖPNV von LyD 138
Tab. 8: Überblick über die Veränderungen im ÖPNV mit Transmilenio 150
Tab. 9: Hinderliche und förderliche Governancefaktoren für eine Umsetzung von Transantiago 222
Tab. 10: Hinderliche und förderliche Governancefaktoren für eine Umsetzung von Transmilenio 224

ABKÜRZUNGSVERZEICHNIS

AMT	*Autoridad Metropolitana de Transporte* (Metropolverwaltung für Verkehr)
BRT	*Bus-Rapid-Transit*
CGTS	*Coordinación General del Transporte de Santiago* (Koordinationsstelle für Verkehr in Santiago)
CONAMA	*Comisión Nacional del Medio Ambiente* (Nationale Umweltkommission)
CONPES	*Consejo Nacional de Política Económica y Social* (Nationalrat für Wirtschafts- und Sozialpolitik)
DNP	*Departamento Nacional de Planeación* (Nationale Planungsdezernat)
FONDATT	*Fondo de Educación y Seguridad Vial* (Fond für Verkehrserziehung und -sicherheit)
GORE	*Gobierno Regional* (Regionalregierung)
IDU	*Instituto de Desarrollo Urbano* (Stadtentwicklungsinstitut)
INCO	*Instituto Nacional de Concesiones* (Nationales Institut für Konzessionen)
INVIAS	*Instituto de Vias Nacionales* (Institut für nationale Straßen)
JAL	*Junta Administradora Local* (Lokaler Verwaltungsrat der *Localidades*)
JICA	*Japan International Cooperation Agency* (Japanische Agentur für Entwicklungszusammenarbeit)
MIDEPLAN	*Ministerio de Planificación y Coorperación* (Ministerium für Planung und Kooperation)
MINVU	*Ministerio de Vivienda y Urbanismo* (Ministerium für Wohnungsbau und Stadtentwicklung)
MMA	*Ministerio del Medio Ambiente* (Umweltministerium)
MOP	*Ministerio de Obras Públicas* (Ministerium für öffentliches Bauen)
MTT	*Ministerio de Transporte y Telecomuncaciónes* (Ministerium für Verkehr und Telekommunikation)
ÖPNV	Öffentlicher Personennahverkehr
PMRS	*Plan Regulador Metropolitano de Santiago* (Regulierungsplan für die Metropole Santiago; ähnlich Flächennutzungsplan)
POT	*Plan Ordenamiento Territorial* (ähnlich Flächennutzungsplan)
PTUS	*Plan de Transporte Urbano de Santiago* (Verkehrsentwicklungsplan Santiago)
S. A.	*Socidad Anónima* (Aktiengesellschaft)
SDM	*Secretaria Distrital de Movilidad* (Sekretariat für Mobilität)
SDP	*Secretaria Distrital de Planeación* (Sekretariat für Planung)
SECTRA	*Secretaría de Planificación de Transporte* (Sekretariat für Verkehrsplanung)
SEREMI	*Secretaría Regional Ministerial* (regionales Sekretariat vom Ministerium)
STT	*Secretaria de Transito y Transporte* (Sekretariat für Verkehr und Transport)
$	Symbol für chilenischen Peso

TEIL A: EINLEITUNG

In diesem ersten Teil wird das Thema der vorliegenden Arbeit zunächst in die aktuelle wissenschaftliche Diskussion eingeordnet und die Relevanz des Themas dargestellt. Daraufhin werden der Stand der Forschung von Governance in der Verkehrswissenschaft und die aktuelle Verkehrssituation in lateinamerikanischen Megastädten dargestellt. Das abschließende Kapitel widmet sich der Vorstellung des konkreten Forschungsgegenstandes, aus dem die Forschungsfragen und die Ziele der Arbeit entwickelt werden.

1. VERKEHRSGOVERNANCE IN LATEINAMERIKAS MEGASTÄDTEN: EINORDNUNG UND RELEVANZ DES THEMAS

Heutzutage leben weltweit die Hälfte der Menschen in Städten (vgl. UN 2010: 4). In Lateinamerika leben sogar 79,5 % und im Jahr 2030 voraussichtlich 84,6 % der Bevölkerung in Städten (vgl. CEPAL 2010: 33). Zudem liegt die Metropolisierungsquote[1] bei über einem Drittel, womit der Kontinent insgesamt den höchsten Metropolisierungsgrad weltweit erreicht (vgl. Bronger 2004: 54). Da auf dem Kontinent viele sog. Megastädte[2] existieren, steht die Erforschung von Zusammenhängen im urbanen Raum im Mittelpunkt der humangeographischen Lateinamerikaforschung (vgl. Gilbert 1996, Carrión 2001, Mattos u. a. 2005). Dazu gehört auch die Thematik von Verkehr in den Städten Lateinamerikas (vgl. Figueroa 1996, Vasconcellos 2001, Bull 2003), die durch eine steigende Nutzung des privaten Pkw gekennzeichnet ist. Die damit verbundenen Verkehrsprobleme, wie vermehrte Verkehrsstaus, steigende Unfallraten sowie hohe Luftschadstoff- und Lärmemissionen sind zwar nicht spezifisch für lateinamerikanische Megastädte, aber dennoch haben viele solcher Städte in einem besonderem Maße mit den genannten Problemen zu kämpfen (vgl. Moavenzadeh/Markow 2007: 2 ff.).

---

1   Die Metropolisierungsquote gibt an, wie hoch der Bevölkerungsanteil der Metropole bezogen auf die Gesamtbevölkerung ist.
2   Dieser Begriff steht für eine demographische Definition, die sich hauptsächlich über die Bevölkerungszahl abgrenzt: Nach Bronger (2004: 30) müssen in einer Megastadt mind. 5 Millionen Menschen leben; für Gilbert (1996: 4) muss die Einwohnerzahl bei mind. 8 Millionen liegen, damit von einer Megastadt gesprochen werden kann. Andere Autoren entgegnen mit den Begriffen „Global-City" (Sassen 1991) oder „World-City" (Beaverstock/Smith/Taylor 1999), die auf die funktionale Bedeutung der Stadt zurückgehen und bei denen meist ökonomische Gesichtspunkte im Vordergrund stehen. Es wird aber immer wieder Kritik an diesen Ansätzen geübt, weshalb Heinrichs u. a. (2009) die drei Dimensionen Größe, Geschwindigkeit und Komplexität zur Definition einer Megastadt heranziehen.

In Lateinamerika sind vor dem Hintergrund der zunehmenden Motorisierung der Bevölkerung sowie den steigenden Einwohnerzahlen der Städte Strategien für den Umgang mit dem städtischen Verkehr erforderlich, um nicht nur Treibhausgase zu reduzieren (damit z. B. Klimaziele eingehalten werden können), sondern auch die städtische Lebensqualität und die Mobilität der Bevölkerung insgesamt zu verbessern. Megastädte bieten dafür, aufgrund der hohen Konzentration der Bevölkerung, die Möglichkeit für besonders effiziente Verkehrssysteme. Sie haben „...*ein großes Potential zur Begrenzung des Individualverkehrs und die Bereitstellung öffentlicher Verkehrssysteme*" (Hansjürgens/Heinrichs 2007: o.S.).

Dementsprechend wurden in den letzten Jahren in mehreren lateinamerikanischen Megastädten verschiedene verkehrspolitische Maßnahmen umgesetzt, sei es zur Begrenzung der Pkw-Nutzung (z. B. in Sao Paulo und Bogotá), zur Förderung der Fahrradnutzung (z. B. Mexiko City und Santiago de Chile) oder zum Ausbau des öffentlichen Personennahverkehrs (ÖPNV, z. B. in Quito und Lima).

An der Steuerung solcher verkehrspolitischer Maßnahmen sind verschiedene Akteure beteiligt, die in Aushandlungsprozessen über die Ziele, die Ausgestaltung und die Umsetzung der geplanten Maßnahme entscheiden. Für Megastädte stellt allerdings insbesondere die Komplexität von Steuerungsprozessen eine große Schwierigkeit dar, die sich in Verflechtungen der globalen mit der lokalen Ebene, einem hohen Koordinationsaufwand und komplexen Interaktionen der beteiligten Akteure zeigt (vgl. Heinrichs u. a. 2009: 47).

Die Entstehungs- und Umsetzungsprozesse von politischen Programmen und Maßnahmen wurden in den 1970er Jahren in der Policy-Forschung (im deutschen Zusammenhang auch als Politikfeldanalyse bekannt) unter dem Begriff des Policy-Making diskutiert. Dabei wurde davon ausgegangen, dass vor allem öffentliche Akteure die Implementierung von politischen Maßnahmen formen. Seit den 1990er Jahren wurde die Diskussion unter dem Begriff Governance weitergeführt. Dieser Ansatz geht davon aus, dass ein Umsetzungsprozess von verschiedenen Akteursgruppen (öffentliche, private und zivilgesellschaftliche Akteure) beeinflusst wird. Die Governanceforschung fragt danach, in welcher Art und Weise öffentliche Angelegenheiten geregelt werden und knüpft damit an die Implementationsforschung an. Für verkehrspolitische Maßnahmen ist eine Governanceuntersuchung interessant, weil davon ausgegangen werden kann, dass gefundene Hinweise auf Hindernisse und förderliche Faktoren auch für andere Städte hilfreich sind, die ebensolche Maßnahmen umsetzen und aus den Fehlern und Erfolgen anderer Städte lernen können.

Solch ein Transfer von Ideen und Konzepten spielt in der heutigen globalisierten Welt für die Stadtentwicklungspolitik allgemein und ebenso für die Verkehrspolitik eine große Rolle. Vor allem Megastädte in Entwicklungs- und Schwellenländern können von dem Vergleich verkehrspolitischer Maßnahmen lernen, da der Transfer von Best-Practice-Beispielen ständig praktiziert wird. Derzeit weltweit beliebte Verkehrsmaßnahmen sind z. B. die Einführung einer Citymaut, die Einrichtung eines öffentlichen Fahrradleihsystems oder die Umsetzung eines Bus-Rapid-Transit-Konzepts (BRT-Konzept), das in den 1970er Jahren in Curitiba (Brasilien) entwickelt wurde[3]. Das dortige BRT-Konzept wurde zunächst Vorbild für viele weitere Städte in Lateinamerika darunter Bogotá, Santiago de Chile, Lima, Mexico City, Sao Paulo und Quito. Vor allem nach dem großen Erfolg in Bogotá, die international Aufmerksamkeit erregte, wurde die Idee in anderen Städten weltweit wie Guangzhou, Beijing, Teheran, Jakarta, Johannesburg, Istanbul und New York übernommen. Obwohl viele der BRT-Projekte das ÖPNV-Angebot in den Städten verbessern konnten und deshalb als eine erfolgreiche Umsetzung gelten können, wurde bisher kaum auf die Herausforderungen der Umsetzungsprozesse geschaut. Erst mit den gravierenden Problemen der ÖPNV-Reform mit dem Namen Transantiago in Santiago de Chile wurde deutlich, dass in diesem Fall viele Schwierigkeiten vor allem aufgrund von Steuerungs- und Koordinationsdefiziten entstanden (vgl. Figueroa/Orellana 2007:165). Zwar sind von Politikberatungsorganisationen wie z. B. der Gesellschaft für Internationale Zusammenarbeit (GIZ, ehemals GTZ) Planungshilfen mit Leitlinien für die Planung und Umsetzung von BRT-Systemen entstanden (z. B. Wright/Hook 2007, Levinson u. a. 2003), aber eine vergleichende Studie über den Umgang mit solchen Reformprojekten vor dem Hintergrund des Governancebegriffs steht bisher noch aus.

In der vorliegenden Arbeit wurden deshalb in einem kontrastierenden Vergleich die Umsetzungsprozesse der BRT-Projekte „Transmilenio" in Bogotá und „Transantiago" in Santiago de Chile untersucht und gefragt, was die Umsetzung solcher BRT-Projekte fördert und was sie behindert. Dabei liegt der Fokus auf den Governancestrukturen und -prozessen des Policy-Making, also dem Entstehungs- und Umsetzungsprozess der ausgewählten Verkehrsmaßnahmen, vor dem Hintergrund eines sich durch die ÖPNV-Reformen verändernden Multi-Level-Arrangements. Damit wird auf die Komplexität des Governanceprozesses angesichts der Einbeziehung verschiedener Akteursgruppen und Ebenen eingegangen. Letztendlich soll mit dieser Arbeit ein Beitrag zu einer nachhaltigen Verkehrsentwicklung in Megastädten geleistet werden, indem Handlungsempfehlungen für andere Städte ausgesprochen werden.

Die Arbeit beginnt mit einer Einführung (Teil A) in die Verkehrsproblematik von Lateinamerikas Megastädten und die Besonderheiten der ÖPNV-Reformen in Santiago de Chile und Bogotá, mit Hilfe derer die Fragestellungen dieser Untersuchung formuliert werden. Im nachfolgenden Kapitel (Teil B) wird auf die konzeptionellen Grundlagen der Arbeit eingegangen, in der Governance als konzeptioneller Zugang zum Policy-Making von ÖPNV-Maßnahmen genutzt wird. Dabei wird die Herkunft und Nutzung des Begriffs Governance erläutert, auf die Verbindung zum Diskurs von Multi-Level Governance hingewiesen und schließlich ein Zusammenhang zwischen Governance und Verkehrspolitik hergestellt. Die empirische Verwendung von Governance wird in Teil C thematisiert, indem verschiedene Beiträge für die empirische Governanceanalyse vorgestellt werden und

---

3 In Kapitel 3 wird genauer auf BRT-Systeme eingegangen.

auf Basis derer schließlich ein eigener Analyserahmen ausgearbeitet wird. Anschließend wird in Teil D die Forschungsstrategie eines kontrastierenden Vergleichs von zwei Fallstudien in einer qualitativen Untersuchung sowie die angewandte Methodik dargestellt. Daraufhin wird die Untersuchung der ausgewählten Fallstudien dargestellt. Nach dem in Teil C erarbeitetet Analyserahmen wird in Teil E der Governanceprozess in Santiago de Chile und in Teil F der Governanceprozess in Bogotá analysiert. Eine Gegenüberstellung und Bewertung beider Prozesse wird in Teil G vorgenommen, um die Forschungsfragen zu beantworten bevor die Arbeit mit einem Resümee endet.

Abb. 1: Überblick über den Aufbau der Arbeit

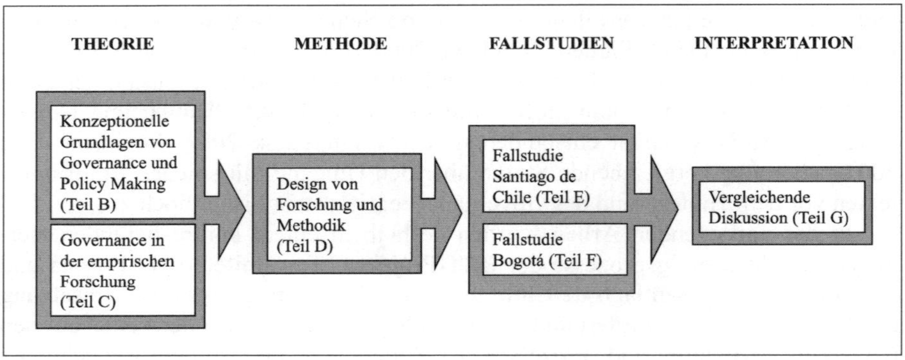

THEORIE	METHODE	FALLSTUDIEN	INTERPRETATION
Konzeptionelle Grundlagen von Governance und Policy Making (Teil B)	Design von Forschung und Methodik (Teil D)	Fallstudie Santiago de Chile (Teil E)	Vergleichende Diskussion (Teil G)
Governance in der empirischen Forschung (Teil C)		Fallstudie Bogotá (Teil F)	

Quelle: eigene Darstellung

2. VERKEHRSPOLITIK UND GOVERNANCE AUF DER AGENDA DER VERKEHRSWISSENSCHAFT

2.1. Verkehrspolitik als Gegenstand der Verkehrswissenschaft

Verkehr und Mobilität sind bedeutende Elemente für die Beurteilung der städtischen Lebensqualität, spielen eine wichtige Rolle in der Stadtpolitik und sind für die ökonomische Entwicklung unabdingbar. Aber gerade in Städten erzeugt der Verkehr viele soziale, politische und umweltbezogene Probleme, die Städte weltweit bewältigen müssen und die eine der großen Herausforderungen einer nachhaltigen Stadtentwicklung sind. Die Gewährleistung eines angemessenen ÖPNV spielt dabei sowohl für die soziale als auch für die ökologische Zukunftsfähigkeit von Städten eine herausragende Rolle. Gerade mit Blick auf die Megastädte des Südens darf der zum Zusammenhang von ÖPNV und Stadtentwicklungsprozessen bestehende Forschungsbedarf als dringlich bezeichnet werden, denn es besteht ein zunehmender Konsens darüber, dass die Beherrschung der künftigen Entwicklung dieser Städte wesentlich für die erfolgreiche Bewältigung des globalen Wandels überhaupt ist (vgl. Moavenzadeh/Markow 2007, Gwilliam 2002).

In der Forschungslandschaft ist die Untersuchung von urbanen Verkehrssystemen und Systemen des ÖPNV traditionell ein Fokus der Ingenieur- und Wirtschaftswissenschaften. Insbesondere Disziplinen wie Physik, Mathematik oder Ökonomie beschäftigen sich mit urbanen Verkehrssystemen und versuchen, ein System zu entwickeln, das der Nachfrage in der jeweiligen Stadt bestmöglich gerecht wird. Dabei wird in den Verkehrswissenschaften[4] seit langem die sehr komplexe Verkehrsentstehung erforscht, die durch eine starke Dynamik in Form von sich ständig verändernden infrastrukturellen Netzen, Raumstrukturen, sozioökonomischen Rahmenbedingungen, verkehrspolitischen Maßnahmen und individuellen Verhaltensweisen geprägt ist (vgl. Kutter 2001: 7f.). Auf der Mikroebene beschäftigen sich deshalb die Verkehrswissenschaften oftmals mit der Modellierung einer veränderten Verkehrsnachfrage aufgrund von bestimmten verkehrspolitischen Maßnahmen, wie beispielsweise der Einführung einer City-Maut oder drastische Veränderungen im ÖPNV-Angebot.

Seit den 1960er Jahren finden jedoch langsam auch soziale und politische Aspekte Eingang in die Diskussion über urbanen Verkehr, womit ihre herausragende Rolle für Erfolg und Misserfolg ausgemacht werden konnte (vgl. Vasconcellos 2001, Lyons 2004). In der Politikwissenschaft gehörte jedoch noch Anfang der 1990er Jahre die Verkehrspolitik zu einem vernachlässigten Bereich, da vorwiegend aus der Perspektive der Wirtschaftswissenschaften ökonomische Funktionszusammenhänge von Verkehrssystemen untersucht wurden (vgl. Beyme 2007: 125 und 2010: 246). Heutzutage wird die Verkehrspolitik als ein Politikfeld der „Staatstätigkeit" beschrieben, womit auf die besondere, steuernde Rolle des Staates in der Verkehrspolitik hingewiesen wird (ebd.: 246).

Grandjot (2002: 15 f.) und Schöller (2007: 21) unterscheiden zwischen einem praktischen Begriff von Verkehrspolitik, der versucht, auf die negativen Effekte der Massenmotorisierung zu reagieren, und einem wissenschaftlichen Begriff von Verkehrspolitik, die sich mit der Erklärung von verkehrswirtschaftlichen Problemen befasst.

> „Verkehrspolitik als wissenschaftliche Disziplin befasst sich mit der Beschreibung und Erklärung abgelaufener verkehrswissenschaftlicher Prozesse" (Grandjot 2002: 15).

Und Schöller ergänzt:

> „Während die Verkehrswissenschaft insgesamt den Beitrag des Verkehrs für eine positive Wirtschaftsentwicklung diskutiert, stellt die wissenschaftliche Verkehrspolitik die Frage nach den Rahmenbedingungen, die gewährleisten, dass Verkehr und Ökonomie reibungslos ineinander greifen" (Schöller 2007:21).

---

4 Verkehrswissenschaft(en) ist ein Sammelbegriff für alle Disziplinen, die sich mit der Erforschung von Verkehr und Mobilität beschäftigen und wird als rahmengebender Begriff von unterschiedlichen Teildisziplinen wie Verkehrsgeographie, Verkehrsingenieurwesen oder Verkehrspolitik verstanden.

Die praktische Verkehrspolitik hingegen zielt auf ein „*gesellschaftlich ausgehandeltes und politisch definiertes Gemeinwohlinteresse*" (Schöller 2007:22) mit dem Ziel, ein passendes Mobilitätsangebot zur Verfügung zu stellen, das als Voraussetzung für wirtschaftliches Wachstum gilt (vgl. Grandjot 2002: 16). Aufgabe der wissenschaftlichen Verkehrspolitik ist es, die politischen Entscheidungs- und Planungsprozesse, die zur Umsetzung von verkehrspolitischen Maßnahmen führen, sowie deren Beziehung zu geplanten Zielen zu analysieren (vgl. ebd.: 19). Allerdings stehen solche Problemstellungen heutzutage nur selten auf der wissenschaftlichen Agenda. Sie werden im Gegensatz zu technischen Problemlösungen meist stiefmütterlich behandelt, obwohl sie Erkenntnisse über die Erreichung von verkehrspolitischen Zielen liefern können. In der vorliegenden Arbeit wird deshalb die Schließung dieser Forschungslücke mit der Untersuchung von Governance bei ÖPNV-Reformen in lateinamerikanischen Megastädten angegangen.

2.2. Governance als Gegenstand der Verkehrswissenschaft

Der politikwissenschaftlich geprägte Begriff Governance hat bisher in den Verkehrswissenschaften nur wenig Beachtung gefunden[5] (als positive Beispiele sind jedoch Gwilliam 2002, Sager/Ravlum 2004, Bickerstaff/Walker 2005, Viegas/Macário 2007, Pflieger u. a. 2009 zu nennen). Hervorzuheben sind aber Untersuchungen, die den theoretischen Ansatz von Multi-Level Governance mit Entscheidungen in der Verkehrspolitik zusammenbringen (vgl. Marsden/May 2006, Marsden/Rye 2010). Damit wird darauf eingegangen, dass weder nur eine Regierungsebene allein verkehrspolitische Entscheidungen trifft, noch die Entscheidungsprozesse in einer klaren Hierarchie von administrativen Ebenen stattfinden. Stattdessen setzt der Ansatz von Multi-Level Governance voraus, dass jegliche verkehrs- oder auch stadtpolitischen Entscheidungen immer in ein System aus mehreren administrativ-politischen Ebenen sowie verschiedenen Akteurskonstellationen und Netzwerken eingebettet sind (vgl. Marks/Hooghe 2004). So kommt die Untersuchung von Fallbeispielen der Verkehrspolitik Großbritanniens zu dem Ergebnis, dass zum einen institutionelle Barrieren zwischen öffentlichen Akteuren und privaten Verkehrsunternehmen und zum anderen die Zersplitterung von Verantwortlichkeiten eine Verbesserung des ÖPNV-Angebots behindern (vgl. Marsden/May 2006). Außerdem stehen in Europa und Nordamerika derzeit Entscheidungsprozesse von Verkehrs- und Infrastruktur-Großprojekten im Interesse der

---

5 Grundsätzlich ist bisher noch wenig über den Zusammenhang von Verkehr und Governance geforscht worden, so dass durchaus von einer Forschungslücke gesprochen werden kann. In Großbritannien wurde deshalb Mitte 2010 ein großes Projekt mit dem Namen „Multi-level Governance, Transport Policy and Carbon Emissions Management" auf dem Weg gebracht, das einen Fokus auf dortige Verkehrsmaßnahmen und deren Auswirkungen auf CO_2-Emissionen legt (UK Transport Research Centre 2010). Gerade im Kontext des Klimawandels scheint also die Governancethematik in den Verkehrswissenschaften besonders relevant zu sein, um anwendungsorientiert nach neuen Lösungen für Klimaprobleme zu suchen.

Forschung (und auch im Fokus der Medien und der Bevölkerung, wie am Beispiel des unterirdischen Bahnhofs „Stuttgart 21" im Jahr 2011 deutlich wird), da sich bei ihrer Umsetzung große Probleme z. B. hinsichtlich finanzieller Risiken oder negativer Umweltauswirkungen zeigen und deshalb ebenso auf institutionelle Aspekte wie auch auf Multi-Level Governance eingegangen wird (vgl. Priemus u. a. 2008). Diese Studien zu verkehrspolitischen Entscheidungen aus der (Multi-Level-) Governanceperspektive untersuchen jedoch bisher hauptsächlich Beispiele aus Industriestaaten; einige wenige Untersuchungen über Beispiele aus Entwicklungsländern sind etwa in entwicklungspolitischen Studien zu finden. So weist z. B. eine stark normativ angelegte Studie der Gesellschaft für Internationale Zusammenarbeit (GIZ ehemals GTZ) darauf hin, dass es für eine erfolgreiche Implementierung von Verkehrsmaßnahmen in Entwicklungsländern nicht nur notwendig ist, den Entscheidungsprozess zu verstehen, sondern auch die Rolle und die Interessen der Akteure, die Verteilung von Verantwortlichkeiten sowie das Zusammenspiel von öffentlichen und privaten Sphären in die Untersuchung einzubeziehen (vgl. Meakin 2004: 29f.), womit verschiedene Aspekte von Multi-Level Governance angesprochen werden.

In Lateinamerika stand jedoch bisher eine sozial- oder politikwissenschaftliche Perspektive nicht im Vordergrund der Verkehrs- und Mobilitätsforschung. Stattdessen ist eine Vielzahl von umfangreichen Untersuchungen im Bereich des Verkehrsingenieurswesens vorhanden. Hierbei sind insbesondere die Forschungen zur Modellierung der Verkehrsnachfrage zu nennen (Ortúzar/Willumsen 2006) sowie Untersuchungen, die sich auf den Zusammenhang von Flächennutzung und Verkehr konzentrieren (Zegras 2007, Martínez 2002). Insgesamt stand in vielen Städten Lateinamerikas bisher vor allem die Lösung von drängenden Verkehrsproblemen auf der politischen Agenda und weniger die Frage, ob der Weg zur Lösung – also der Prozess der Entscheidung und Umsetzung von Verkehrsmaßnahmen – weitere Probleme schafft und deshalb anders gestaltet werden sollte. Erst durch die Umsetzungsprobleme von Transantiago in Santiago de Chile wurde ein Bezug zu sozialen und politischen Aspekten von Verkehrsmaßnahmen offensichtlich und die Frage, wie der Policy-Making-Prozess von ÖPNV-Reformen in lateinamerikanischen Megastädten besser gelöst werden kann, entstand.

3. HERAUSFORDERUNGEN VON VERKEHR UND ÖPNV IN DEN MEGASTÄDTEN LATEINAMERIKAS

Das rapide Wachstum lateinamerikanischer Städte in den vergangenen Jahrzehnten und die hohe Urbanisierungsrate[6] sind schon lange die größten Herausforderungen für den städtischen Verkehr. Der ÖPNV spielt dabei eine große Rolle, um

---

6 Die Urbanisierungsrate liegt heutzutage bei 79,5% in Lateinamerika (Südamerika, Mittelamerika und Karibik) (vgl. CEPAL 2010: 33) und sogar bei 83% allein in Südamerika (vgl. UNEP 2010: 149). Sie gibt an, wie viel Prozent der Bevölkerung in Städten lebt.

die Mobilität der immer zahlreicher werdenden Einwohner zu erhalten. Allerdings basiert heute das ÖPNV-System nur in wenigen Fällen, wie Buenos Aires, Santiago oder Mexiko City, auf einer Metro. Der Bau von neuen Metrolinien, die für viele Städte weltweit eine Lösung der Verkehrsprobleme sind, kommt für Städte in Lateinamerika aufgrund der finanziellen Belastung durch die hohen Baukosten nur in wenigen Fällen in Frage. Da Metrolinien außerdem grundsätzlich nur ein begrenztes räumliches Gebiet abdecken, ist der Bau von neuen Linien in den bisher metrolosen und ins Umland ausgeweiteten Städten nur selten eine Lösung für die steigenden Verkehrsprobleme. Nur in kompakten oder linearen Städten tragen die Metrosysteme zu einem verbesserten ÖPNV-Angebot erfolgreich bei. Stattdessen basiert der ÖPNV in vielen Großstädten in Lateinamerika auf Bussystemen (vgl. Gilbert 2008: 440). In diesen operieren historisch bedingt oftmals viele kleine, private Unternehmen, die sich je nach Stadt mehr oder weniger öffentlichen Regulierungen unterwerfen müssen, wobei das Prinzip eines marktorientierten Angebots, das ohne öffentliche Subventionen auskommt, häufig vorzufinden ist.

Ebenfalls historisch bedingt, ist in vielen Städten gegenwärtig kaum ein integriertes Netz mit aufeinander abgestimmten Linien vorhanden, da die Bussysteme mit ihrem nachfrageorientierten Angebot weitgehend unkoordiniert ausgeweitet wurden. Stattdessen gibt es eine Vielzahl nicht abgestimmter Linien, auf denen eine Konkurrenz zwischen den einzelnen Busfahrern herrscht, da diese ihr Einkommen aus den verkauften Fahrscheinen erzielen. Dadurch kommt es oftmals zu einer aggressiven Fahrweise und einem Wettrennen um die Fahrgäste, was in vielen Städten als *guerra del centavo*[7] (Krieg um den Cent) bekannt ist (vgl. Montezuma 2003: 183). Die Kosten für den ÖPNV stellen überall einen großen Ausgabenfaktor für einkommensschwache Haushalte dar: Zu Beginn der 2000er Jahre betrugen in Santiago die Ausgaben für den ÖPNV pro Monat etwa 23 % des Minimaleinkommens und in São Paulo etwa 25 %, wohingegen in Bogotá die Ausgaben bei nur 13 % und in Quito bei nur 8 % lagen. Deshalb ist jede Tariferhöhung ein ernsthaftes Problem für einkommensschwache Haushalte, dem mit Protesten und Demonstrationen begegnet wird (vgl. CEPAL 2004: 5).

Insgesamt hat der ÖPNV in vielen Städten eine sehr hohe Bedeutung im Vergleich zum motorisierten Individualverkehr (MIV), da die Motorisierungsrate aufgrund des geringen Pro-Kopf-Einkommens relativ niedrig ist (vgl. Figueroa 2005: 50). Aufgrund der positiven Wirtschaftsentwicklung steigen jedoch die Einkommen, so dass sich immer mehr Lateinamerikaner ein eigenes Auto leisten können. Der steigende private Autobesitz führt allerdings dazu, dass sich die Mobilitätsmuster und Verkehrsströme in den Städten entscheidend verändern, so dass sich die ursprüngliche Dominanz des öffentlichen Verkehrs zugunsten des MIV auflöst. Schon heute sind die Verkehrsprobleme, insbesondere Probleme mit Schadstoffemissionen, Verkehrsstaus und Unfällen, in vielen Städten in Lateinamerika eminent, obwohl die Motorisierungsrate im Vergleich mit europäischen

---

7   In Chile „*guerra del boleto*" (Krieg um das Ticket).

Großstädten bisher nur etwa halb so hoch ist[8]. Daher ist ein Handeln dringend notwendig, da von einer weiter steigenden Motorisierungsrate auszugehen ist. Deshalb wurden in vielen Städten in den letzten Jahren verschiedene Strategien verfolgt: Entweder eine „Pro-Auto-Strategie", bei der darauf gesetzt wurde, den Verkehr insgesamt besser zu organisieren, um die Durchschnittsgeschwindigkeit zu erhöhen und Verkehrsstaus vorzubeugen, indem die Straßeninfrastruktur z. B. durch den Bau von Stadtautobahnen ausgebaut wurde. Oder eine „Pro-ÖPNV-Strategie", bei der vor allem das ÖPNV-System reformiert und ausgebaut, aber auch gleichzeitig Restriktionen zur Nutzung des privaten Pkw eingeführt wurden[9].

Abgesehen von den Zielen der unterschiedlichen Maßnahmen, ist es angesichts des steigenden MIV und einer verminderten Auslastung des ÖPNV für alle Städte eine große Herausforderung, den Anteil des öffentlichen Nahverkehrs zu erhalten. Vor diesem Hintergrund wurden in einer Reihe lateinamerikanischer Megastädte in den vergangenen Jahren groß angelegte Reformprojekte im Bereich des ÖPNV geplant und durchgeführt, wie z. B. in Bogotá, Santiago de Chile, Quito, Mexiko City, São Paulo oder Lima. Überwiegend basieren diese Projekte auf dem Konzept eines Bus-Rapid-Transit (BRT), im englischsprachigen Raum oftmals auch als *Busway* bezeichnet, das ursprünglich in den 1970er Jahren in Curitiba (Brasilien) entwickelt wurde.

In einer US-amerikanischen Studie wird BRT definiert als

> „…a flexible, rubber-tired form of rapid transit that combines stations, vehicles, services, running ways, and ITS [Anm. d. V.: Intelligent Transportation System] elements into an integrated system with a strong identity" (Levinson u. a. 2003: 10).

BRT-Systeme werden zumeist charakterisiert durch (vgl. Wright/Hook 2007: 11 f.):

– Physische Infrastruktur: integriertes Liniennetz, separate Busspuren, spezielle Haltestellen zum schnelleren Ein- und Ausstieg
– Betrieb: häufiger und schneller Service, schneller Ein-, Aus- und Umstieg, integriertes Tarifsystem, Vorauszahlung des Fahrscheins
– Geschäftsstruktur: transparentes Ausschreibungsverfahren, effizientes Management, unabhängige Einnahmeverwaltung des gesamten Systems
– Technologie: Fahrzeuge mit niedrigen Emissionswerten, Betriebskontrollzentrum mit Ortsbestimmung der Fahrzeuge, Priorität bei Ampelschaltungen
– Kundenservice: einfach verstehbares Liniennetz, Echtzeitinformationen an Haltestellen, erleichterter Zugang für Körperbehinderte, ältere Fahrgäste und Kinder

---

8   Z. B. lag die Motorisierungsrate in Santiago de Chile im Jahr 2001 bei 147 Pkw/1000 Einwohner (Sectra 2001), während die Rate in Berlin, wo die ÖPNV-Nutzung sehr hoch ist, schon seit Mitte der 1990er Jahre relativ konstant bei etwa 324 Pkw/1000 Einwohner liegt (Senatsverwaltung für Stadtentwicklung Berlin 2011: 14)
9   Nicht jeder Stadt kann klar eine der beiden Strategien zugeordnet werden, da in manchen Fällen beide Strategien vorzufinden sind, oder diese je nach Regierung kurzfristig wechseln.

Nachdem in Curitiba (Brasilien) 1974 erstmals in Lateinamerika der ÖPNV mit einem BRT-System völlig umstrukturiert und ebenso auch in Bogotá seit 2000 erfolgreich ein umfangreiches BRT eingeführt wurde, hat diese verkehrspolitische Maßnahme in Lateinamerika stark an Popularität gewonnen und wird deshalb auch in anderen Städten umgesetzt. Abgesehen von den Ereignissen in Santiago waren die Erfahrungen überwiegend positiv und veranlassen inzwischen auch Städte, die nicht in Entwicklungsländern liegen, ähnliche Projekte anzugehen. So wurden BRT-Systeme nach lateinamerikanischem Vorbild z. B. in Los Angeles, Vancouver und Ottawa eingeführt (Wright 2001: 130), und derzeit wird auch in New York über die Einführung eines neuen Bussystems nach dem Vorbild von Curitiba und Bogotá diskutiert (TheCityFix.com, 07.04.2011).

> „The Latin American busway, though, has inspired the imaginations of transport planners worldwide and is quickly becoming an option of choice" (Wright 2001: 130).

Man kann deshalb durchaus von einem Technologie- und Policy-Transfer sprechen, der allerdings in diesem Fall nicht, wie gewöhnlich, von Nord nach Süd verläuft, sondern von den armen Ländern des Südens zu anderen Ländern des Südens sowie zu den Industriestaaten des Nordens.

4. ÖPNV-REFORMEN IN SANTIAGO DE CHILE UND BOGOTÁ: FRAGEN UND ZIELE DER ARBEIT

Für die Implementierung der ÖPNV-Reformprojekte in lateinamerikanischen Großstädten mussten je nach Kontext ganz unterschiedliche Hürden überwunden werden. Die Implementierungsprozesse werden dabei sehr unterschiedlich bewertet, von „sehr erfolgreich" bis „großer Misserfolg". So hat in Santiago de Chile die Einführung von Transantiago zu erheblichen Problemen und nicht intendierten krisenhaften Entwicklungen geführt. Damit wurde deutlich, dass hinsichtlich der Wirkkräfte, die vom ÖPNV auf die Entwicklung von Großstädten und Stadtregionen ausgehen, noch erheblicher Forschungsbedarf besteht. So scheint ein Problem der Planung und Entwicklung von Stadtverkehrs-Infrastrukturen insbesondere darin zu liegen, dass häufig technologische „Großlösungen" implementiert werden sollen, die systemimmanent zwar schlüssig sind, im jeweiligen Kontext aber zu Schwierigkeiten führen. Bisher ist jedoch unklar, warum die Umsetzung von ÖPNV-Reformprojekten in manchen Fällen problemlos verlaufen und in anderen Fällen nicht. Für die Probleme in Santiago lassen sich zwar ganz spezifische Gründe finden, die aus den lokalen Gegebenheiten resultieren und ebenso lassen sich auf den lokalen Besonderheiten von Bogotá basierende Erklärungen für das gute Gelingen von Transmilenio finden. Dennoch ist es bisher unklar, was andere Städte aus diesen konträren Fällen lernen können.

Ein Ziel der vorliegenden Arbeit ist es deshalb, herauszufinden, welche Faktoren eine erfolgreiche Umsetzung von ÖPNV-Reformprojekten in den Megastädten Lateinamerikas fördern oder behindern. Dafür soll der Blick insbesondere auf die Akteure und Institutionen im Entscheidungs- und Umsetzungsprozess gerichtet werden, womit die vorliegende Arbeit konzeptionell an die politikwissenschaftliche Governanceforschung anknüpft. Unter Governance wird deshalb in dieser Arbeit die Art und Weise der Regelung von öffentlichen Angelegenheiten verstanden, die von einer Vielzahl von Akteuren von unterschiedlichen räumlichen Ebenen beeinflusst wird (vgl. Bache/Flinders 2004a: 3, Nuissl/Heinrichs 2011: 3), um in diesem Fall eine verkehrspolitische Maßnahme umzusetzen. Die aktuelle Diskussion über die Umsetzung von Infrastruktur-Großprojekten zeigt, dass das Verständnis von Governancestrukturen und -prozessen im besonderen Maße nützlich ist, um Schwierigkeiten des Implementierungsprozesses vorher zu erkennen und somit definierte Ziele besser zu erreichen.

In dieser Arbeit werden die zwei kontrastierenden Fälle von Transantiago in Santiago de Chile und Transmilenio in Bogotá untersucht, um aus dem in der öffentlichen Debatte negativ bewerteten Projekt Transantiago sowie aus Transmilenio, das in der internationalen Perspektive positiv bewertet wird, jedoch seit kurzem vor Ort auch für negative Schlagzeilen sorgt, zu lernen. Beide Städte gelten als Pioniere einer umfassenden ÖPNV-Reformierung in Megastädten, deren unlängst umgesetzte BRT-Projekte in einem gewissen Maße als Innovationen für eine integrierte Verkehrsstrategie sowie eine ÖPNV-Umstrukturierung in der gesamten Stadt gelten. Jedoch wurden sie sehr unterschiedlich umgesetzt und ebenso unterschiedlich sind auch die derzeitigen Resultate.

Transantiago ist ein Projekt, das von der nationalen Regierung Chiles angestoßen und umgesetzt wurde, um die Probleme einer sinkenden Nachfrage im ÖPNV und eines gleichzeitig steigenden MIV anzugehen. Primäres Ziel war dabei, den Anteil des ÖPNV am gesamten Verkehrsaufkommen mindestens zu erhalten. Außerdem sollte mit Transantiago die Lebensqualität in Santiago verbessert und ein attraktiver Markt für private Busunternehmen geschaffen werden (vgl. Cruz Lorenzen 2001). Mit der Reform sollte das ÖPNV-System in der gesamten Stadt verändert werden. Dies beinhaltete eine Reorganisation des gesamten, vorher stark atomisierten Bussystems mit einer Neuordnung der Linienführung und einer unternehmerischen Reform sowie eine tarifliche Integration mit dem vorhandenen Metrosystem. Die Entscheidungsträger von Transantiago agierten aufgrund eines stark zentralisierten politischen Systems vor allem auf der nationalen Ebene, regionale und lokale Akteure wurden kaum beachtet. Diese Situation traf in Santiago zudem auf eine stark fragmentierte administrative Struktur mit bis zu 37 unabhängigen Kommunen[10], denen jedoch ein Zusammenhalt auf der gesamtstädtischen Ebene, z. B. in Form einer gemeinsamen Verwaltung, fehlt. Die lokalen Regierungen sind zwar für die Bereitstellung einiger öffentlicher Dienste zuständig, wie etwa das Abfallmanagement, nicht jedoch für die Bereitstellung eines gesamtstädtischen ÖPNV-Angebots. Stattdessen regelt die nationalstaatliche Ebene sämtliche Verkehrsbelange im gesamten Land und somit auch in

---

10 Die Anzahl der zu Santiago gehörenden Kommunen variiert je nachdem wo die Grenze um die Stadt gezogen wird (eine genaue Aufschlüsselung der Grenzziehungen ist zu finden in Kopfmüller u. a. 2012: 324).

der Hauptstadt Santiago. Transantiago wurde, abgesehen von kleinen, vorher umgesetzten Teilschritten, an nur einem Tag im Februar 2007 implementiert. Diese als „Big bang"-Methode (vgl. Muñoz/Gschwender 2008: 47) bezeichnete Strategie wurde zwar vielfach als Ursache für die entstandenen Schwierigkeiten herangezogen, kann aber aufgrund der Komplexität solcher ÖPNV-Reformen nur ein Kritikpunkt von vielen sein.

Die Auswirkungen der ersten Monate von Transantiago lassen sich vor allem mit verschlechterten Bedingungen für die Nutzer des ÖPNV-Systems sowie einer allgemeinen Missstimmung gegenüber dem neuen System beschreiben, die in gewalttätigen Protesten der Bevölkerung und schließlich einer ernsthaften nationalen Regierungskrise gipfelten. Diese durchaus als katastrophal zu bezeichnende Situation hat sich zwar im Laufe der Jahre etwas verbessert, jedoch ist der Beginn von Transantiago vielen Einwohnern Santiagos als „Alptraum" in Erinnerung geblieben (La Nación 30.03.2007). Rückblickend hat sich nach den ersten Betriebsjahren gezeigt, dass der stark zentralisierte Planungs- und Umsetzungsprozess eine der größten Problemquellen war und ist, mit der Transantiago umgehen muss (z. B. Muñoz/Gschwender 2008, Figueroa/Orellana 2007). Damit eröffnet Transantiago die Perspektive auf spezifische Probleme von sehr umfassenden, städtischen Verkehrsmaßnahmen, die in dem Umfeld eines zentralisierten politischen Systems entstehen können.

Im Gegensatz zu Transantiago wurde Transmilenio von Bogotás Bürgermeister angestoßen mit dem Ziel, die gravierenden Probleme des ÖPNV (Emissionen, Unfälle, lange Reisezeiten und Verkehrsstaus) anzugehen und gleichzeitig eine nachhaltige Stadtentwicklung zu ermöglichen. Da das politische System in Kolumbien stark vom Dezentralisierungsprozess der letzten Jahrzehnte geprägt ist, kann die lokale Politikebene sehr autonom entscheiden. In Bogotá ist zudem, im Gegensatz zu Santiago, eine Verwaltung auf gesamtstädtischer Ebene vorhanden, die eigenverantwortlich lokale Belange regeln darf. Über Entscheidungen wie die Einführung von Transmilenio und andere, den lokalen Stadtverkehr betreffende Vorhaben, ist deshalb keine Zustimmung nationaler Akteure notwendig.

Das Reformprojekt Transmilenio ist in einen Stadtentwicklungsplan eingebunden, zu dem eine Mobilitätsstrategie mit Restriktionen des motorisierten Individualverkehrs, der Einführung von autofreien Tagen, einem konsequenten Rückbau von Parkraum sowie dem Bau von Fahrradwegen in der gesamten Stadt gehört. Transmilenio wird seit 2000 schrittweise eingeführt und soll im Jahr 2031 ein Netz aus 25 BRT-Korridoren bilden (vgl. Gilbert 2008: 443). Der Zeitraum für die Implementierung des ersten Transmilenio-Korridors war aufgrund der nur zweijährigen Legislaturperiode von Bogotás Bürgermeister sehr knapp bemessen. Ein starker politische Wille und eine sehr pragmatische Arbeitsweise waren deshalb nötig als Enrique Peñalosa, Bogotas Bürgermeister von 1998 bis 2000, das Projekt anging. Parallel zur städtischen Verkehrsbehörde und den traditionellen Busunternehmen des ÖPNV wurde mit dem öffentlichen Unternehmen Transmilenio S.A.[11] ein völlig neuartiger Akteur geschaffen, der für Planung, Regulierung und Kontrolle des Busangebots auf den ausgewählten Korridoren zuständig ist. Damit überlappen sich jedoch die Verantwortlichkeiten im Verkehrssektor heute stark und sind oftmals unklar definiert, womit neue Probleme geschaffen wurden (ebd.: 459). Die vorherigen Busunternehmen standen den Veränderungen zunächst skeptisch gegenüber, stimmten aber dennoch zu, so dass die erste Strecke im Dezember 2000 mit 14 Bussen eingeweiht und das System inzwischen auf weitere Strecken ausgedehnt wurde. Die graduelle Umsetzungsstrategie, mit der das Projekt überschaubar blieb, hat zwar die Einführung am Anfang erleichtert, aber dafür ist über jede Erweiterung des Systems umstritten. Betrachtet man die Fahrgastzahlen, dann ist Transmilenio heutzutage sehr erfolgreich, da auf der Hauptstrecke fast so viele Fahrgäste transportiert werden, wie in Santiagos Metro (Wright/Fjellstrom 2005: 23). Neben dieser Erfolgsgeschichte existiert aber außerhalb der Korridore von Transmilenio das traditionelle System aus vielen unorganisierten Busstrecken und privaten Unternehmen weiter, so dass in Bogotá zwei Bussysteme parallel existieren. Zudem ist die anfängliche Zufriedenheit der Bewohner über die Neuerung einer Ernüchterung und eher negativen Meinung gewichen, da die Busse täglich zu den Stoßzeiten stark überfüllt sind, was den Komfort sehr einschränkt.

Auch im Fall von Transmilenio treten also Probleme auf, die sich vor allem auf unklare und teilweise überlappende Verantwortlichkeiten innerhalb der Stadtregierung zurückführen lassen (vgl. Gilbert 2008), die aber weniger ernst als in Santiago sind und nicht die gesamten verkehrspolitischen Entscheidungen in Frage stellen. Im Gegensatz zu Transantiago ist Transmilenio jedoch beispielhaft für die lokale Umsetzung von ÖPNV-Projekten in einem dezentralisierten politischen System. Grundsätzlich stellt sich bei der Betrachtung der Umsetzung der beiden ÖPNV-Reformen allerdings die Frage, warum in Santiago gravierende Umsetzungsprobleme auftraten und in Bogotá die Probleme eher marginal waren.

In einem ersten Vergleich der beiden Governanceprozesse fällt auf, dass die Aushandlungen über die ÖPNV-Reformen von verschiedenen administrativ-politischen Ebenen sowie netzwerkartigen Akteurskonstellationen geprägt sind, weshalb auch von einem Multi-Level-Arrangement gesprochen werden kann. Diese Multi-Level-Arrangements unterscheiden sich vor allem aufgrund des Fortschritts im jeweiligen Dezentralisierungsprozess, der in vielen Ländern Lateinamerikas (auch in Chile und Kolumbien) in den letzten Jahrzehnten angestoßen und sehr unterschiedlich angegangen wurde. Deshalb ist anzunehmen, dass ein dezentralisiertes politisches System das Multi-Level-Arrangement anders prägt als ein zentralisiertes System und somit auch Entscheidungen aufgrund unterschiedlicher Motivationen der Akteure anders getroffen und umgesetzt werden, sodass sich die Governanceprozesse deutlich unterscheiden. Die vorliegenden Fälle lassen vermuten, dass das Multi-Level-Arrangement in einem dezentralisierten politischen System mit einer lokalen Stadtregierung die Umsetzung von ÖPNV-

---

11 S.A. steht im spanischen für Sociedad Anonima, was übersetzt Aktiengesellschaft heißt.

Reformen begünstigt, während das Multi-Level-Arrangement eines stark zentralisierten Systems ein Hindernis für ÖPNV-Reformen darstellt. Deshalb lauten die Forschungsfragen dieser Arbeit:

1. Wie waren die Aushandlungsprozesse von Transantiago und Transmilenio im jeweiligen Multi-Level-Arrangement gestaltet? Wie wurden die Entscheidungen über die ÖPNV-Reformen in Santiago und Bogotá getroffen und umgesetzt? Was waren die Besonderheiten des Policy-Making?
2. Wie wirkten sich die unterschiedlichen Dezentralisierungsfortschritte beider Länder auf die Aushandlungsprozesse von Transantiago und Transmilenio aus? Gehen diese Prozesse mit Veränderungen der räumlichen Maßstabsebenen einher?
3. Was waren förderliche und hinderliche Governancefaktoren bei der Umsetzung von Transantiago und Transmilenio? Und was kann daraus für die Umsetzung umfangreicher ÖPNV-Reformen in anderen Megastädten Lateinamerikas gelernt werden?

Während der erste Fragenblock mit einem analytischen Verständnis von Governance verknüpft ist und die Antwort die Fallbeispiele beschreiben soll, geht der zweite Fragenblock, geleitet von dem konzeptionellen Hintergrund von Multi-Level Governance, auf den Aushandlungsprozess im jeweiligen Multi-Level-Arrangement ein. Hier wird danach gefragt, ob es zu Veränderungen der räumlichen Maßstabsebenen in Santiago und Bogotá gekommen ist. Der dritte Fragenblock nimmt Bezug auf ein diagnostisches Governanceverständnis und benennt, abgeleitet aus dem analysierten Umsetzungsprozess, förderliche und hinderliche Aspekte und definiert Handlungsempfehlungen für andere Megastädte. Dabei wird angenommen, dass die großen Herausforderungen von ÖPNV-Reformen nicht die technische Komplexität betreffen, sondern im Bereich von Governance zu finden sind.

Mit dieser Arbeit werden verschiedene Ziele verfolgt: Erstens soll ein Beitrag zur Verbesserung der Umsetzbarkeit großer ÖPNV-Maßnahmen geleistet werden, indem generelle Handlungsempfehlungen abgegeben werden, die sich aus einer Analyse von Governance beider Fallbeispiele ableiten lassen. Allerdings stellen Nuissl u. a. fest: „*...the analysis of governance issues rarely results in a recipe for working the urban system...*" (Nuissl u. a. 2012: 105). Handlungsempfehlungen können deshalb nur Anhaltspunkte bieten, wie institutionelle Bedingungen und Prinzipien der Entscheidungsfindung über öffentliche Belange gestaltet und umgeformt werden könnten. Zweitens sollen aktuelle Veränderungen von Governance in den beiden Städten, die aufgrund der ÖPNV-Reformen erfolgen, aufgezeigt werden. Drittens soll mit der Untersuchung von Governanceprozessen verkehrspolitischer Maßnahmen die politikwissenschaftliche Governanceforschung mit den Verkehrswissenschaften verknüpft werden. Und viertens soll schließlich mit einer vergleichenden Governanceanalyse auch zur methodischen Diskussion beigetragen werden.

TEIL B: THEORETISCH-KONZEPTIONELLE GRUNDLAGEN

In diesem Teil der Arbeit werden die theoretisch-konzeptionellen Grundlagen der Untersuchung dargelegt mit dem Ziel, ein Verständnis von Governance für die vorliegende Arbeit zu entwickeln. Dafür werden zunächst der Begriff Governance, der als theoretischer Zugang der Arbeit gewählt wurde, eingeführt und verschiedene Begriffe von Governance unterschieden, um anschließend den konzeptionellen Zugang mit dem Ansatz des Policy-Making sowie Multi-Level Governance zu spezifizieren. Daraufhin werden Verkehrspolitik und Governance als Themen der Verkehrsforschung erläutert und abschließend das eigene Verständnis von Governance als theoretisch-konzeptionellen Zugang zum Policy-Making von verkehrspolitischen Maßnahmen dargelegt.

5. GOVERNANCE ALS THEORETISCHER ZUGANG

5.1. Bedeutung und Entwicklung des Begriffs Governance

Der Begriff Governance ist schon lange bekannt und wurde als *gouvernance* schon im Frankreich des 13. Jahrhundert benutzt, um auf *„die Art und Weise des Regierens"* (Cassen 2002 zitiert in Benz 2004: 15) einzugehen. Er ist außerdem mit der Bezeichnung *government* (engl. Regierung) verwandt und wird im englischem Wörterbuch als *„the act or manner of governing"*(Compact Oxford English Dictionary 2008) bezeichnet. Mit Governance ist also nicht nur die Tätigkeit des Regierens und der Steuerung gemeint, sondern auch die Art und Weise dieser Tätigkeit. Diese Unterscheidung zwischen den englischen Begriffen government (im Sinne von Regierung oder Staat) und Governance ist in der deutschen Sprache nicht möglich, weshalb oftmals der Anglizismus Governance benutzt wird.

Hinter dem Begriff Governance steckt allerdings weniger ein neues Modell für die Steuerung von gesellschaftlich relevanten Prozessen, sondern die Erkenntnis, dass sich die bekannten Akteurskonstellationen durch aktuelle Entwicklungen stark verändern und sich durch die veränderten politischen Handlungsregeln auch die Rolle des Staates wandelt. Das Aufkommen des Governancebegriffs wird als Antwort auf die Transformationsprozesse verstanden, die durch Globalisierung (auf die die Länder Lateinamerikas reagieren müssen) und Dezentralisierung (die von vielen lateinamerikanischen Ländern angestoßen wurde), zwei besonders relevante Prozesse, ausgelöst wurden. Diese Transformationen spielen sich auf lokaler, regionaler, nationaler oder internationaler politischer Ebene ab und haben die Frage nach der Relevanz des Nationalstaats aufgeworfen (vgl. Pierre/Peters 2000: 163f.). Allerdings fragt die Governanceforschung nicht nur danach, inwieweit sich die staatliche Steuerung verändert hat, sondern genereller nach der Art und Weise wie öffentliche Angelegenheiten geregelt werden.

Der internationale Governancediskurs ist stark durch die politikwissenschaftliche Auseinandersetzung mit dem Begriff in Europa und Nordamerika geprägt. Darin wird

> ...teils einfach das ‚Regieren' jenseits des Nationalstaats, teils die politische Steuerung in komplexen institutionellen Arrangements und teils eine bestimmte Form des Steuerns und Regierens in nicht-hierarchischen, netzwerkartigen Strukturen" (ebd.: 405) verstanden.

Anhand dieser Aussage wird deutlich, dass in der Literatur keine einheitliche Definition von Governance existiert. Dennoch ist ein gemeinsamer Kern auszumachen, der davon ausgeht, dass die Bildung des Governancebegriffs mit einer veränderten Rolle des Staates zusammenhängt (Pierre/Peters 2000: 50f., Benz u. a. 2007: 9).

> „These new perspectives on government – its changing role in society and its changing capacity to pursue collective interests under severe external and internal constraints – are at the heart of governance" (Pierre/Peters 2000: 7).

Der Governancebegriff hat eine Struktur- und eine Prozesskomponente (vgl. Scharpf 1997: 97, Pierre/Peters 2000: 14 ff.) und dient oftmals zur Beschreibung von Steuerungs- und Koordinationsprozessen, die innerhalb bestimmter Strukturen erfolgen. Als strukturelle Aspekte von Governance gelten (Pierre/Peters 2000: 14 ff.):

– Hierarchien, durch die die Governancekonstellationen zwischen Akteuren und Institutionen definiert werden,
– Wettbewerbssysteme, die entweder selbst als Governancemechanismen oder als Governance von Märkten verstanden werden,
– Netzwerke, die eine Vielzahl von unterschiedlichen Akteuren eines bestimmten Politikfelds einschließen und
– Gemeinschaften, die ihre eigenen Probleme mit nur einem minimalen staatlichen Einfluss bewältigen.

Der Prozesscharakter von Governance hingegen richtet den Blick auf Steuerung und Koordination von Aktivitäten und deren Auswirkungen.

> „Governance is still being considered in a dynamic manner, seeking to understand how actors, public and private, control economic activities and produce desired outcomes" (ebd.: 23).

Auch die Commission on Global Governance stellt besonders die Prozessdimension von Governance in den Vordergrund:

> „Governance is the sum of the many individuals and institutions, public and private, managing their common affairs. It is the continuing process through which conflicting or diverse interests may be accommodated and co-operative action may be taken" (Commission on Global Governance 1995: 14).

Die Strukturen und Prozesse von Governance werden wesentlich von Institutionen bestimmt. Dieser vom (Neo-)Institutionalismus geprägte Begriff steht für Handlungsregeln, die zum einen als formelle Ordnungsmuster (z. B. rechtliche Regelungen und Normen) und zum anderen als informelle Regelungen (z. B. in Form von sozialen Praxen) gestaltet sein können[12].

> „Perhaps the most important element of an institution is that it is in some way a structural feature of the society and/or polity. That structure may be formal (a legislature, an agency in the public bureaucracy or a legal framework), or it may be informal (a network of interacting organizations, or a set of shared norms)"(Peters 1999: 18).

Innerhalb des Neo-Institutionalismus haben sich verschiedene Strömungen ausgebildet, wozu der Soziologische Institutionalismus, der Rational-Choice-Institutionalismus und der Historische Institutionalismus gehören[13]. Auch der akteurszentrierte Institutionalismus, der von Mayntz und Scharpf (1995) entwickelt wurde, kann als eigenständige Strömung bezeichnet werden. Er ist für diese Arbeit relevant und ist als genereller analytischer Rahmen zu verstehen[14], der in der Policy-Forschung entwickelt wurde, um vergangene politische Entscheidungen zu untersuchen und somit mögliche politische Entscheidungsprozesse aus der Perspektive der Akteure zu verstehen. Institutionen werden im akteurszentrierten Institutionalismus als formelle und soziale Normen verstanden und sind gleichzeitig abhängige und unabhängige Variable, weil sie die Akteure leiten aber gleichzeitig auch von ihnen (um)gestaltet werden können. Institutionen bilden somit die Grundlage für politische Entscheidungsprozesse, teilen Akteuren bestimmte Kompetenzen zu, regulieren die Einflussmöglichkeiten der Akteure und lassen durch soziale Normen gemeinsame Zielvorstellungen entstehen. Andererseits können Institutionen in politischen Entscheidungsprozessen z. B. aufgrund von veränderten sozialen Werten auch von den handelnden Akteuren neu aufgestellt, bzw. verändert werden.

Die politikwissenschaftliche Nutzung des Begriffs Governance hat ihre Wurzeln in der Policy-Forschung, die in den 1960er und frühen 1970er Jahren vor allem den Begriff *Planung* nutze. Dahinter stand die Vorstellung, dass Politik allein die gesellschaftlichen Bereiche gestaltet. Mit dem Aufkommen der Implementationsforschung, die vor Ort untersuchte, was wirklich aus den ambitionierten Planungen der Regierung wird, stellte sich jedoch Ernüchterung ein, da die Programme vor Ort nicht die erhofften Effekte bewirkten. So kann die Implemen-

---

12 Der Begriff Institution leitet sich vom lateinischen Wort „institutio" ab, das auf feste Einrichtungen (wie Behörden und Organisationen) aber auch auf Regelungen und Ordnungen verweist. Im alltäglichen deutschen Sprachgebrauch wird er allerdings hauptsächlich für feste Einrichtungen verwendet und weniger im hier verwendeten sozialwissenschaftlichen Sinn von Handlungsregelungen.
13 Ein Überblick über die verschiedenen Strömungen des Institutionalismus wird z. B. Peters 1999, Hall/Taylor 1996 oder Schimank 2007 gegeben.
14 Dieser wird jedoch nicht explizit als Beitrag für die empirische Governanceanalyse dieser Arbeit aufgenommen, ist aber implizit in den einzelnen aufgenommen Beiträgen enthalten.

tationsforschung aus heutiger Sicht als Grundlage für die Governanceforschung angesehen werden (vgl. Pierre/Peters 2000: 31, Benz u. a. 2007: 12). Heute lässt sich der Governancediskurs nicht vom gegenwärtigen planungstheoretischen Diskurs trennen, was jedoch nicht als selbstverständlich gelten kann.

> „Denn als Kind des fordistischen Wohlfahrtsstaates steht (räumliche) Planung traditionell eher im Gegensatz zur Idee der Governance; oder anders gesagt: Governance ist ja gerade als Antwort auf die Krise desjenigen Politik- und Steuerungsmodells charakterisiert worden, dem Planung ursprünglich verpflichtet ist" (Nuissl/Heinrichs 2006: 61).

In der europäischen und nordamerikanischen Forschung wurde der Begriff zunächst in der Institutionenökonomie verwendet, um Handlungsregeln, die der Minimierung von Transaktionskosten dienen, zu kennzeichnen. Inzwischen hat er aber auch Eingang in andere Disziplinen gefunden: In der Regionalökonomie steht er für komplexe institutionelle Anordnungen von Markt, Staat und Netzwerken und fragt nach der Effizienz staatlichen Handelns. In der Betriebswirtschaft bezieht sich Governance auf die Steuerungs- und Leitungsstruktur von Unternehmen und in der Soziologie versteht man unter dem Begriff ein sich selbst regulierendes System neben Markt und Staat (Benz 2005: 405). Seit den 1990er Jahren ist Governance auch in der Politik- und Sozialwissenschaft zum Schlüsselbegriff geworden und hat auch in den raumrelevanten Wissenschaften wie Stadtforschung und Geographie Konjunktur. Damit sollen Prozesse von Planungen öffentlicher Belange auf verschiedenen räumlichen Ebenen besser verstanden und darauf aufbauend neue Steuerungskonzepte entwickelt werden können. Deshalb ist Governance in diesem Zusammenhang oftmals mit einer räumlichen Ebene verbunden, so dass je nach Fokus des Governancearrangements die Begriffe Local, Urban, Metropolitan und Regional Governance geprägt wurden.

Dabei sind die Begriffe Local und Urban Governance stark mit dem nordamerikanischen Urban-Regime-Ansatz (Stone 1989) sowie dem Konzept der „Urban Growth Coalition" (Logan/H. L. Molotch 1996) verbunden. Ein urbanes Regime ist demnach ein lockerer Zusammenschluss von Akteuren, um lokale Handlungsfähigkeit zu erreichen, wobei insbesondere auf Kooperationen der öffentlichen Hand mit privaten Akteuren fokussiert wird. Allerdings sind diese Konditionen, die für nordamerikanische Städte zentral sind, kaum auf die lateinamerikanische Situation zu übertragen. Der Begriff Local Governance bezieht bei der Steuerung von Planungsprozessen auf kommunaler Ebene auch partizipative Elemente mit ein (vgl. Schwalb/Walk 2007: 7). Urban Governance hingegen geht explizit auf Fragen der Stadtentwicklung und Stadtpolitik ein und konzentriert sich auf den Koordinationsprozess zwischen den drei Hauptakteursgruppen öffentliche Hand, private Akteure und Zivilgesellschaft, der in einem bestimmten Spannungsfeld von unveränderbaren und veränderbaren Institutionen stattfindet (vgl. Pierre 1999: 374).

Mit dem Begriff Metropolitan Governance wird auf die veränderten Bedingungen der Steuerung urbaner Regionen aufgrund der Urbanisierung des städtischen Umlands (was auch unter dem Begriff Urban Sprawl bekannt ist) sowie auf „*faltering or failed attempts of local government reform*" (Kübler/Heinelt 2005: 9) reagiert. Dabei liegt der Fokus zum einen auf Fragen von Effektivität, Effizienz und Gerechtigkeit der Bereitstellung öffentlicher Dienste und zum anderen auf Fragen der Verbesserung von Wettbewerbsfähigkeit der Metropole im globalen Vergleich (ebd.: 11). Insgesamt sollen Koordinations- und Kooperationsprobleme zwischen den involvierten Akteuren verschiedener räumlicher Ebenen überwunden werden, wobei die Einrichtung einer förmlichen Gebietskörperschaft der Metropole eine unterschiedlich wichtige Rolle spielen kann. Metropolitan Governance wird seit den 1990er Jahren mit der Debatte um „new regionalism" verbunden, mit der insbesondere auf die Interaktionen zwischen den verschiedenen Akteuren fokussiert wird, anstatt auf die hierarchischen Beziehungen des Staates (ebd.: 10).

Ebenso bezeichnet Regional Governance die Steuerung und Selbststeuerung der regionalen Akteure in meist lose organisierten, netzwerkartigen Kooperationsstrukturen (vgl. Benz 2001: 55; Fürst 2003: 252). Unter Region ist dabei ein zusammengehöriges Gebiet gemeint, was nicht unbedingt als eine Gebietskörperschaft zu verstehen ist. Für den Begriff Regional Governance ist dabei zudem die enge Verflechtung mit anderen räumlichen Ebenen wichtig, in denen die Akteure einer Region agieren. Er fokussiert außerdem neben den formalen Steuerungsstrukturen auf informelle Interaktionen zwischen den regionalen Akteuren. Der Begriff wird als analytisches Modell genutzt, um ein Verständnis über die vorhandenen Governanceprozesse einer bestimmten Region zu gewinnen, wie auch als normatives Konzept, in dem Aussagen über einen geeigneten institutionellen Rahmen, Steuerungsinstrumente oder Management von Prozessen gemacht werden.

In der lateinamerikanischen Forschung wird Governance mit *gobernanza* übersetzt, wobei sich der Terminus inhaltlich nicht vom internationalen Governancediskurs absetzt, sondern den Begriff in gleicher Weise benutzt. So definieren Rodríguez und Winchester (1999: 29) Governance nicht nur über die Macht der Regierung, sondern auch über die Einflussmöglichkeiten der Zivilgesellschaft und der Wirtschaft. Und McCarney, Halfani und Rodríguez erläutern:

> „Governance, as distinct from government, refers to the relationship between civil society and the state, between rulers and ruled, the government and the governed" (McCarney/Halfani/Rodriguez 1995: 95).

Und ebenso wie im internationalen Governancediskurs geht Mattos (2004: 18) davon aus, dass der Governancebegriff aufkam, weil andere Akteure und Institutionen in sozialen Prozessen eine zunehmende Bedeutung einnehmen. Natürlich sind in Lateinamerika auch Prozesse vorhanden, die sich auf bestimmte Problemlagen von Multi-Level Governance beziehen lassen. So konnte in verschiedenen Untersuchungen über Multi-Level Governance z. B. anhand der Wasserpolitik in Bolivien (vgl. Wolf 2007) oder auch anhand der Sozialpolitik in Bolivien und Venezuela (vgl. Burchardt u. a. 2007) aufgezeigt werden, wie sich verschiedene Akteursinteressen auf unterschiedlichen Ebenen überschneiden. Insbesondere das Zusammenspiel von lokalen und globalen Akteuren sowie die Manifestierung von globalen Interessen auf lokaler Ebene spielten eine wichtige Rolle für diese Untersuchungen.

5.2. Unterscheidung von Governancebegriffen

Der Begriff Governance meint Verschiedenes, weshalb in der Literatur keine einheitliche Definition zu finden ist. Er wird nicht nur in verschiedenen Disziplinen sehr unterschiedlich verwendet, sondern wird auch innerhalb von Disziplinen oder Teildisziplinen sehr unterschiedlich aufgefasst. Außerdem wird in mehreren Publikationen auf eine Unterscheidung von verschiedenen Governancebegriffen eingegangen (vgl. Pierre/Peters 2000: 24, Benz u. a. 2007: 14 f., Nuissl/Heinrichs 2011: 2). Im folgenden Abschnitt wird nun anstatt einer Darstellung von unterschiedlichen Definitionen der verschiedenen Disziplinen eine Unterscheidung von grundsätzlichen Begriffstypen von Governance herausgearbeitet, die für die vorliegende Untersuchung nützlich ist. Dies erscheint sinnvoll, um das Verständnis von Governance für die vorliegende Arbeit in den wissenschaftlichen Diskurs einzubetten und um zu klären, wie Governance in diesem Fall aufgefasst wird.

5.2.1. normativ vs. analytisch vs. diagnostisch

Der Governance-Begriff wird heute in unterschiedlichen Zusammenhängen verwendet, die sich in drei Bereiche unterteilen lassen:

Erstens kann eine **normative Verwendung** des Begriffs ausgemacht werden, die häufig durch die Hinzufügung eines Adjektivs deutlich wird, wie z. B. „human governance", „new governance" oder „good governance". Hinter diesen Begriffen stehen bestimmte Vorstellungen, wie Governance verbessert werden bzw. erfolgreich sein kann. Das Konzept von „good-governance" hat sich im Kontext der internationalen Entwicklungszusammenarbeit herausgebildet und wurde vom Internationalen Währungsfond und der Weltbank geprägt. Es wird heute meist mit „guter Regierungsführung" oder „verantwortungsvoller Staatsführung" übersetzt und hat eine eindeutige Verbindung zu den politischen und administrativen Dezentralisierungsbemühungen der Entwicklungszusammenarbeit. So spielen Governanceaspekte bei den Bemühungen um eine politische oder administrative Dezentralisierung eine wichtige Rolle und ebenso ist Dezentralisierung im Rahmen von Entwicklungshilfe oftmals entscheidend in der Umsetzung von Governancekonzepten[15]. Allerdings ist das Konzept, das auch von der EU und der OECD aufgegriffen wurde, nicht gänzlich unumstritten, da mit ihm die Ideologie der westlichen Welt in andere Länder transferiert wird (vgl. Nuscheler 2009: 13).

---

15 In der Praxis wird ein normatives Governancekonzept oftmals parallel und ergänzend zu einem Dezentralisierungskonzept umgesetzt. Heinrichs (2005: 36) zeigt, dass sich beide Ansätze insbesondere bei den Schlüsselkonzepten und Zielvorgaben stark ähneln. So fokussieren beide Konzepte z. B. auf eine intensive Partizipation der Bürger und Stärkung der lokalen Politikebene. Außerdem werden Institutionen, Verantwortlichkeiten und Befugnisse, Lernen, Informationen sowie Bürgerbeteiligung von beiden Konzepten beeinflusst (ebd.: 40).

Insgesamt wurde das „Good-Governance"-Konzept auch auf die lokale Ebene transferiert (ein Überblick dazu findet sich in Nuissl/Hilsberg 2009), da sich auf dieser Ebene besonders gut die Auswirkungen bestimmter Governance-Muster erkennen lassen. Insbesondere die Partizipation der Zivilgesellschaft und weiterer Akteure der lokalen Ebene an Entscheidungen ist dabei ein Grundsatz, der auch bei den Bemühungen um politische Dezentralisierung als ein Schlüsselfaktor gilt (vgl. Brinckerhoff/Brinkerhoff/McNulty 2007: 191, Agrawal 1999: 58). Dabei sollen Entscheidungsprozesse näher an die Bürger und lokalen Akteure gebracht werden, da sie direkt von den Auswirkungen ihres Entscheidens betroffen sind. Das „Good-Governance"-Konzept wird auch im Zusammenhang mit Megacities in Lateinamerika diskutiert. So definiert Ward (1996: 61 f.) sechs Grundsätze für Governance in lateinamerikanischen Megacities: eine demokratische Wahl der städtischen Regierung, Transparenz in allen Entscheidungsprozessen, eine Entscheidungsebene für gesamtstädtische Aufgaben, Dezentralisierung und Aufgabenverteilung an untere administrative Ebenen, Bürgerbeteiligung sowie finanzielle Unabhängigkeit der Megacity-Verwaltung.

Zweitens ist eine **analytische Verwendung** des Governancebegriffs zu finden, die von einer veränderten Rolle des Staates aufgrund von Dezentralisierungs-, Globalisierungs- oder Privatisierungsprozessen ausgeht, weg von der Steuerung aus einer Hand und hin zu Steuerungsformen, in denen auch private und zivilgesellschaftliche Akteure einbezogen werden. Die analytische Verwendung des Governancebegriffs wird insbesondere mit der Analyse der strukturellen Komponenten von Governance wie Hierarchien, Wettbewerbssysteme und Netzwerke verbunden und zur Systematisierung von Governance (vgl. Healey 2006, Pierre/Peters 2000, DiGaetano/Strom 2003, Kooiman 2005) genutzt, aber auch zur Analyse und Beschreibung von Entscheidungsprozessen. Im Kontext dieser Verwendung von Governance haben eine Reihe von Autorinnen und Autoren unterschiedliche Governancetypologien entwickelt. So unterscheidet z. B. Keim (2003: 111 f.) je nach Stärke der Steuerung von öffentlicher Hand vier Arten von Governance: Eingriffs-, Verhandlungs-, Mitwirkungs- und Selbststeuerungsgovernance. Im lokalen Kontext sind vor allem Governancetypen vorzufinden, die sich von den allgemeinen Typen, wie sie z. B. von Healey (1997: 219 ff.) oder Kooiman (2005: 156 ff.) entwickelt wurden, unterscheiden, da diese sich nur in bestimmten, vom Staat vorgegebenen Grenzen vollziehen können. Diesem Ansatz folgt Pierre (1999), der vier Idealtypen kommunaler Governance identifiziert (Korporatismus, Management, Pro-Wachstum und Wohlfahrt) und diese anhand von einigen Variablen unterscheidet. Ähnlich gehen auch DiGaetano/Strom (2003) vor, die Klientelismus, Korporatismus, Management, Pluralismus und Populismus voneinander abgrenzen. Die Autoren unterscheiden sie anhand der Beziehungen zwischen öffentlicher Hand und privaten Akteuren, der Art und Weise der Entscheidungsfindung, der Rolle von Schlüsselakteuren und den grundlegenden politischen Zielen (ebd.). Nuissl und Heinrichs merken allerdings an:

> „Die im Zuge einer Typisierung unterscheidbaren Governancemodi kommen freilich kaum jemals in Reinform vor; als Idealtypen helfen sie jedoch, reale Politik- und Steuerungsmuster rasch zu erfassen und auftretende Konflikte zu verstehen" (Nuissl/Heinrichs 2006: 58).

Drittens wird mit der **diagnostischen Verwendung** von Governance der Fokus auf die Diagnose von Problemen des Governanceprozesses und daraus resultierenden Verbesserungsvorschlägen gelegt. Damit geht diese Verwendung weiter als der rein analytische Begriff, indem nach der Identifizierung der Governancestrukturen und -prozesse versucht wird, eine Erklärung für Hindernisse und förderliche Faktoren im Prozess zu finden. Mit diesem Governanceverständnis wird also problemlösungsorientiert an verschiedene Steuerungsprobleme herangegangen. Diese Verwendung ist stark mit dem Prozesscharakter von Governance (vgl. Scharpf 1997: 97) verbunden und fokussiert auf die Interaktionen innerhalb der vorhandenen Strukturen. So sind die Akteure zwar ein Teil von spezifischen Strukturen, ihre Zusammensetzung und Koalitionen können sich jedoch verändern. Durch die Prozesskomponente des diagnostischen Governancebegriffs wird der Blick also darauf gerichtet, wie Aktivitäten gesteuert, koordiniert und letztlich umgesetzt werden. Damit baut die Governanceforschung auf die Implementationsforschung auf, bei der Auswirkungen von Planungen betrachtet werden, indem der Prozess der Formulierung von Problemen und Lösungswegen sowie letztlich die Entscheidungsprozesse über Instrumente und Programme im Zentrum von Untersuchungen, die einen diagnostischen Governancebegriff verwenden, stehen.

Governance, in seinem diagnostischen aber auch normativen Verständnis, wird oftmals als Phänomen gesehen, das gemanagt werden muss, womit das Management von Netzwerken oder Verhandlungssystemen in den Vordergrund gestellt wird (vgl. Benz u. a. 2007: 15). Dies wird zuweilen in der Verwendung von Regional Governance deutlich, mit der „*meistens eher lose organisierte, netzwerkartige Kooperationsstrukturen*" (Benz 2001: 55) bezeichnet werden. Diese neuartigen regionalen Steuerungsmuster entstehen durch die Verschiebung von Verantwortlichkeiten aufgrund von Dezentralisierungsprozessen (Pierre/Peters 2000: 77). Somit erhalten regionale oder lokale Akteure die vorher durch formale Strukturen davon ausgeschlossen waren Zugang zu Entscheidungsprozessen. Regional Governance wird deshalb oftmals als ein Konzept verstanden, durch das sich die Kooperation zwischen privaten und öffentlichen Akteuren in der Region verbessern lassen (z. B. Kleinfeld/ Plamper/Huber 2006). Diese eher konzeptionelle Verwendung von Governance liegt damit an der Schnittstelle zwischen dem diagnostischen und dem normativen Governancebegriff, sollte aber nicht als eigenständige Begriffsverwendung verstanden werden.

Insgesamt ist die Unterscheidung zwischen einer normativen, analytischen und diagnostischen Verwendung von Governance oftmals nicht eindeutig (vgl. Nuissl/Heinrichs 2006: 52). So ist eine reine analytische Verwendung des Begriffs kaum durchführbar, da stets ein diagnostischer Faktor mitspielt, der sich vielfach in einem praktischen Konzept für ein erfolgreicheres Handeln widerspiegelt. Der Schritt vom Aufzeigen veränderter Strukturen und Prozesse staatlichen Handelns zur Formulierung von Handlungsempfehlungen ist also nur sehr klein. Ebenso betont Mayntz (2004) den „Problemlösungsbias" von Governance und verweist damit auf den Praxisbezug der Governanceforschung, die aber nicht unbedingt eine Lösung der vorhandenen Probleme bringen muss, sondern auch die Bedingungen eines Governanceversagens mit einschließt.

5.2.2. staatszentriert vs. netzwerkzentriert

Neben der unterschiedlichen Verwendung von Governance sind außerdem verschiedene Governanceansätze in der Literatur zu finden. Zentral sind dabei vor allem staatszentrierte sowie netzwerkzentrierte Governanceansätze, die mit einer veränderten Beziehung zwischen Staat, Markt und Gesellschaft begründet werden. Dadurch soll verdeutlicht werden, wer im Zentrum von Governanceprozessen steht und hauptsächlichen Einfluss auf Handlungen und Entscheidungen nimmt.

Bei dem **staatszentrierten** Governanceansatz, steht das staatliche Handeln im Vordergrund. Diesen Ansatz verfolgen Pierre und Peters (2000, ebenso auch Bell/Hindmoor 2009), die davon ausgehen, dass der Staat den größten Einfluss auf Entscheidungen ausübt, obwohl sich die Beziehungen zwischen Gesellschaft und Staat verändert haben. Der Einfluss des Staates geht ihrer Meinung nach nicht zurück, sondern verändert sich von der Übernahme eher konstitutioneller Aufgaben hin zu Koordination und Fusion von öffentlichen und privaten Ressourcen (ebd.: 25). Die Rolle des Staates wird allerdings von verschiedenen Faktoren bestimmt, zu denen z. B. die historischen Wurzeln in der Regulierung und Kontrolle bestimmter Sektoren[16] oder ein institutionelles Interesse an der Beibehaltung von Kontrolle und der Druck von sozialen Organisationen auf die politische Agenda gehören.

Zum staatszentrierten Governanceansatz gehört auch die Untersuchung von Policy-Instrumenten (z. B. Peters/Van Nispen 1998). In dieser Perspektive wird davon ausgegangen, dass die eingesetzten Instrumente nicht nur einen Effekt auf das Ergebnis in einem spezifischen Bereich, sondern auch sekundäre Effekte in Gesellschaft und Wirtschaft haben. Allerdings werden die Beziehungen zwischen Staat und Gesellschaft dabei außen vor gelassen und es wird davon ausgegangen, dass die Regierung befähigt ist, Instrumente zu entwickeln und umzusetzen (vgl. Pierre/Peters 2000: 42). Dabei wird natürlich an eine spezifische, hierarchische Anordnung von Macht gedacht, bei der der Staat die alleinige Kontrolle über die Umsetzung von Instrumenten hat. Pierre und Peters (ebd.: 17f.) weisen zu Recht darauf hin, dass zwar auch heutzutage Hierarchien in vielen Ländern eine große Rolle spielen, aber Wirtschaft und Gesellschaft an Einfluss gewinnen. Damit wird verdeutlicht, dass neben den vertikalen Beziehungen auch horizontale Netzwerke immer mehr an Einfluss gewinnen.

Dieser **netzwerkzentrierte** Governanceansatz setzt einen Fokus auf Politiknetzwerke, die viele verschiedene Akteursgruppen wie staatliche Institutionen und organisierte Interessengruppen beinhalten können, und verweist auf die Interaktionen zwischen den verschiedenen Gruppen mit oder ohne direkte Einbeziehung der öffentlichen Hand. Dieser Ansatz findet sich z. B. in „modern governance" (Kooiman 1993), „new governance" (Rhodes 1997), „urbane Regime" (Stone 1989), „ökonomischen Koalitionen" (Harvey 1989) und „Growth Machines" (Mo-

---

16 Dieser Aspekt wird von verschiedenen Autoren unter dem Begriff Pfadabhängigkeit diskutiert (Mahoney 2000).

lotch 1976) wieder. Netzwerke werden demnach durch gemeinsame Interessen zusammengehalten, die eine Herausforderung für die Interessen des Staates sein können. Natürlich hat der Staat schon immer mit bestimmten Schlüsselakteuren kooperiert, aber nun sind diese Netzwerke zu einem wichtigen Bestandteil der Politik geworden, wodurch Entscheidungen stärker den Präferenzen einzelner Akteure entsprechen. Pierre und Peters (2000: 46) merken jedoch an, dass durch die Einbindung von Netzwerken keinesfalls die Entscheidungsbefugnisse über einzelne Themen abgegeben werden, sondern dass die Regierung durch halb-öffentliche Strukturen oder andere Regierungsebenen immer an den Entscheidungen teilhaben wird. Diese Erkenntnis wird auch als „shadow of hierarchy" bezeichnet (vgl. Mayntz/Scharpf 1995: 28, Whitehead 2003), bei der davon ausgegangen wird, dass die politische Hierarchie eine wichtige Rolle bei den Verhandlungen zwischen öffentlichen und privaten Sphären spielt. Deshalb ist die Rolle des Staates in Governanceprozessen oftmals *„the outcome of the tug-of-war between the role the state wants to play and the role which the external environment allows it to play"*(Pierre/Peters 2000: 26). Innerhalb dieser Verhandlungsprozesse werden z. B. auch Regelungen für Dezentralisierungsprozesse definiert, durch die sich dann das gesamte System der politischen Hierarchie stark verändert.

6. MULTI-LEVEL GOVERNANCE UND DEZENTRALISIERUNG

Die Nutzung des Begriffs Multi-Level Governance richtet den Blick nicht nur auf die Einbindung von verschiedenen Akteuren, sondern ebenso auf die Einbindung von verschiedenen Ebenen. Dieser Fokus hilft der vorliegenden Arbeit, die Governanceprozesse vor dem Hintergrund der Einbeziehung öffentlicher, privater und zivilgesellschaftlicher Akteure, die auf unterschiedlichen administrativen Ebenen (von lokal bis global) agieren, zu analysieren und dadurch dem unterschiedlichen Dezentralisierungsfortschritt der beiden Fallstudien gerecht zu werden.

Der Begriff Multi-Level Governance geht, wie der Governancebegriff allgemein, etwa aufgrund von Globalisierungs-, Dezentralisierungs- oder auch Privatisierungsprozessen von einem veränderten Verhältnis von Staat, Gesellschaft und Ökonomie aus. Er entstand vor dem Hintergrund des Bedeutungsgewinns von komplexen transnationalen Verbindungen für eine Vielzahl von Aushandlungsprozessen in den 1980er Jahren und der gleichzeitigen Zunahme von Netzwerken zwischen privaten und öffentlichen Akteuren auf verschiedenen Ebenen (vgl. Marks/Hooghe 2004: 15).

> „While multi-level governance remains a contested concept, its broad appeal reflects a shared concern with increased complexity, proliferating jurisdictions, the rise of non-state actors, and the related challenges to state power" (Bache/Flinders 2004a: 4f.).

Die abnehmende Relevanz des Nationalstaats ist bei Multi-Level Governance allerdings nicht allein zentral, sondern ebenso die Verlagerung von Aushandlungsprozessen mit den einhergehenden Verschiebungen von Interessen und Verantwortlichkeiten zwischen räumlichen Ebenen (vgl. Görg 2005: 2). Vor dem Hintergrund, dass Entscheidungsprozesse immer weniger einer bestimmten räumlichen Ebene zuzuordnen sind, entstand Multi-Level Governance zunächst am empirischen Fall der europäischen Union, wobei der Ansatz inzwischen auch in andere Untersuchungszusammenhänge Eingang gefunden hat (vgl. Marsden/Rye 2010, Flitner/Görg 2008).

Der Begriff setzt sich aus zwei Elementen zusammen: Erstens bezieht sich das Adjektiv Multi-Level auf eine vertikale Restrukturierung, also die Einbeziehung von verschiedenen administrativen Ebenen. Und zweitens wird mit Governance eine horizontale Komponente angesprochen, die auf die Einbindung „neuer" Akteure auf verschiedenen Ebenen eingeht (vgl. Sack/Burchardt 2008: 41). Ebenso definieren auch Bache und Flinders:

> „,Multi-level' referred to the increased interdependence of governments operating at different territorial levels, while ‚governance' signalled the growing interdependence between governments and non-governmental actors at various territorial levels"(Bache/Flinders 2004a: 3).

Während in der Literatur zwar keine einheitliche Definition von Multi-Level Governance besteht, fassen Bache und Flinders (2004b: 197) gleichwohl vier Gemeinsamkeiten zusammen, die auch für die vorliegenden Fallbeispiele in Santiago de Chile und Bogotá relevant sind:

1. Die Entscheidungsfindung ist oftmals charakterisiert durch eine vermehrte Einbindung von nicht-staatlichen Akteuren.
2. Die Entscheidungsfindung findet nicht auf separaten administrativen Ebenen statt, sondern in komplexen, sich überlappenden Netzwerken.
3. In dem veränderten Kontext entwickeln staatliche Akteure neue Formen von Koordination, Steuerung und Vernetzung, um ihre Autonomie zu schützen bzw. zu stärken.
4. Diese Veränderungen sind eine große Herausforderung für die demokratische Verantwortlichkeit.

Vor dem Hintergrund von sich verändernden Aufgaben der politisch-administrativen Ebenen findet eine vertikale Restrukturierung aus Sicht des Nationalstaats in zwei Richtungen statt: erstens „nach oben" wodurch supranationale Ebenen an Bedeutung gewinnen und zweitens „nach unten" wodurch regionale und lokale Ebenen gestärkt werden (vgl. Marks/Hooghe 2004: 15, Görg 2005: 13). Multi-Level Governance ist meist mit der Grundannahme verbunden, dass zum einen Globalisierungsprozesse die Auslöser für eine „Reskalierung nach oben" und für eine größere Vielfalt an Akteuren sind und zum anderen Dezentralisierungsprozesse für eine „Reskalierung nach unten" und ebenfalls für ein erweitertes Akteursspektrum verantwortlich sind (z. B. Wissen 2008: 8, Marks/Hooghe 2004: 15). Dieser Redimensionierung politischen Handelns haben Pierre und Peters (2000: 83ff.) verschiedene Typen von Verlagerung politischer Macht hinzugefügt. Als ersten Typ definieren sie „moving-up" und gehen damit auf die verstärkte Rolle internationaler Institutionen und Organisationen wie der Europäischen Union, der Welthandelsorganisation (WTO) oder der Weltbank ein. Der zweite Typ „moving-down" beinhaltet die Verschiebung politischer Macht auf die regionale und lokale Entscheidungsebene, was eng mit Dezentralisierungsprozessen verbunden ist, die in den letzten Jahrzehnten unter anderem auch in Chile und Kolumbien stattfanden. Sie argumentieren, dass dadurch neue Governanceformen zwischen öffentlichen, privaten und zivilgesellschaftlichen Akteuren entstanden sind:

> „The most important consequence of decentralization in that it has facilitated new forms of governance, both among institutions within the public sector and between local governments and the surrounding society" (ebd.: 88).

Mit dem dritten Typ "moving-out" gehen sie auf die Verschiebung von politischer Macht, die traditionell beim Staat lag, zu Nicht-Regierungs-Organisationen (NGO) und privaten Unternehmen ein. Dabei geht es hauptsächlich darum, bestimmte Aktivitäten aus dem öffentlichen Sektor herauszunehmen, so dass neuartige öffentlich-private Kooperationen und somit auch neue Governanceformen entstehen. Diese Typen von Verlagerung politischer Macht sind auch für die vorliegende Arbeit hilfreich, um die durch Transantiago und Transmilenio hervorgerufenen Veränderungen von Governance einordnen zu können.

Problematisch am Ansatz von Multi-Level Governance ist jedoch ein sehr statisches Verständnis von räumlichen Ebenen (Levels) mit einer klaren Abgrenzung von Hierarchien und Kompetenzen. Diese lassen sich allerdings mit der heutigen Realität von Globalisierung und Dezentralisierung immer weniger deutlich unterscheiden. Bei Multi-Level Governance werden die Maßstabsebenen

> „…eher als gegeben betrachtet und in ihrer Interaktion bzw. in ihren Wirkungen untersucht, als dass die konfliktreichen Prozesse ihrer Produktion in den Mittelpunkt gerückt, empirisch erforscht und theoretisch begründet würden" (Wissen 2008: 12).

Görg (2005: 3) geht davon aus, dass Multi-Level Governance eben nicht nur verschiedene Verhandlungs- bzw. Entscheidungsebenen einschließt, sondern auch das Verhältnis der Ebenen untereinander sowie ihre jeweiligen Kompetenzen im Verhandlungsprozess. Entsprechende Zusammenhänge werden im englischsprachigen Raum in der theoretischen Auseinandersetzung des Begriffs „Scale" diskutiert, die seit einigen Jahren vor allem in der kritischen Geographie geführt wird. Obwohl sie in einem engen Zusammenhang mit Multi-Level Governance steht, sind nur wenige Versuche vorhanden, beide Debatten aufeinander zu beziehen[17] (vgl. Wissen 2007: 230).

Im Gegensatz zum Begriff „Level", der auf die politisch-administrative Ebene hinweist, betont der Begriff „Scale", dass räumliche Maßstäbe durch soziale und politische Prozesse definiert werden und somit keinesfalls als gegeben zu betrachten sind (vgl. Swyngedouw 1997, Flitner/Görg 2008: 170, Wissen 2008). Swyngedouw betont:

---

[17] Ausnahme siehe Görg (2005), Sack (2007) und Wissen (2007)

„Spatial scales are never fixed, but are perpetually redefined, contested, and restructured in terms of their extent, content, relative importance, and interrelations" (Swyngedouw 1997: 141).

Die Überlegungen, dass räumliche Ebenen stets einem Veränderungsdruck ausgesetzt sind, resultiert vor allem aus der Diskussion um Globalisierungstendenzen, durch die sich Gesellschaften reorganisieren und städtische Governance verändert wird (vgl. Brenner 2009, Swyngedouw 2004). Bei dieser räumlichen Reorganisation geht es darum, *„welche Interessen wie auf welcher Maßstabsebene institutionalisiert werden"* (Wissen 2008: 9). Dies führt zu komplexen Verflechtungen unterschiedlicher räumlicher Ebenen, wobei in der Auseinandersetzung um die Reorganisierung die Ebenen geschaffen, transformiert oder sogar gänzlich aufgelöst werden. Es handelt sich dabei aber

„...nicht einfach um räumliche Konflikte, sondern um eine räumliche Dimension sozialer Konflikte. (...) Allerdings erscheinen die sozialen Konflikte häufig als räumliche..." (ebd.: 9).

In der geographischen Stadtforschung ist der Scale-Begriff inzwischen weithin etabliert, jedoch ist darauf hinzuweisen, dass es nicht darauf ankommt, den Maßstab (Scale) selbst zu untersuchen, sondern den Prozess, durch den er entstanden ist und weiter restrukturiert wird. Es geht also nicht um Scale, sondern um Scaling bzw. Rescaling:

„Scale (at whatever level) is not and can never be the starting point for sociospatial theory. Therefore, the kernel of the problem is theorizing and understanding ‚process'. [...] A process-based approach focuses attention on the mechanisms of scale transformation and transgression through social conflict and struggle" (Swyngedouw 1997: 141).

Eben dieser Prozess der Veränderung räumlicher und politisch-administrativer Ebenen durch Transantiago und Transmilenio wird in dieser Arbeit untersucht.

Ebenso finden in die geographische Stadtforschung heute weitere Themen Eingang, die sich mit der Interaktion verschiedener räumlicher Ebenen beschäftigen, was durch Begriffe wie „Global City" (Sassen 1991) oder „Glokalisierung" (Swyngedouw 1997) deutlich wird. Diese werden erst untersucht seitdem die Globalisierungsthematik auch Eingang in die Stadtforschung gefunden hat, die sich vorher stark auf die Untersuchung von Prozessen in der Stadt, statt auf das Wechselspiel zwischen räumlichen Ebenen und die Restrukturierung von räumlichen Ebenen konzentrierte (vgl. Bernt/Görg 2008: 236f). Ähnlich argumentieren auch Jonas und Ward:

„Perhaps the analytical question for urban and regional development theory these days is not ‚Who rules the cities?' but rather ‚At what spatial level is territorial governance crystallising?'" (Jonas/Ward 2001: 21).

Dabei ist jedoch insbesondere auch das „jumping of scale" (Smith 1993) prägend, womit davon ausgegangen wird, dass durch Prozesse wie Globalisierung und Dezentralisierung bestimmte Interessen und Motivationen von einer Ebene auf eine andere springen können.

Mit der Verbindung zwischen dem Multi-Level Governance Ansatz und dem Begriff Scale müssen die generellen Forschungsfragen nicht nur lauten, welche politisch-administrativen Ebenen an einem bestimmten Prozess beteiligt sind und welche Herausforderungen und Probleme sich daraus ergeben, sondern auch warum die (politische) Macht auf die konkreten Ebenen verlagert und wie diese Ebenen selbst produziert wurden. Für diese Arbeit ist die Betrachtung der Restrukturierung räumlicher Ebenen vor allem vor dem Hintergrund von Dezentralisierung wichtig. Denn auch in der Diskussion um Dezentralisierung, also der Umverteilung von Verantwortlichkeiten, Ressourcen und administrativen Kapazitäten, ist letztlich die Institutionalisierung von Interessen auf bestimmten Ebenen ein entscheidender Punkt, damit räumliche Ebenen entstehen oder verändert werden. Dezentralisierungsprozesse verändern also die Struktur von Multi-Level-Arrangements. Aber gleichzeitig können sie selbst auch als Reskalierungsprozess verstanden werden, da sich durch Dezentralisierung Maßstäbe verändern und somit Aushandlungsprozesse zwischen den verschiedenen administrativ-politischen Ebenen anders gestaltet werden oder gänzlich neue Ebenen entstehen.

In der Regel wird Dezentralisierung ein prozessualer Charakter zugeschrieben, indem generell der horizontale und/oder vertikale Transfer von Verantwortlichkeiten und Entscheidungskompetenzen auf verschiedene Stellen innerhalb eines Systems im Vordergrund stehen. Übertragen auf Staaten wird mit Dezentralisierung insbesondere auf den Prozess der Übertragung von Entscheidungskompetenzen und administrativer Verantwortung von zentraler Ebene auf untere Ebenen hingewiesen. Agrawal (1999) nutzt den Begriff als einen Überbegriff für die Lockerung zentraler Autorität und erörtert, dass Dezentralisierung ein politischer Prozess ist, der sich mit der Umverteilung von Macht, Ressourcen und administrativen Kapazitäten auf verschiedene territoriale politische Einheiten beschäftigt und niemals eine vollendete Tatsache ist: „....*decentralization is always a policy in making, never an accomplished fact*" (ebd.: 67). Rondinelli definiert Dezentralisierung als

> „the transfer of authority and responsibility for public functions from the central government to subordinate or quasi-independent government organizations or the private sector" (Rondinelli 1999: 2).

Und Agrawal (1999: 54) konkretisiert, dass durch Dezentralisierung institutionelle Kapazitäten auf unteren Ebenen entwickelt werden sollen, um Entscheidungsprozesse näher an die Personen zu bringen, die von ihnen beeinflusst werden. Dezentralisierung kann also als Strategie des Staates aufgefasst werden, um mit Problemen von Multi-Level Governance zurechtzukommen.

Dezentralisierungsprozesse sind besonders in Entwicklungsländern weit verbreitet, jedoch sind die Beweggründe dafür sehr unterschiedlich. In vielen Entwicklungsländern sind der Aufbau von politischen Systemen, die Bereitstellung öffentlicher Dienstleistungen oder auch die Einführung der Marktwirtschaft Ziele, die durch Dezentralisierung unterstützt werden sollen (vgl. Litvack/Ahmad/Bird 1998: 1). In Lateinamerika ist der Fortschritt von Demokratie eng mit den Beweggründen für eine administrative Dezentralisierung verbunden (vgl. Campbell

2003: 4), so auch in Chile und Kolumbien, wo Dezentralisierung auf der politischen Agenda steht und mit der Restrukturierung von räumlichen Ebenen verbunden wird.

Exkurs zum Begriff Dezentralisierung

Die unterschiedlichen Definitionen und Ziele von Dezentralisierung lassen vermuten, dass der Begriff sehr unterschiedlich verwendet wird. Dezentralisierung findet in verschiedenen Handlungsfeldern statt, die in einer jeweils unterschiedlichen Weise und Intensität Kompetenzen und Verantwortung an eine dezentrale Ebene übertragen. So wird in der Literatur erstens eine Unterscheidung verschiedener Dimensionen von Dezentralisierung nach politischer, administrativer, fiskalischer und ökonomischer Dezentralisierung vorgenommen (Rondinelli 1999: 2, Cheema/Rondinelli 2007: 7, Finot 2002: 136, Selee 2004: 11 für Lateinamerika) sowie zweitens die Intensität von Dezentralisierung mit den Begriffen Dekonzentration, Delegation und Devolution beschrieben (Rondinelli/Nellis/Cheema 1983).

Die **politische Dezentralisierung** bezieht sich auf die Übertragung politischer Entscheidungsmacht von der nationalen Ebene auf subnationale Ebenen, wobei das Vorhandensein oder die Schaffung der politischen Strukturen auf der subnationalen Ebene erforderlich ist, wie z. B. Gemeinderegierungen. Zentrales Ziel der politischen Dezentralisierung ist die Partizipation der Bevölkerung und die Beteiligung der lokalen politischen Akteure an den Entscheidungsprozessen öffentlicher Belange, so dass Dezentralisierung die politische Stabilität und Demokratisierung befördert. Die politische Dezentralisierung ist deshalb zur Verstärkung von Demokratisierung und zur Verbesserung der Partizipationsmöglichkeiten geeignet (Agrawal 1999: 58). Selee (2004: 27) argumentiert jedoch, dass Dezentralisierung allein nicht zu mehr Demokratie führt, sondern dass es dafür immer ergänzender Maßnahmen bedarf, wie der Unterstützung der Zivilgesellschaft, der gleichmäßigen Verteilung von Ressourcen und einer effektiven Koordination politischer Maßnahmen.

Bei der **administrativen Dezentralisierung** werden Verantwortlichkeiten, Entscheidungskompetenzen und finanzielle Ressourcen von einer zentralen Ebene auf subnationale Regierungsebenen verteilt. Dabei überträgt die Zentralregierung die Verantwortung z. B. für Planung, Finanzierung oder Steuerung an untergeordnete Ebenen, semiautonome öffentliche Institutionen oder regionale Verwaltungen (vgl. Rondinelli 1999: 2, Cheema/Rondinelli 2007: 7). Typische Beispiele für den Transfer von Verwaltungskompetenzen an lokale Ebenen sind z. B. die Bereitstellung und das Management von öffentlichen Dienstleistungen im Gesundheits- und Bildungsbereich, aber auch der Bau und die Instandhaltung von Straßen und anderer Infrastruktur.

Die **fiskalische Dezentralisierung** ist ein Kernelement von Dezentralisierung sowie eine Bedingung für die Umsetzung der politischen und administrativen Dezentralisierung und besteht aus zwei Elementen: Einerseits werden finanzielle Mittel von zentraler Ebene auf die lokalen Ebenen transferiert und andererseits sollen die lokalen Regierungen die Möglichkeit erhalten, eigenständig Ressourcen zu bilden. In diesem Fall werden die lokalen Regierungen bevollmächtigt, lokale Steuern zu erheben. Für die lokale Selbstverwaltung und die eigenständige Wahrnehmung von Verwaltungsaufgaben ist die finanzielle Dezentralisierung ein Schlüsselfaktor (vgl. Rondinelli 1999: 3).

Unter **ökonomischer Dezentralisierung** verstehen Cheema und Rondinelli (2007: 7) Marktliberalisierung, Deregulierung, Privatisierung von staatlichen Unternehmen sowie öffentlich-private Partnerschaften. Dabei werden Verantwortlichkeiten für bestimmte Aufgaben vom öffentlichen auf den privaten Sektor verlagert. Es sei jedoch darauf hingewiesen, dass einige Autoren diese Form von Dezentralisierung nicht als Dezentralisierung verstehen (z. B. Agrawal/Ribot 2002: 5). Betrachtet man die Ziele von Dezentralisierung, wie eine verstärkte Partizipation von Bürgern und weiteren lokalen Akteuren, ist diese Kritik wohl durchaus gerechtfertigt. Außerdem muss die Privatisierung von staatlichen Unternehmen nicht unbedingt mit einer Dezentralisierung einhergehen, sondern kann ebenso zu einer Monopolisierung führen. Insofern ist ein kritischer Umgang mit dem ökonomischen Dezentralisierungsbegriff durchaus angemessen.

Eine weitere Möglichkeit zur Differenzierung von Dezentralisierung wird mit den Begriffen Dekonzentration, Delegation und Devolution vorgenommen (vgl. Rondinelli/Nellis/Cheema 1983), um verschiedene Intensitäten von Dezentralisierung auszudrücken. Sie greifen die vorangehend behandelten inhaltlich-funktionalen Dimensionen von Dezentralisierung auf und unterscheiden sich nach der Reichweite der übertragenen Funktionen. Ob sich jede Dimension von Dezentralisierung auch in verschiedene Intensitäten unterteilen lässt, ist jedoch strittig, da einige Autoren die Intensitäten von Dezentralisierung nur als Unterformen von administrativer Dezentralisierung verstehen (vgl. Metzger 2001: 72, Rondinelli 1999).

Der Begriff **Dekonzentration** beschreibt die schwächste Form von Dezentralisierung und ist häufig in zentral regierten Staaten zu finden, so z. B. in Chile aber auch in vielen Ländern Ostasiens. Bei dieser Form von Dezentralisierung werden Verantwortlichkeiten für bestimmte Dienstleistungen oder einzelne Entscheidungsbefugnisse auf untere Verwaltungsebenen transferiert, ohne eine gleichzeitige Übertragung von Machtbefugnissen der zentralen Regierungsebene an die untere Ebene. Dabei werden auf lokaler oder regionaler Ebene Untereinheiten der Zentralregierung gebildet, die als organisatorischer Teil der Nationalregierung deren Politik vertreten, ohne Entscheidungsbefugnisse oder Autonomie über die eigene Entwicklungsplanung zu besitzen. Das politische System in Chile ist ein gutes Beispiel für Dekonzentration, in dem die regionalen Verwaltungseinheiten der einzelnen nationalen Ministerien ganz spezifische Aufgaben ausführen. Diese haben jedoch untereinander kaum institutionellen Kontakt, weshalb auf regionaler bzw. lokaler Ebene keine horizontale Integration möglich ist, um etwa städtische Entwicklungsprojekte gemeinsam zu bearbeiten und zu verantworten.

Unter **Delegation** wird die Abgabe von begrenzten Entscheidungskompetenzen über öffentliche Aufgaben und die Verwaltung von lokalen Dienstleistungen an semiautonome Organisationen verstanden. In der Regel handelt es sich dabei um halbstaatliche Träger aus dem zivilgesellschaftlichen Bereich (vgl. Thomi 2001: 17), private Unternehmen oder lokale Verwaltungen (vgl. Metzger 2001: 73). Diese werden zwar nicht vollständig vom Staat kontrolliert, gehören jedoch letztlich in seinen Verantwortungsbereich. Typisch für eine Delegation an private Institutionen, die der Regierung unterstellt sind, ist die Übertragung staatlicher Aufgaben an z. B. staatseigene Unternehmen oder Kapitalgesellschaften mit großem Eigentumsanteil des Staates wie etwa die Metro in Santiago oder andere städtische Nahverkehrsunternehmen.

Devolution ist die intensivste Form der Dezentralisierung, bei der öffentliche Aufgaben und Entscheidungsbefugnisse über bestimmte Aufgabenbereiche an eigenständig handelnde, lokale oder regionale Gebietskörperschaften übertragen werden, die dann die alleinige Entscheidungskompetenz über diesen Aufgabenbereich besitzen (Litvack/Ahmad/Bird 1998: 6, Rondinelli 1999: 3). Voraussetzung für diesen Transfer ist allerdings die Existenz von dezentralen Strukturen. Typischerweise wird der Transfer von Verantwortlichkeiten an lokale Regierungen, deren Vertreter von der lokalen Regierung gewählt werden, über eigene Einnahmen verfügen und unabhängig über Investitionen entscheiden, als Devolution bezeichnet. Diese können ohne Rücksprache mit der nationalen Regierung Projekte eigenständig entwerfen, finanzieren und durchführen. Diese Aktivitäten subnationaler Einheiten müssen allerdings außerhalb der direkten Kontrolle der nationalen Regierung liegen und auf rechtlich gesicherter Stellung basieren, um von Devolution sprechen zu können.

7. POLICY-MAKING ALS FORSCHUNGSGEGENSTAND

Die Governanceforschung ist eng mit Erkenntnissen der politikwissenschaftlichen Policy-Forschung (in Deutschland auch als Politikfeldanalyse bekannt) verbunden, deren Untersuchungsgegenstand der Prozess der Umsetzung von politischen Maßnahmen ist. Dabei werden die Entscheidungsprozesse und Ergebnisse konkreter Politikfelder mit dem Zweck der Erarbeitung von Problemlösungen erforscht (vgl. Dye 1976). Dye definierte: *„Policy analysis is finding out what governments do, why they do it, and what difference it makes"* (Dye 1976: 1). Der englische Begriff Policy ist dabei Teil des politikanalytischen Dreiecks, das zusätzlich aus den Komponenten Polity (politisches System) und Politics (politischer Prozess) besteht (vgl. Prittwitz 2007: 26). Policy wird darin als Steuerungsdimension betrachtet, bei der über die politischen Inhalte verhandelt wird. Im deutschen Sprachgebrauch ist für die drei Begriffe Policy, Polity und Politics zwar nur das Wort Politik vorhanden ist, dennoch wird gerade in den Verkehrswissenschaften der Begriff Policy oftmals auch für Verkehrsmaßnahmen, Programme und Pläne benutzt (vgl. University of Oxford et al. 2010: 33).

Der Entstehungs- und Umsetzungsprozess von Policies wird in der Literatur als „Policy-Making" bezeichnet (vgl. Dye 1976, Jann/Wegrich 2009: 75), womit der Prozess der Bearbeitung von Problemlösungen und somit die *„tatsächlichen*

Entscheidungen und Weichenstellungen in politischen Prozessen" (Jann/Wegrich 2009: 76) im Vordergrund stehen.

> „Politik wird logisch als eine Abfolge von Schritten konzipiert, die mit der Artikulation und Definition von Problemen anfängt und irgendwann mit der verbindlichen Festlegung von politischen Programmen und Maßnahmen beendet wird" (ebd.: 75).

Diese Einteilung in Phasen ist Grundlage einer Vielzahl von Lehrbüchern der Policy-Forschung (z. B. Schubert/Bandelow 2009) und geht auf den US-amerikanischen Politologen Lasswell (1956) zurück, der eine Unterteilung in sieben Phasen vornahm, die durchaus normativ gemeint war. In den 1970er Jahren wurde diese Unterteilung von Jones (1970) und Anderson (1975) zu den Phasen Agenda-Setting, Formulierung, Adoption, Implementierung und Evaluierung weiterentwickelt, die heute als Standard gelten und Grundlage für die Annahme sind, dass die Abfolge der Phasen auch als ein sich wiederholender Zyklus, als Policy Cycle, denkbar ist (vgl. Jann/Wegrich 2009: 79 ff.)[18].

Des Weiteren entstand in den 1980er Jahren die Implementationsforschung als Teildisziplin der Policy-Forschung, die sich mit dem Umsetzungsprozess von politischen Programmen, Projekten oder Instrumenten befasst, um die komplexe Realität eines Implementationsprozesses deskriptiv zu erklären. Dabei wurden die öffentlichen Akteure, als die für die Implementierung relevante Akteursgruppe, ins Blickfeld der Forschung gerückt (vgl. Mayntz 1980). Der Fokus auf die Implementierung, als eine Phase im politischen Prozess, lässt sich zwar nicht sinnvoll von der Entwicklung und der Wirkung der untersuchten Policies isolieren, aber dennoch findet das Policy-Zyklusmodell in der vorliegenden Arbeit Anwendung, da der Policy-Cycle nicht nur auf die Phase der Implementierung in den Mittelpunkt rückt, sondern den gesamten Prozess des Policy-Making betrachtet.

Als weiterer wichtiger Erklärungsansatz von Policy-Making ist der Ansatz des Policy-Transfers zu nennen. Dabei wird auf den Prozess der Transferierung von Policies zwischen verschiedenen zeitlichen Abschnitten und verschiedenen Räumen fokussiert. Dolowitz und Marsh definieren:

> „Policy transfer, emulation and lesson drawing all refer to a process in which knowledge about policies, administrative arrangements, institutions etc. in one time and/or place is used in the development of policies, administrative arrangements and institutions in another time and/or place" (Dolowitz/Marsh 1996: 344).

Es können dabei Policy-Ziele, Strukturen und Inhalte, Policy-Instrumente oder administrative Techniken, Institutionen, Ideologien, Ideen, Einstellungen und Konzepte sowie negative Lektionen transferiert werden (vgl. ebd.: 350). Dolowitz und Marsh weisen außerdem darauf hin, dass der Policy-Transfer auch immer vom politischen System und seinen vorhanden Ressourcen abhängt. Policies wurden lange Zeit hauptsächlich von industrialisierten Ländern in Richtung Entwicklungsländer transferiert, oftmals über multilaterale Organisationen wie die Welt-

---

18 Auf die einzelnen Phasen wird in Teil C dieser Arbeit genauer eingegangen, da der Policy-Cycle entscheidend für die Definition des eigenen Analyserahmens ist.

bank. Aber seit einigen Jahren ist zu beobachten, dass Policies nicht mehr nur traditionell in Nord-Süd-Richtung transferiert werden, sondern ebenso in Süd-Nord oder Süd-Süd-Richtung (vgl. Crot 2010: 120). Dies wird durch die verstärkte Globalisierung erklärt:

> „Globalization has also been key in fuelling the transnationalization of urban policies. The current phase of globalization has multiplied the opportunities for local policy-makers to search for and learn about promising policy solutions developed elsewhere" (Crot 2010: 120).

Da in der vorliegenden Arbeit der Entstehungs- und Umsetzungsprozess von verkehrspolitischen Maßnahmen im ÖPNV untersucht wird, spielen die Policy-Forschung und insbesondere der Ansatz des Policy-Making für die konzeptionellen Grundlagen dieser Untersuchung eine wichtige Rolle. Der Policy-Transfer-Ansatz ist zwar auf eine Phase des Policy-Making limitiert und fragt nicht danach, wie die Policy genau umgesetzt wird. Dennoch ist der Ansatz für die vorliegende Arbeit nicht zu vernachlässigen, da der Transfer von Verkehrspolicies zwischen verschiedenen Großstädten in Lateinamerika deutlich ist und auch Transantiago auf der Policy-Idee von Transmilenio basiert.

8. GOVERNANCE ALS THEORETISCH-KONZEPTIONELLER ZUGANG ZUM POLICY-MAKING VON VERKEHRSPOLITISCHEN MAßNAHMEN IN MULTI-LEVEL-ARRANGEMENTS

In der vorliegenden Arbeit werden die Governanceprozesse des Policy-Making der ÖPNV-Reformprojekte in Santiago de Chile und Bogotá vor dem Hintergrund von Multi-Level-Arrangements untersucht. Darauf aufbauend werden Aussagen über die Veränderung des Steuerungshandelns möglich und somit auf die Diskussion über die Modifizierung oder Entstehung von Scales eingegangen. Damit steht die Arbeit zwar in der Tradition der Policy- und Implementationsforschung, da eine bestimmte verkehrspolitische Maßnahme im Fokus der Untersuchung steht. Sie ist aber dennoch stark von der aktuellen Diskussion um Governance und Reskalierung geprägt. Deshalb wird letztlich untersucht, wie in diesen Fallbeispielen das Policy-Making den politischen Prozess (politics) verändert.

Dabei wird das Hauptaugenmerk nicht mehr auf die öffentlichen Akteure, als für die Implementierung relevante Akteursgruppe, allein gelegt, sondern, wie der Ansatz von Multi-Level Governance aufzeigt, auf ein komplexes Arrangement von öffentlichen, privaten und zivilgesellschaftlichen Akteuren, die auf verschiedenen räumlichen Ebenen agieren. Governance wird deshalb in dieser Arbeit als die Art und Weise der Regelung von öffentlichen Angelegenheiten verstanden, die von einer Vielzahl von Akteuren und unterschiedlichen räumlichen Ebenen beeinflusst wird (vgl. Bache/Flinders 2004a: 3, Nuissl/Heinrichs 2011: 3). Allerdings wird dabei angenommen, dass der Staat, gerade bei der Bereitstellung eines ÖPNV als Element der öffentlichen Daseinsvorsorge, die größten Einflussnahmemöglichkeiten hat und somit Governance im „Schatten der Hierarchie" stattfindet. Dennoch kann man davon auszugehen, dass durch veränderte Beziehungen zwischen Staat und Gesellschaft neue bzw. andere Akteure Zugang zu politischen Entscheidungen finden und die räumlichen Maßstabsebenen verändern.

Da in der vorliegenden Arbeit die Umsetzung der ÖPNV-Reformen untersucht wird, steht einerseits die Prozessdimension von Governance im Mittelpunkt, was mit dem Ansatz des Policy-Making verdeutlicht wird. Somit kann der Definition von Pierre und Peters zugestimmt werden: *„Governance is in many ways about the capacity of governments to make policy and put it into effect"* (Pierre/Peters 2000: 42). Mit diesem Fokus wird aber nicht nur auf den prozessualen Charakter von Governance eingegangen, sondern auch auf ein diagnostisches Verständnis von Governance, womit die Aktivitäten zur Steuerung, Koordinierung und Umsetzung von Entscheidungen ins Blickfeld gerückt werden. Diese Perspektive beinhaltet die Untersuchung der Akteure und deren Interaktionen im gesamten Governanceprozess. Andererseits ist die Regelung von öffentlichen Angelegenheiten von Institutionen geprägt, die als strukturelle Dimension von Governance verstanden werden können. Sie sind für das Verständnis der Governanceprozesse notwendig und sind deshalb ein entscheidender Aspekt der Untersuchung.

Governance wird in Santiago und Bogotá vor dem Hintergrund von bestehenden Multi-Level-Arrangements betrachtet. Damit wird davon ausgegangen, dass verschiedene administrative Ebenen und Akteure einbezogen sind. Mit dieser Annahme wird das Blickfeld der Governanceuntersuchung auf die Strukturen und Prozesse gelenkt, die vor dem Hintergrund von Multi-Level-Arrangements entstehen und die bestehenden räumlichen Maßstabsebenen prägen und verändern. Gerade Dezentralisierung, also der Transfer von Verantwortlichkeiten von der nationalen auf die subnationale Regierungsebene, hat das Potenzial, Multi-Level-Arrangements entscheidend zu verändern, indem Aushandlungsprozesse zwischen den Ebenen umgestaltet werden oder gänzlich neue Scales entstehen (vgl. Di-Gaetano/Strom 2003: 368, Pierre/Peters 2000: 77f., Brenner 1999: 443):

> „The most important consequence of decentralization is that it has facilitated new forms of governance, both among institutions within the public sector and between local government and the surrounding society" (Pierre/Peters 2000: 88).

Deshalb sollten gerade in Ländern wie Chile und Kolumbien, in denen Dezentralisierungsprozesse auf der aktuellen politischen Agenda stehen, Dezentralisierungsprozesse in die Erforschung von Governance einfließen. Dementsprechend hilft der Ansatz von Multi-Level Governance verbunden mit dem Ansatz von Scales, den Governance- mit dem Dezentralisierungsbegriff zusammenzubringen[19].

---

19 In der Literatur ist die Verknüpfung dieser beiden Begriffe bisher nur unzureichend bearbeitet worden. Heinrichs (2005) ist einen ersten Versuch für ein integratives Verständnis angegangen, indem er untersucht hat, wie sich Dezentralisierung und Governance auf die lokale Planungspraxis auswirken. Für die vorliegende Arbeit ist sein integriertes Verständnis jedoch nur zu einem geringen Maße nützlich, da Heinrichs (2005) von Beginn an einen eher normativ-konzeptionellen Governancebegriff benutzt.

Ein diagnostisches Verständnis von Governance angesichts eines Multi-Level-Arrangements ist in diesem Fall hilfreich, um aus den gewonnenen Erkenntnissen über die Governancestrukturen und -prozesse Erfolgsbedingungen ableiten zu können, die letztendlich einen eher normativ-konzeptionellen Charakter aufweisen. Für die empirische Untersuchung beider Fallstudien ist es notwendig, einen Analyserahmen zu definieren, der das beschriebene Verständnis von Governance widerspiegelt. Ein solcher Analyserahmen wird im nächsten Kapitel entwickelt.

TEIL C: GOVERNANCE IN DER EMPIRISCHEN FORSCHUNG

Nachdem im vorherigen Teil B auf die konzeptionellen Grundlagen von Governance eingegangen wurde, soll im Teil C ein Analyserahmen zur Untersuchung von Governanceprozessen im Verkehr entwickelt werden. Dafür wird zunächst auf die grundsätzlichen Herausforderungen der empirischen Governanceforschung hingewiesen, bevor nachfolgend die Beiträge vorgestellt werden, auf denen der eigene Analyserahmen basiert. Die Auswahl dieser Beiträge wurde mit dem Ziel vorgenommen, einen Analyserahmen zu erarbeiten, mit dem die Ergebnisse der empirischen Analyse dieser Arbeit strukturiert und gleichzeitig ein Verständnis über die Governanceprozesse in Santiago und Bogotá entwickelt werden können. Dieser Analyserahmen wird daraufhin am Ende dieses Kapitels vorgestellt.

9. HERAUSFORDERUNGEN DER EMPIRISCHEN GOVERNANCEFORSCHUNG

Empirische Untersuchungen zu Governancearrangements und -prozessen sind zwar in der politikwissenschaftlichen Stadtforschung keine Neuerung, aber dennoch besteht in der Fachliteratur Einigkeit darüber, dass diese bisher nur unzureichend vorgenommen (Keim 2003: 91, Nuissl/Heinrichs 2006: 64) und Vergleichskriterien von Governance bisher nur wenig reflektiert wurden (vgl. Prittwitz 2007: 197). Ebenso sind nur wenige Governanceuntersuchungen im lateinamerikanischen Kontext vorhanden, in denen neben einer theoriegeleiteten Diskussion zu Governance auch eine empirische Forschung durchgeführt wird. Dennoch birgt der Governancediskurs ausreichend Anhaltspunkte, um eine theoretisch fundierte empirische Untersuchung von Governancestrukturen und -prozessen von verkehrspolitischen Maßnahmen vorzunehmen:

> „Die Raumforschung begnügt sich häufig mit der Beschreibung von Planungen und anderen raumwirksamen Aktivitäten und misst dem Umstand, dass sie überhaupt stattfinden, mehr Bedeutung bei als ihren Konditionen und Wirkungen. Die empirische Untersuchung von Governance-Arrangements eröffnet somit ein reiches Betätigungsfeld" (Keim 2003: 91).

Somit ist gerade die Umsetzung von verkehrspolitischen Maßnahmen ein interessanter Forschungsgegenstand, um Aussagen darüber zu treffen, wie die gesteckten Ziele schnell und unproblematisch erreicht werden können.

Für eine empirische Untersuchung räumlich bezogener Governance sind in der einschlägigen Literatur über Governance schon einige Möglichkeiten erarbeitet worden (z. B. Rakodi 2004, Devas 2004, Heinrichs 2005, Pütz 2004). Trotzdem ist es kaum möglich, das Design der empirischen Governanceuntersuchung z. B. von Heinrichs (2005), der die lokale Planungspraxis auf den Philippinen untersucht hat, zu übernehmen, da für das Verständnis von Governanceprozessen das Spezifische des jeweiligen Governancearrangements von großer Relevanz ist, um eine oberflächliche Governanceuntersuchung zu vermeiden. Diese Erkenntnis wird insbesondere auch in dem Ansatz der „Eigenlogik der Städte" von Martina Löw deutlich, die damit auf *„die verborgenen Strukturen der Städte als vor Ort eingespielte, zumeist stillschweigend wirksame Prozesse der Sinnkonstitution"* (Löw 2008: 19) eingeht. Damit sind sehr vielfältige Strukturen gemeint, die in verschiedensten Themenfeldern, wie z. B. Redeweisen, grafischen Bildern von Städten oder auch Bauwerken rekonstruiert werden können (ebd.: 77). In der politikwissenschaftlichen Forschung ist die Eigenlogik von Städten

> „vor allem in der Art und Weise der Institutionalisierung der Kooperation und Koordination der lokalen Akteurskonstellationen und Regime zu sehen" (Zimmermann 2008: 212).

Eine vergleichende Governanceuntersuchung, wie sie in der vorliegenden Arbeit durchgeführt wurde, sollte also auf die Erklärung des konkreten Verhaltens der lokalen Politik zielen, um anhand der lokalen Spezifika die Governancearrangements und -prozesse nachvollziehen zu können. Auch in der Verkehrsforschung hat die Frage, warum Städte unterschiedlich auf verkehrspolitische Maßnahmen reagieren, inzwischen Einzug gehalten (wenn auch in einem geringen Maß) und wurde anhand des Begriffs der „Pfadabhängigkeiten" beleuchtet (Pflieger u. a. 2009). Pfadabhängigkeit wird allgemein definiert als:

> „historical sequences in which contingent events set into motion institutional patterns or event chains that have deterministic properties" (Mahoney 2000: 507).

Es wird also davon ausgegangen, dass in der Vergangenheit getroffene Entscheidungen, aber auch Routinen und Denkweisen, die Entscheidungen der Gegenwart beeinflussen. In der vorliegenden Arbeit sollen aber weder detailliert die Eigenlogiken von Santiago und Bogotá aufgezeigt[20], noch Pfadabhängigkeiten genauestens verfolgt werden. Dennoch sind aber einige Aspekte dieses Diskurses unerlässlich, da es entscheidend von institutionellen Strukturen, historischen Akteurskonstellation und Entscheidungen sowie von Gewohnheiten und eingebürgerten Verhaltensweisen abhängt, wie die Probleme des Stadtverkehrs thematisiert, verbindliche Entscheidungen getroffen und auch tatsächlich umgesetzt werden.

Resümierend wird deutlich, dass mit der empirischen Untersuchung das Spezifische der Governancestrukturen und -prozesse in Santiago de Chile und Bogotá zu betrachten ist. Dafür wurde ein Analysegerüst erstellt, dass auf den Untersuchungsschemata von Kooiman (2000), Jann und Wegrich (2009) sowie Nuissl und Heinrichs (2006) basiert, die im folgenden Kapitel vorgestellt werden.

---

20 Was aufgrund der Komplexität wohl eher die Aufgabe eines interdisziplinären Projekts wäre.

10. BEITRÄGE FÜR EINE EMPIRISCHE GOVERNANCEANALYSE

10.1. Governanceebenen

In der Governanceliteratur ist eine zunehmende Beachtung von verschiedenen Governanceebenen auszumachen (z. B. Kooiman 2000, Kooiman 2003, Jessop 2002). Angestoßen wurde die Diskussion von Jan Kooimans Unterscheidung von drei Governanceebenen, die als eine Auflistung von verschiedenen, für eine Governanceanalyse wichtigen Dimensionen zu verstehen sind (vgl. Kooiman 2003):

1. In der ersten Governanceebene befasst sich Kooiman mit dem Prozess zur Erkennung und Lösung von Problemen sowie der Formulierung von Herausforderungen, die auf dem Lösungsweg auftreten. Damit geht diese erste Ebene auf konkrete Handlungen und die Gestaltung des Problemlösungsprozesses von unterschiedlichen Akteuren ein. Sie ist jedoch stark mit der zweiten Governanceebene verbunden.
2. In der zweiten Governanceebene beschäftigt sich Kooiman, inspiriert vom Neo-Institutionalismus, mit Institutionen, in die die Prozesse der ersten Governanceebene eingebettet sind. Er spricht vor allem von gesellschaftlichen Institutionen, die das Ergebnis von vergangenen Entscheidungen sind, und benennt diese ganz allgemein mit Staat, Markt und Zivilgesellschaft. Institutionen sind ihm zufolge strukturelle Aspekte von Governance, die das Handeln der Akteure leiten, fördern oder behindern. Er stellt fest: „*Institutions shape interests of those interacting and are at the same time shaped by them*" (ebd.: 158). Das Handeln von Akteuren kann somit zwar nur im vorgegebenen institutionellen Rahmen geschehen, aber gleichzeitig formen die Akteure die Institutionen. Diese entscheiden vor dem Hintergrund von bestimmten gesellschaftlichen Werten und Normen sowie kulturellen Aspekten.
3. Die dritte Governanceebene, die Kooiman als Meta-Governance bezeichnet, ist der Rahmen, der die erste und zweite Governanceebene zusammenhält. Hier werden grundlegende Fragen angesprochen, um ein umfassendes Verständnis von Steuerungsprozessen zu entwickeln. Dazu gehört das Einwirken von gesellschaftlichen Normen und Kriterien auf die Institutionen und Handlungen der Akteure. Diese erklären, wie bestimmte Verhaltensweisen entstehen und Entscheidungen getroffen werden und wer oder was die Entscheidungen leitet. Dementsprechend definiert Kooiman: „*...meta governance is the governing of governing*" (Kooiman 2003: 170). Meta-Governance ist ihm zufolge als eine Art normativer Rahmen zu verstehen, der die Grenzen für eine tatsächliche Steuerung aufzeigt, der aber gleichzeitig zur Diskussion stehen kann. Außerdem bildet Meta-Governance ein Forum zur Formulierung von Institutionen (zweite Governanceebene) und beinhaltet gleichzeitig Ideen für die Steuerung des Prozesses (erste Governanceebene).

Mit der Unterscheidung von verschiedenen Governanceebenen wird zwischen den strukturellen Aspekten von Governance, die sich in der zweiten und dritten

Governanceebene zeigen, und den prozessualen Komponenten von Governance, die in der ersten Governanceebene zu finden sind, unterschieden. Allerdings ist die Abgrenzung zwischen Meta-Governance und Institutionen nicht immer eindeutig. Kooiman begegnet dieser Schwachstelle mit dem Argument, dass sein Konzept von Meta-Governance noch am Anfang stünde (ebd.: 171)[21]. Dennoch bietet die Unterteilung in verschiedene Governanceebenen eine hilfreiche Grundlage für die vorliegende Arbeit, um die komplexen Systeme von Governancestrukturen und -prozessen nachzuvollziehen.

10.2. Analyserahmen für Governance räumlicher Planung

Als zweiten für diese Arbeit aufschlussreichen Untersuchungsrahmen ist der Analyserahmen für Governance räumlicher Planung von Nuissl und Heinrichs (2011: 7 ff.) aufzuführen. Er beinhaltet die Kategorien (1) Akteure und (2) Beziehungen, die auf Untersuchungen von Motte (1997) beruhen, sowie die Kategorien (3) institutioneller Rahmen und (4) Entscheidungsprozesse.

1. In der ersten Kategorie der Akteure wird danach gefragt „*who, that is, which individual and collective agents, take an active part in the planning process under consideration; and who is not involved*" (Nuissl/Heinrichs 2011: 7). Es sollen alle beteiligten Akteure – staatliche, „halb-staatliche", privatwirtschaftliche und zivilgesellschaftliche – identifiziert werden. Außerdem sind ihre Interessen, Einflussmöglichkeiten, Ressourcen, ihr soziales Kapital sowie ihr Wissen zu eruieren.
2. Die Analyse der zweiten Kategorie der Beziehungen fragt nach Kooperationen und Koalitionen der Akteure untereinander sowie deren Organisationsweisen. Hier kann zwischen hierarchisch-vertikalen, marktbasierten und netzwerkartig-horizontalen Beziehungen unterschieden werden. Dies spiegelt vor allem den viel diskutierten Ansatz von Multi-Level Governance wider.
3. In der dritten Kategorie des institutionellen Rahmens sollen Handlungsregeln aufgezeigt werden, womit die Autoren auf den Neo-Institutionalismus verweisen. Dazu gehören formelle Handlungsregeln wie Gesetze, Verordnungen oder aufgestellte Planwerke sowie informelle Regeln und „ungeschriebene Gesetze", an die sich alle Akteure halten bzw. halten müssen. Zusätzlich weisen Nuissl und Heinrichs (ebd.) daraufhin, dass insbesondere die Umsetzungsinstrumente räumlicher Planung (z. B. Förderprogramme und Pläne) entscheidend für den institutionellen Rahmen sind, in dem Stadtentwicklungsprozesse

---

21 Auch mit dem anders gestalteten Begriffsverständnis von Meta-Governance von Jessop (2002) lässt sich diese Unklarheit nicht aus dem Weg räumen. Er definiert Meta-Governance als einen Übergriff für verschiedene Governance-Modi als „*rearticulating and ‚collibrating' the different modes of governance*" (Jessop 2002: 49) und geht nicht explizit auf die Beziehung zu Institutionen ein.

stattfinden. Dies können jedoch formell oder informell ausgestaltete Instrumente sein.
4. Schließlich ergänzen die Autoren (ebd.) die bisher stark auf strukturelle Aspekte ausgerichteten Kategorien durch die eher variable Kategorie der Entscheidungsprozesse. Darin sind die Aspekte eines Machtausgleichs zwischen den Akteursgruppen, prinzipielle Partizipationsmöglichkeiten, die Mechanismen zur Koordination von Aktivitäten und Konflikten, der Umgang mit Wissen und die Kommunikation von Informationen an eingebundene und nicht beteiligte Akteure zu untersuchen.

Nuissl und Heinrichs (ebd.) geben mit diesem Analyserahmen entscheidende Anregungen für das eigene Analysegerüst der empirischen Untersuchung von Governance, da ihr Analyserahmen ein detailliertes Raster von zu untersuchenden Aspekten aufweist. Diese sind als Kern einer Governanceanalyse zu betrachten, und werden von den Autoren in einen Bezug zu räumlichen Governancemustern gesetzt. Dieser Analyserahmen kann heuristisch zur Governanceanalyse genutzt werden, wobei in der empirischen Untersuchung die einzelnen Kategorien teilweise nur schwer voneinander abgegrenzt werden können. Das ist allerdings ein grundsätzliches Problem aller Untersuchungsrahmen, weil mit der Analyse ein eigentlich sehr komplexer Handlungsprozess in Kategorien eingeordnet werden muss, um ihn auf das Wesentliche zu konzentrieren und ihn gleichzeitig in vereinfachter Form darstellen zu können.

10.3. Zyklusmodell des Policy-Making

Die Annahme, dass ein politischer Prozess in nacheinander aufbauenden Phasen abläuft, ist schon lange eine unverzichtbare Grundlage der politikwissenschaftlichen Diskussion und wurde in einer Vielzahl von empirischen Untersuchungen thematisiert. Der gemeinsame Ausgangspunkt vieler Phasenmodelle ist die Interpretation von Politik als Policy-Making-Prozess, d. h. als Versuch der Be- und Verarbeitung von gesellschaftlichen Problemen (vgl. Jann/Wegrich 2009: 75). Es wurden zwar viele verschiedene Politikzyklusmodelle erstellt, aber letztlich hat sich das Modell von Jann und Wegrich (2009) als umfassend und praktikabel herausgestellt (vgl. Gellner/Hammer 2010: 59). Innerhalb dieses Modells lassen sich verschiedene Schritte abgrenzen, deren Reihenfolge in Abbildung 2 verdeutlicht wird. Dieses Modell wird in der vorliegenden Arbeit als ein heuristisches Instrument genutzt, um in der Analyse einzelne Phasen voneinander abzugrenzen, obwohl sich diese in der Realität oftmals überschneiden.

Abb. 2: Der idealtypische Policy Cycle

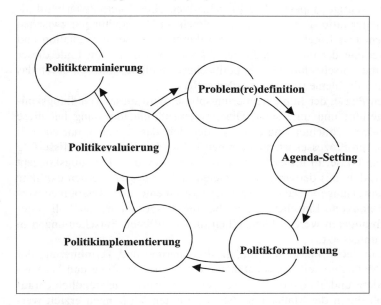

Quelle: Jann/Wegrich 2009: 86

Die in dem Modell dargestellten Schritte werden von Jann und Wegrich (2009) in insgesamt vier Hauptphasen eingeteilt: (1) Problemwahrnehmung und Agenda-Setting, (2) Politikformulierung und Entscheidung, (3) Implementierung sowie (4) Evaluierung und Terminierung.
1. In der ersten Phase, der Phase der Problemwahrnehmung und des Agenda-Setting, werden bestimmte Zustände als Problem wahrgenommen, die nicht dem gewünschten Zustand entsprechen. Sie werden von den Akteuren zumeist unterschiedlich bewertet und somit als relevant oder nicht relevant thematisiert. Die Definition eines Problems ist notwendig, damit es überhaupt wahrgenommen und dann auf die politische Agenda gesetzt wird (Agenda-Setting). Die Agenda wird dabei als Liste von Themen angesehen, die von der Regierung und nahestehenden Akteuren diskutiert werden sollen. Sie ist als „To-do-Liste" des politischen Systems stark umkämpft (vgl. Gellner/Hammer 2010: 62). Letztlich ist die öffentliche Aufmerksamkeit in den Medien ein wichtiges Kriterium, ob Themen gemieden oder auf der politischen Agenda zu finden sind. Die Autoren dieses Policyzyklusmodells weisen darauf hin, dass in den Phasen der Problemwahrnehmung und des Agenda-Setting bewusst oder unbewusst erste Selektionen vorgenommen, Prioritäten gesetzt und Probleme strukturiert werden (vgl. Jann/Wegrich 2009: 86).
2. In der zweiten Phase der Politikformulierung und Entscheidung werden aus den artikulierten Problemen staatliche Programme. Dabei sind die Formulie-

rung und Klärung der politischen Ziele sowie die Diskussion von Handlungsalternativen wichtige Aspekte. Die Entscheidung über Alternativen wird allerdings weniger rational getroffen, als vielmehr in Verhandlungen zwischen den Akteuren. Das Ergebnis wird deshalb durch Interessenkonstellation und Einflussverteilung der unterschiedlichen Akteure bestimmt. Am Ende dieser Phase steht die Entscheidung für ein politisches Handlungskonzept, durch das die definierten Probleme behoben werden sollen.
3. In der dritten Phase, der Implementierungsphase, wird dieses Handlungskonzept durchgeführt und umgesetzt. Die Implementationsforschung hat diese Phase besonders betrachtet, und es wurde deutlich, dass sie nicht nur ein Teil eines politischen Prozesses ist, sondern häufig die über Erfolg und Misserfolg entscheidende Phase. In dieser Phase wird zum einen das Handlungskonzept konkretisiert, d. h. aus den abstrakten Zielen und Strategien werden explizite Handlungsanweisungen. Dabei wird über Instrumente und Ressourcen verhandelt und konkrete Entscheidungen über die Ausgestaltung der Policy getroffen. Zum anderen werden letztendlich die getroffenen Entscheidungen in die Realität umgesetzt.
4. Die vierte und letzte Phase geht auf die Evaluierung und Terminierung der politischen Maßnahme ein. Dabei stehen die angestrebten Ziele und Wirkungen im Vordergrund, da davon ausgegangen wird, dass es letztendlich darauf ankommt, ob durch die Maßnahme die intendierten Wirkungen erzielt werden. Neben den Ergebnissen der Implementierung wird auch der Umsetzungsprozess selbst bewertet, wobei hier das Kosten-Nutzen-Verhältnis im Vordergrund steht. Nach Abschluss der Evaluierung sind zwei Szenarien vorstellbar: So kann es entweder zu einer Terminierung, d. h. zur Beendigung der Maßnahme aufgrund von Erfolg oder Erfolglosigkeit kommen, oder aber zu einer Re-Definition, durch die neu aufgetretene und nicht-intendierte Probleme beseitigt werden sollen. In diesem Fall wiederholt sich der Ablauf und die Maßnahme befindet sich wieder in der ersten Phase der Problemdefinition, wobei in machen Fällen ein erneutes Agenda-Setting entfällt.

Die Heuristik des Policy Cycle findet zwar heutzutage in vielen wissenschaftlichen Arbeiten Anwendung, wird aber dennoch kritisch diskutiert. Grundsätzlich wird das sehr lineare Steuerungsverständnis, dem eine top-down Perspektive zugrunde liegt, kritisiert. Policy-Making erscheint zu einfach, da es nur darauf ankommt, Programme zu entwickeln. Es wird aber verkannt, dass politische Maßnahmen und Programme meist modifiziert anstatt neu entwickelt werden und in einer Interaktion mit anderen, parallel umgesetzten Programmen, Normen und Gesetzen stehen. Des Weiteren wird kritisiert, dass bei der Analyse von Handlungsprozessen in deskriptiver Hinsicht eine präzise Trennung der einzelnen Phasen kaum durchführbar wäre, da die einzelnen Phasen miteinander verwoben sind, parallel zueinander ablaufen oder gar eine umgekehrte Reihenfolge vorliegt (vgl. Jann/Wegrich 2009: 102 f.). Schweizer und Schweizer (2009: 20) resümieren, dass der Policy Cycle als deskriptives Analyseraster zur Beantwortung der Wer-Frage (verkehrspolitische Akteure) und der Wie-Frage (verkehrspolitische Interaktionsmuster) dient, nicht aber zur Beantwortung der Warum-Frage (Bedingungs- und Wirkmechanismen). Dennoch ist dieses Modell für die vorliegende Untersuchung hilfreich, da es den Governanceprozess detailliert betrachtet und einzelne Phasen verdeutlicht.

11. ANALYSERAHMEN ZUR UNTERSUCHUNG VON GOVERNANCEPROZESSEN

Bisher ist der Governancebegriff in der Literatur vor allem auf eine übergeordnete und theoretische Art und Weise diskutiert worden und wird deshalb von den Disziplinen sehr unterschiedlich verwendet. Es besteht aber bislang ein Defizit an empirischen Governanceuntersuchungen zu konkreten Fällen räumlicher Planung (vgl. Keim 2003: 91, Nuissl/Heinrichs 2006: 64). Die wenigen verfügbaren Untersuchungen sind aufgrund von besonderen Charakteristika jedoch kaum auf andere Fälle übertragbar (vgl. Pütz 2004: 97). Damit das Spezifische der Governanceprozesse in Santiago und Bogotá vor dem Hintergrund von Multi-Level-Arrangements betrachtet werden kann und die aktuellen Reskalierungsprozesse aufgezeigt werden können, wurde die Entwicklung eines für diese Untersuchung passenden Analyseinstruments notwendig. Dabei ist es nicht Ziel, ein neues Modell zum grundsätzlichen Verständnis von Governance zu erstellen, sondern einen heuristischen Analyserahmen, der konkret für die empirische Untersuchung in Santiago und Bogotá genutzt werden kann, um die aktuelle Situation und die Prozesse in beiden Städten zu erfassen.

Der erstellte Analyserahmen (siehe Tabelle 1) basiert auf den vorgestellten Untersuchungsschemata von:
– Kooiman (2003), der mit den Ebenen des Prozesses, der Institutionen sowie der zusätzlichen Ebene von Meta-Governance eine weitere Erklärungsmöglichkeit eröffnet, wie Governanceprozesse ablaufen,
– Nuissl und Heinrichs (2011), die nach Akteuren, Beziehungen sowie Institutionen fragen und den Prozess analysieren, sowie
– Jann und Wegrich (2009), die den Prozess von Governance und Policy-Making genauer beleuchten und strukturieren.

Tab. 1: Analyserahmen für Governanceprozesse im ÖPNV

Element	Aspekt	Beispielhafte Teilaspekte
Meta-Governance	Strukturell-politischer Kontext	Dezentralisierungsprozess und -fortschritt
	Wirtschaftsmodell	Privatisierung und Deregulierung im ÖPNV
	Symbolik	Assoziationen und Symbolik der BRT-Projekte
Institutioneller Rahmen	Informelle Institutionen	Gesellschaftliche Normen, gemeinsame Zielvorstellungen, Leitbilder, "ungeschriebene Gesetze"
	Formelle Institutionen	Gesetze, Verordnungen, Normen, formelle Partizipationsmöglichkeiten
	Planungsinstrumente	Formelle und informelle Planwerke, Einbindung in andere Planwerke
Akteure	Konstellation	Privat, öffentlich, zivilgesellschaftlich und lokal, regional, national, international
	Interessen	Privat, individuell, kollektiv, öffentlich oder wirtschaftlich, status-quo-orientiert vs. änderungsorientiert
	Kooperationen, Koalitionen	Vertikale und horizontale Beziehungen
Prozess	Problemwahrnehmung und Agenda-Setting	Definition des Problems, Notwendigkeit von Veränderungen
		Informelle Agenda der politischen Arena vs. formelle Agenda der Regierung, Strategien zur Beeinflussung der Agenda, Mechanismen des Agenda-Setting
	Planformulierung	Formulierung von Zielen und Diskussion von Handlungsalternativen
		Prozess der Entscheidungsfindung, Lösung von Konflikten und Problemen
	Implementierung	Konkretisierung des Handlungskonzepts (Prozess der Entscheidungsfindung, Ausgestaltung des Instruments)
		Transfer von Know-how und Informationen an Öffentlichkeit und beteiligte Akteure, Art der Informationen, Partizipationsmöglichkeiten
		Strategie der Umsetzung (zeitlicher Rahmen, Umsetzungsschritte)
	Evaluierung und Re-Definition	Wirkungen und Auswirkungen, Erreichung von Zielvorgaben,
		Umgang mit nicht intendierten Problemen
		Entscheidung zwischen Terminierung und Re-Definition

Quelle: eigene Darstellung nach Kooiman 2003, Jann/Wegrich 2009, Nuissl/Heinrichs 2011 sowie eigenen Ergänzungen

Der Analyserahmen gliedert sich in drei Spalten mit Elementen, Aspekten sowie beispielhaften Teilaspekten. In der Spalte der Elemente finden sich die drei Elemente aus Kooimans (2003) Governanceebenen wieder, die mit Meta-Governance, institutioneller Rahmen und Prozess benannt sind. Zusätzlich wird das Element der Akteure eingeführt, auf das Nuissl und Heinrichs (2011) genauer eingehen. Für diese vier Elemente (Meta-Governance, institutioneller Rahmen, Akteure und Prozess) lassen sich in der zweiten Spalte jeweils verschiedene Aspekte identifizieren, die in Santiago und Bogotá untersucht wurden. In der dritten Spalte sind beispielhaft Teilaspekte aufgeführt, die eine Palette von möglichen Ausprägungen der Aspekte bieten. Diese Teilaspekte sind jedoch nicht in beiden Untersuchungsstädten vorhanden, sondern dienen zur genaueren Erläuterung der Aspekte der zweiten Spalte.

Die einzelnen Elemente und Aspekte des Analyserahmens unterstützen zwar die Einordnung der empirischen Ergebnisse, aber in einigen Fällen ist aufgrund der großen Komplexität von Governanceprozessen eine eindeutige Trennung zwischen einzelnen Elementen nur schwer durchführbar. Deshalb ist der vorrangige Nutzen des Analyserahmens die Strukturierung der Ergebnisse. Damit ist er sowohl für den Vergleich der Fallstudien hilfreich, als auch für das Verständnis der gefundenen Governanceprozesse und -strukturen.

In den folgenden Absätzen werden die vier Elemente näher beschrieben:
1. Das Element der **Meta-Governance** umfasst drei Aspekte, die als Rahmenbedingungen der Governanceprozesse der beiden Fallstudien gelten können. Diese resultieren aus den empirischen Daten der Fallstudien und gehen auf die wichtigsten Einflussgrößen der Governanceprozesse in beiden Ländern ein. Sie helfen die Fragen danach, wie und warum Entscheidungen getroffen wurden, zu beantworten. Als erster Aspekt werden die Besonderheiten des strukturell-politischen Kontextes von Santiago und Bogotá betrachtet, womit auf die grundsätzlichen politischen und administrativen Strukturen hingewiesen wird. Der in den letzten Jahrzehnten in Chile und Kolumbien begonnene Dezentralisierungsprozess ist dabei ein wichtiger Teilaspekt, der einen entscheidenden Einfluss auf die administrative Umstrukturierung und somit auch auf die städtische Governance hat. Der Fortschritt des Dezentralisierungsprozesses ermöglicht eine erste Erklärung für die vorgefundenen Akteurskonstellationen sowie deren Verantwortlichkeiten und Interessen. Zweitens gibt das grundsätzliche Wirtschaftsmodell von Chile und Kolumbien und in der Verkehrspolitik insbesondere der Umgang mit Privatisierung und Deregulierung Aufschluss über prinzipielle Zielvorstellungen der Akteure. Und drittens wird untersucht, welche Symbolik von Transantiago und Transmilenio ausgeht. Dieser letzte Aspekt ist zwar eng mit informellen Institutionen verbunden, jedoch ist er keine Handlungsregel im eigentlichen Sinn. Stattdessen sind damit gemeinsame Assoziationen der Reformen zu verstehen, die zu Beginn des Policy-Making-Prozesses die Entscheidungen der Akteure beeinflussen.
2. Das Element des **institutionellen Rahmens** bezieht sich auf den Kontext, in dem die Akteure agieren und beinhaltet ein normatives Gerüst aus verschiedenen Institutionen. Die Aspekte bzw. Teilaspekte sind von dem Analysege-

rüst von Nuissl und Heinrichs (ebd.) inspiriert. Erstens werden dabei die informellen Institutionen untersucht, die in diesem Fall als soziale Handlungsregeln zu verstehen sind und sich somit von dem Element Meta-Governance (als Rahmenbedingungen) abgrenzen. Zu den informellen Institutionen können z. B. die Teilaspekte gesellschaftliche Normen, gemeinsame Zielvorstellungen, Leitbilder und "ungeschriebene Gesetze" gehören. Die Beachtung dieser informellen Institutionen ist für das Verständnis der einzelnen Fälle wichtig, da sie, ebenso wie formelle Institutionen, einen wesentlichen Einfluss auf die Entscheidungsprozesse und Ergebnisse von Governance haben. Deshalb werden als zweiter Aspekt die formellen Institutionen wie Gesetze, Verordnungen und Normen im Bereich der ÖPNV-Politik untersucht. Beachtung finden dabei außerdem die Möglichkeiten zur Partizipation bei Entscheidungen in der Stadtentwicklungs- und Verkehrspolitik beider Städte. Als dritter Aspekt werden Planungsinstrumente ausgemacht, auf deren Bedeutung für Stadtentwicklungsprozesse Nuissl und Heinrichs (ebd.) hinweisen. Von Interesse sind dabei formelle oder informelle Planwerke, sowie deren Einbindung in andere Planwerke, da diese den Ablauf der Governanceprozesse prägen.

3. Mit dem dritten Element wird der Fokus auf die **Akteure** von Transantiago und Transmilenio gelegt, die es zunächst in ihrer Konstellation zu identifizieren gilt. Von besonderem Interesse ist, welcher Akteursgruppe und welcher administrativen Ebene die Akteure zugeordnet werden können. Des Weiteren ist der Aspekt der Interessen der Akteure, die sie in den Reformprozessen verfolgen, von Bedeutung für das Verständnis über die Entscheidungsprozesse. Dabei ist es für die Dynamik des Governanceprozesses aufschlussreich zu wissen, ob die Akteure status-quo-orientiert oder änderungsorientiert entscheiden. Als letzter Aspekt werden die Kooperationen und Koalitionen, die die identifizierten Akteure untereinander eingehen, analysiert. Sie spielen eine große Rolle bei der Umsetzung der Reformprojekte, da die Akteure bestimmte horizontale oder vertikale Koalitionen eingehen, um damit den Umsetzungsprozess zu befördern oder zu behindern.

4. Das Element des **Prozesses** geht auf die konkreten Vorgänge der Problemlösungen in Santiago und Bogotá ein. Für die Analyse bietet sich das Modell des Policy Cycle von Jann und Wegrich (2009) an, da damit die Policy-Making-Prozesse strukturiert und nachgezeichnet werden können. Dementsprechend wird als erster Aspekt die Phase der Problemwahrnehmung und des Agenda-Setting analysiert, in der das Problem im ÖPNV definiert und von bestimmten Akteuren auf die politische Agenda gesetzt wurde. In dem zweiten Aspekt wird in der Phase der Planformulierung danach gefragt, welche Ziele formuliert und wie Handlungsalternativen diskutiert werden. Außerdem ist hier der Prozess der Entscheidungsfindung für das neue Handlungskonzept entscheidend. Als dritter Aspekt wird die Phase der Implementierung untersucht. Hierbei steht zunächst der Prozess der Konkretisierung des Handlungskonzepts sowie dessen Ausgestaltung im Fokus der Untersuchung. Dabei ist auch zu analysieren, wie Informationen und Know-how innerhalb des Akteurskreises sowie an Außenstehende transferiert werden und welche Mög-

lichkeiten zur Partizipation bestehen. Schließlich ist für die Phase der Implementierung außerdem die Strategie der Umsetzung von Bedeutung. Als letzter Aspekt des Prozesses wird die Phase der Evaluierung und Re-Definition betrachtet, indem zum einen der Blick auf das Erreichen der gesetzten Ziele und die Auswirkungen der Maßnahmen und zum anderen auf den Umgang mit neuen Problemen gerichtet wird. Abschließend rücken die nachträglichen Entscheidungen über eine Terminierung oder Re-Definition in den Vordergrund.

Zwischen den vier Elementen des Analyserahmens lassen sich verschiedene Beziehungen feststellen, die für die vorliegende Arbeit von Bedeutung sind. Abbildung 3 verdeutlicht die in der Arbeit untersuchten Beziehungen mit durchgezogenen Pfeilen sowie die in der Arbeit nicht systematisch betrachteten Beziehungen mit gestrichelten Pfeilen.

Abb. 3: Beziehungen zwischen den Governanceelementen

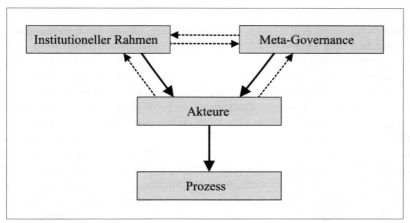

Quelle: eigene Darstellung

In Abbildung 3 wird deutlich, dass die Entscheidungen der Akteure vom institutionellen Rahmen beeinflusst werden und im Rahmen dieser Institutionen handeln. Andererseits prägen und verändern sie selbst die Institutionen (gestrichelter Pfeil). Außerdem wirkt Meta-Governance auf das Handeln und Entscheiden der Akteure ein, die wiederum ebenso Meta-Governance beeinflussen können (gestrichelter Pfeil). Im Prozess handeln letztendlich die Akteure vor dem Hintergrund des institutionellen Rahmens sowie der Meta-Governance. Grundsätzlich ist auch eine Beziehung zwischen Meta-Governance und Institutionen vorhanden, die in der Darstellung gestrichelt dargestellt ist. So beeinflusst Meta-Governance einerseits die Aufstellung von formellen Institutionen wie Plänen oder Gesetzen, aber andererseits wird Meta-Governance selbst durch den institutionellen Rahmen geprägt.

TEIL D: DESIGN VON FORSCHUNG UND METHODIK

In diesem Teil der Arbeit werden das Forschungsdesign sowie die Methodik der empirischen Untersuchung vorgestellt. Es wird zunächst dargelegt, dass eine qualitativ-mechanismenorientierte Forschungsstrategie (vgl. Gläser/Laudel 2009: 26) mit einem kontrastierenden Vergleich von zwei Fallstudien angewandt wird. Daraufhin wird das methodische Vorgehen der qualitativ-empirischen Untersuchung mit leitfadengestützten Experteninterviews sowie der Verwendung des im Teil C entwickelten Analyserahmens zur Analyse der empirischen Daten erläutert.

12. FORSCHUNGSSTRATEGIE

Aus der Forschungsfrage geht hervor, dass das primäre Ziel dieser Forschungsarbeit das Verstehen von Zusammenhängen und Prozessen ist. Deshalb wird eine qualitative Datenerhebungsmethode gewählt, die mittlerweile zu den gängigen und wissenschaftlich anerkannten Forschungsmethoden gehört (vgl. Flick/Kardorff/Steinke 2003: 14f.). Sie ist im Gegensatz zu einer quantitativen Forschungsmethode durch eine offene Zugangsweise geprägt und ist für das *„Neue im Untersuchten, das Unbekannte im scheinbar Bekannten"* (ebd.: 17) zugänglich. Dabei soll der zu untersuchende Gegenstand verstanden werden und kann deshalb gerade nicht über den methodischen Zugang der standardisierten Forschung, also nicht über das Messen, erfasst werden (vgl. Helfferich 2004: 19). Stattdessen wird mit einer qualitativen Forschungsstrategie nach Kausalmechanismen gesucht, was die Identifizierung von Ursachen und Wirkungen bestimmter Effekte einschließt. Diese Forschungsstrategie wird auch als mechanismenorientierte Strategie bezeichnet und beruht auf der detaillierten Analyse von einem oder wenigen Fällen (vgl. Gläser/Laudel 2009: 26). Da in der vorliegenden Arbeit die Kausalzusammenhänge der Governanceprozesse im ÖPNV verstanden werden sollten, wird die qualitativ-mechanismenorientierte Forschungsstrategie gewählt, die gut verwendbare Ergebnisse verspricht.

Dafür werden in dieser Untersuchung exemplarische Fallstudien in Santiago und Bogotá erstellt, mit denen sich die Frage nach dem Einfluss der Gestaltung von ÖPNV-Governancearrangements auf die Erreichung einer nachhaltigen Stadtentwicklungspolitik beantworten lässt. Diese beiden lokal orientierten Fallstudien ermöglichen kontrastierende Vergleiche zwischen den Megastädten. Sie verdeutlichen die Stärken und Schwächen des einzelnen Falls und lassen generelle Rückschlüsse auf die Entwicklung von ÖPNV-Reformen in Megastädten zu.

Fallstudien sind eine der ältesten Formen sozialgeographischer Forschung und stellen einen zentralen Bestandteil jeder Feldforschung dar. Sie gelten als besonders geeignet für die Untersuchung von komplexen Phänomenen eines typischen oder besonders aufschlussreichen Beispiels für ein allgemeines Problem (Flick 2007: 178). Fallstudien eignen sich dabei besonders um Entscheidungen und Institutionen zu erforschen. Generell kann gesagt werden:

> „case studies are the preferred strategy when ‚how' or ‚why' questions are being posed, when the investigator has little control over events, and when the focus is on a contemporary phenomenon within some real-life context" (Yin 2003: 1).

Die prinzipielle Schwierigkeit einer Forschung mit Fallstudien besteht allerdings in der Frage, ob die Fallstudie einen Wert für sich darstellt und der einzelne Fall genau verstanden werden soll, oder ob und inwieweit die Erkenntnisse der Fallstudie für eine Generalisierung nützlich sind (vgl. Stake 1995: 3f.). Daraus ergibt sich jedoch die wichtigste Frage jeglicher fallstudienbasierter Forschung: *„What is this case a case of?"* (Flyvbjerg 2004: 430). Diese Frage zielt nicht nur darauf, in welchen Kontext der Fall einzubetten ist, sondern auch inwieweit sich die Erkenntnisse generalisieren lassen. In Anlehnung an die Geschichtswissenschaftler Haupt und Kocka (1996: 9) lassen sich grundsätzlich zwei Typen für den Vergleich von Fallstudien unterscheiden: Erstens kontrastierende Vergleiche, mit deren Hilfe besonders die Unterschiede der Fallstudien beleuchtet werden können und zweitens Vergleiche, bei denen eher die Übereinstimmungen und somit Erkenntnisse zur Generalisierung befördert werden. In der vorliegenden Arbeit wurde ein kontrastierender Vergleich zwischen den Fallstudien in Santiago und Bogotá vorgenommen, so dass ausdrücklich die Besonderheiten im Umgang mit Verkehrsmaßnahmen erfasst wurden. Die Vergleichbarkeit der Fallstudien steht also nicht im Vordergrund, sondern die Unterschiedlichkeiten, durch deren Generalisierung neue Lösungsansätze für die bestehenden Verkehrsprobleme gefunden werden sollten. Transantiago kann somit als ein Beispiel für eine ÖPNV-Reform vor dem Hintergrund eines zentralisierten politischen Systems gelten, während Transmilenio ein Beispiel für eine verkehrspolitische Maßnahme in einem dezentralisierten politischen System darstellt. Beide Fallstudien können aber dennoch auf eine Generalisierungsstufe gehoben werden, indem davon ausgegangen wird, dass beide Städte mit typischen Verkehrsproblemen lateinamerikanischer Städte zu kämpfen haben.

Die Auswahl der Fallstudien in Santiago de Chile und Bogotá erfolgte nicht nach dem Prinzip der Repräsentativität von Daten für eine bestimmte Region, denn Santiago ist kaum repräsentativ für Chile und Bogotá ebenso wenig für Kolumbien. Dennoch sind beide Fallstädte und deren Verkehrsprobleme in einem gewissen Maße repräsentativ für lateinamerikanische Großstädte. Ausgehend von der ÖPNV-Reform Transantiago, bei dessen Umsetzung es zu massiven Problemen kam, sollte ein Fall ausgewählt werden, bei dem es zu möglichst wenig Problemen kam, um durch einen kontrastierenden Vergleich die Governanceprozesse besser zu verstehen. Für die Auswahl des zweiten Falls war das Vorhandensein von ähnlichen und aktuellen Umstrukturierungen im ÖPNV Voraussetzung, die in einer ähnlich großen Stadt sowie einem ähnlichen Kulturkreis stattfinden. Somit schieden ÖPNV-Reformen außerhalb des lateinamerikanischen Raumes aus, wie sie etwa in Johannesburg, Istanbul oder Jakarta umgesetzt werden. Zwar werden in vielen Großstädten Lateinamerikas die Probleme im ÖPNV in den letzten Jahren mit verschiedenen Maßnahmen angegangen, jedoch waren die Reformen in keiner Stadt so umfassend wie in Bogotá, die zudem in etwa die gleiche Einwohnerzahl wie Santiago aufweist. Interessanterweise beruht die Einführung von Transantiago in Santiago sehr stark auf der Idee von Transmilenio in Bogotá, und die Weiterentwicklung von Transmilenio auf der ÖPNV-Reform, wie sie in Santiago umgesetzt wurde. Ausgegangen wurde zunächst von den eher technischen Ähnlichkeiten der ÖPNV-Systeme. Das wesentliche Differenzierungskriterium waren jedoch die sehr verschiedenen politischen Vorgaben, der Umgang mit Verkehrsproblemen und letztlich auch die Auswirkungen der Verkehrsmaßnahmen, die schließlich den kontrastierenden Vergleich zwischen Transantiago und Transmilenio begründen.

In dieser für kontrastierende Vergleiche typischen Auswahlmethode gehen Haupt und Kocka (1996: 15) davon aus, dass der kontrastierende Vergleich eigentlich zwischen einer Fallstudie im „eigenen" Land und einer Fallstudie in einem „anderen" Land durchgeführt werden sollte, um die eigene Geschichte besser verstehen und erklären zu können. In der vorliegenden Arbeit werden zwar zwei Fallstudien in „anderen" Ländern analysiert. Aufgrund der Tatsache, dass die vorliegende Untersuchung in einem größeren Forschungszusammenhang über die Entwicklung von Santiago entstand, gilt der Fall in Santiago de Chile für diese Arbeit dennoch gewissermaßen als der Referenzfall, obwohl die Reform Transantiago auf den Erfahrungen von Transmilenio beruht und somit bei der praktischen Umsetzung Transmilenio als Referenzfall für Transantiago gelten kann. Natürlich muss aber hinzugefügt werden, dass in dieser Arbeit beide Fallstudien durch die Brille einer externen Beobachterin betrachtet wurden. Das ist, wie jeder international kontrastierende Vergleich, ein gewagtes Unterfangen, das sich aber dennoch vor dem Hintergrund der Gegenüberstellung der Ergebnisse durch den externen Blickwinkel positiv auf die Deutung der Erkenntnisse auswirken kann (vgl. Steinführer 2004: 116).

Vergleiche von stadtpolitischen Entscheidungen, die im Prinzip als sehr nützlich für Praxis und Wissenschaft eingeschätzt werden, um Problemsituationen zu untersuchen und besser zu verstehen, sind in der Stadtforschung bisher nur wenig vorzufinden (vgl. Pierre 2005: 447, Kantor/Savitch 2005: 135, Denters/Mossberger 2006: 551). Als Herausforderungen eines Vergleichs von stadtpolitischen Prozessen nennen Kantor und Savitch (2005: 136f.) u. a.:
1. die Balance zwischen zu vielen und zu wenigen Fallstädten sowie einer zu tiefen und zu oberflächlichen Analyse zu halten,
2. die unterschiedlichen kontextuellen Bedeutungen gerade auch in unterschiedlichen Kulturkreisen zu beachten und
3. eine Herangehensweise zu wählen, die allen Fallstudien gerecht wird, indem das gleiche Problem an unterschiedlichen Orten beleuchtet wird.

Die erste Herausforderung deutet auf ein grundsätzliches Problem des Vergleichs von Fallstudien hin und ist nicht spezifisch mit stadtpolitischen Prozessen verbunden. In der vorliegenden Arbeit wird dieser Herausforderung entgegnet, indem zwei detaillierte Fallstudien miteinander in einem kontrastierenden Vergleich gegenübergestellt werden. Die zweite von Kantor und Savitch (ebd.) benannte Herausforderung deutet darauf hin, dass stadtpolitische Prozesse von Eigenarten geprägt sind, die in dieser Untersuchung als informelle Institutionen und Meta-Governance einfließen und die einen großen Einfluss Governance haben. Der dritten Herausforderung wird mit einem Analyseraster Rechnung getragen, mit dem beide Fallstudien auf gleiche Art und Weise beleuchtet werden konnten. Wie genau die empirische Untersuchung durchgeführt wurde, wird im nächsten Abschnitt erläutert.

13. METHODIK DER EMPIRISCHEN UNTERSUCHUNG

Die Forschungsarbeit basiert auf einer Mischung aus Textanalyse und Experteninterviews. Zu den analysierten Texten gehören wissenschaftliche Texte aus der akademischen Fachpresse, um die fachliche Diskussion und Einstellungen zu bestimmten Themen einschätzen zu können, Presseartikel, um ein Gefühl für die öffentliche Meinung zu den ÖPNV-Reformen zu bekommen sowie öffentliche Dokumente und „graue Literatur", zu denen Programmdokumente ebenso gehören wie auch Evaluationsergebnisse. Die Experteninterviews dienten im Forschungsprozess hauptsächlich dazu, „Insiderwissen" und Hintergrundinformationen über bestimmte Abläufe zu erhalten sowie zur Einschätzung des gesamten Prozesses. Die Interviews wurden als themenzentrierte sowie teilstrukturierte Leitfadeninterviews durchgeführt, die als übliche Forschungsmethode der qualitativen Forschung gelten. In der verhältnismäßig offenen Gestaltung beider Interviewformen kamen die Sichtweisen der Befragten besser zur Geltung als in standardisierten Interviews oder Fragebögen. Signifikant war dabei, dass offen formulierte Fragen in Form eines Leitfadens in die Interviewsituation eingebracht werden, auf die die Befragten frei antworteten. Mit dem Leitfaden blieb das Interview jedoch strikt bei dem jeweiligen Thema, sodass er auch eine Steuerungsfunktion einnahm. Der Leitfaden basiert auf dem Vorwissen über die Umsetzungsprozesse sowie auf dem Fokus des theoretischen Rahmens der Arbeit.

Um das Themenfeld zu erschließen, wurden die ersten Interviews in beiden Städten jeweils als themenzentrierte Leitfadeninterviews durchgeführt, um den Interviewpartner zum freien Erzählen anzuregen. Der dafür genutzte Leitfaden ging nur recht knapp auf einzelne Fragestellungen ein, die sich aus Kategorien des Analyseschemas ableiten ließen. Im Anschluss an jedes Interview wurden ein allgemeiner Interviewbericht sowie ein Gedächtnisprotokoll mit den wichtigsten Aussagen und offenen Fragen verfasst. Diese Informationen und Fragen flossen dann in die weiteren Interviews ein oder konnten anderweitig geklärt werden. So wurde der Leitfaden immer wieder verändert und an die jeweiligen Interviewten angepasst. Diese Arbeitsweise des Verifizierens der Kategorien anhand des empirischen Materials und somit der Gleichzeitigkeit von Sammlung, Analyse und Interpretation der Daten ist sehr charakteristisch für die Arbeitsweise eines qualitativen Forschungsprozesses.

Nach einigen Interviews kristallisierten sich die wichtigsten Themen und Kategorien heraus, so dass die darauf folgenden Interviews strukturierter geführt wurden und auch der Interviewleitfaden konkrete Themen beinhaltete, weshalb diese Interviewform als teilstrukturiert bezeichnet werden kann. Auch dabei wurde nicht strikt jede einzelne Frage des Leitfadens gestellt, sondern auf die konkrete Interviewsituation eingegangen. Dadurch konnte die interviewende Person während des Interviews entscheiden, ob und in welcher Reihenfolge Fragen gestellt oder ob einzelne Fragen schon en passant beantwortet wurden und auf welche Themen detaillierter eingegangen werden sollte (Flick 2007: 194f.). Allerdings wurde auch dabei dem Interviewpartner genug Raum zum freien Erzählen eingeräumt, so dass das Interview durch evtl. noch nicht behandelte Themen und Problemlagen ergänzt werden konnte.

Innerhalb der Leitfadeninterviews lassen sich verschiedene Typen unterscheiden. In der vorliegenden Arbeit findet das Experteninterview Anwendung, mit dem die Befragten weniger als individuelle Personen, sondern als Repräsentanten einer Gruppe für ein bestimmtes Feld in die Untersuchung einbezogen wurden (ebd.: 139f.). Der Expertenstatus ist allerdings relational und wurde abhängig vom Forschungsgegenstand vom Forscher verliehen. So sind in dieser Arbeit die Experten selbst ein Teil des Handlungsfelds und besitzen ein spezielles Wissen, das für die Beantwortung der Fragestellung benötigt wird. Dabei ist das Expertentum nicht unbedingt an eine Berufsgruppe oder berufliche Stellung geknüpft, sondern einzig allein an das besondere Wissen und die Kompetenzen der Person. Das Wissen der Experten unterscheiden Meuser und Nagel (2005: 75f.) je nach Stellung und Funktion als Betriebswissen und Kontextwissen. Das Betriebswissen beinhaltet etwa Auskünfte über bestimmte Prozesse, während das Kontextwissen eher auf Eigenschaften und Strukturen von Handlungssituationen eingeht. Diese Unterscheidung ist jedoch in der vorliegenden Arbeit nur schwer möglich, da in Chile wie auch in Kolumbien ein reger Austausch von Arbeitskräften zwischen Wissenschaft, Wirtschaft und Politik besteht. Kaum eine der interviewten Personen hatte bisher nur in der Wissenschaft oder nur in der freien Wirtschaft gearbeitet, sondern sie wechselten bisher alle paar Jahre z. B. von der Universität zu einem Ministerium oder einem privaten Beratungsunternehmen oder arbeiteten in zwei Bereichen gleichzeitig. Somit verfügten viele Interviewpartner nicht nur über Kontextwissen, sondern auch über Betriebswissen aus unterschiedlichen Organisationen. Allerdings muss beachtet werden, dass insbesondere Experten, die nicht direkt in Entscheidungen eingebunden waren und sich im Prinzip auch kritisch äußern könnten (wie etwa wissenschaftliche Angestellte an Universitäten) dies nicht tun, weil sie sich damit vielleicht weitere Berufschancen verbauen würden. Deshalb sind einige Äußerungen den offiziellen Aussagen der Regierung sehr ähnlich, was bei der Interpretation der Interviewdaten zu beachten war.

Für die Suche nach potentiellen Interviewpartnern wurde zunächst eine Internetrecherche durchgeführt, um relevante Personen zu finden. Die Auswahl der Interviewpartner erfolgte anhand der vorhandenen Organisationsstrukturen in öffentlichen Verwaltungen und den Kompetenzen der einzelnen Personen. Da das Wissen darüber im Laufe des Forschungsprozesses immer größer wurde, konnten die Interviewpartner somit immer genauer ausgesucht werden. Außerdem wurde versucht, Genderaspekte zu beachten, da grundsätzlich im Verkehrssektor mehr Männer als Frauen arbeiten. Allerdings war es in Santiago relativ schwierig, Gesprächspartnerinnen zu finden, so dass nur zwei Interviews mit Frauen geführt werden konnten, während in Bogotá viel mehr Frauen in dem Bereich arbeiten und deshalb sieben Interviews mit Frauen durchgeführt werden konnten.

Des Weiteren wurden viele Interviewpartner auch durch das sog. Schneeballverfahren gefunden, d.h. bei jedem Interview wurde nach weiteren relevanten Interviewpartnern gefragt. So erfolgte die Auswahl der Interviewpartner schrittweise während des Prozesses der Datenerhebung und -auswertung nach dem Prinzip des theoretischen Sampling, bei dem die Auswahl der Interviewpartner nach konkret-inhaltlichen statt nach abstrakt-methodologischen Kriterien sowie nach ihrer Relevanz statt nach ihrer Repräsentativität ausgewählt werden (Flick 2007: 163). Eine erste Kontaktaufnahme zu den Interviewpartnern erfolgte in den meisten Fällen per E-Mail, nur in wenigen Fällen per Telefon. Dadurch konnte der offizielle Charakter und die Einbindung in die Forschungsinitiative gut dargestellt werden und die angeschriebenen Personen hatte die Möglichkeit, sich vorab über das Projekt zu informieren.

In Santiago wurden insgesamt 24 Interviews in zwei Erhebungswellen geführt. Die erste Erhebungswelle mit 10 Interviews wurde von März bis April 2006 im Rahmen einer Vorstudie (vgl. Schulz [Höhnke] 2006) und die zweite mit 14 Interviews zwischen Januar und April 2009 durchgeführt. In Bogotá wurde nur eine Erhebungswelle zwischen Mai und August 2009 organisiert, bei der 20 Interviews geführt werden konnten[22]. Obwohl viele Experten aus dem öffentlichen, privatwirtschaftlichen und zivilgesellschaftlichen Bereich und von unterschiedlichen Handlungsebenen (lokal, regional, national) interviewt wurden, ließe sich die Liste der möglichen Interviewpartner noch verlängern, obwohl insgesamt gesagt werden kann, dass mit den wichtigsten Akteuren gesprochen wurde. Aber aufgrund von zeitlichen Restriktionen war es nicht möglich, die Feldforschungsphase auszuweiten. Zwar können wegen der qualitativen Vorgehensweise keine allgemeingültigen Schlüsse für alle Akteure gezogen werden, aber dennoch ist festzustellen, dass sich die Aussagen im Laufe der Interviews zu wiederholen begannen, weshalb davon auszugehen ist, dass alle relevanten Aspekte aufgenommen wurden.

Die Interviews dauerten zwischen 30 und 90 Minuten und fanden zum überwiegenden Teil in den Büros oder Besprechungsräumen der jeweiligen Interviewpartner statt. Dadurch konnte gleich ein Eindruck der Arbeitsatmosphäre sowie der finanziellen und personellen Ressourcen gewonnen werden. Für die Kommunikation während des Interviews wurde ein neutraler Stil angewandt, der möglichst unpersönlich und sachlich sowie durch die Wahrung einer sozialen Distanz gekennzeichnet war. Dabei wurden offene Fragen geschlossenen Fragen vorgezogen, um auch Platz für die Vorstellungen und Einstellungen sowie für eigene

---

22 Eine Liste der geführten Interviews ist im Anhang zu finden.

Anmerkungen der interviewten Person zu lassen (vgl. Lamnek 1995b: 57f.). Die Interviewsituation war je nach der mir zugeschriebenen Rolle durch die jeweiligen Experten sehr unterschiedlich. So wurde ich in einigen Fällen eher als „Komplizin" wahrgenommen, mit der auch über Vertrauliches gesprochen werden kann, weil sie auf der „gleichen Seite" steht. In einigen wenigen Interviews hatte ich allerdings die Rolle einer potentiellen Kritikerin zugeschrieben bekommen, weshalb die Fragen nur sehr knapp und teilweise mit kritischen Gegenfragen beantwortet wurden.[23]

Alle Interviews wurden mit einem digitalen Aufnahmegerät in hoher Sprachqualität aufgezeichnet. Zwar hat sich bezüglich der Transkription noch kein Standard herausgebildet (vgl. Flick 2007: 379) und in manchen Studien ist evtl. nur eine inhaltliche Transkription notwendig, dennoch wurden in diesem Fall alle Interviews wörtlich (aber ohne Beachtung von Pausen oder Akzentuierungen) transkribiert, um stets auf eine umfassende Arbeitsgrundlage zurückgreifen zu können. Dieser sehr umfangreiche Text stellt damit die Grundlage für die empirische Untersuchung dar und wurde im nächsten Schritt mit der anerkannten Methode einer qualitativen Inhaltsanalyse nach Mayring (2003: 468 ff.) analysiert. Im Gegensatz zu anderen Methoden steht hier vor allem die Reduktion des Materials im Vordergrund. Mayring (ebd.) unterscheidet drei verschiedene Vorgehensweisen: zusammenfassende, explizite und strukturierende Inhaltsanalyse. Für die vorliegende Untersuchung wurde die zusammenfassende Inhaltsanalyse gewählt, bei der das Material zwar reduziert wird, aber die wesentlichen Inhalte dennoch erhalten bleiben.

Diese Analyse der Interviews wurde mit Hilfe des Computerprogramms MAXQDA durchgeführt, das speziell für die Analyse qualitativer Daten entwickelt wurde. Dafür wurden zunächst alle transkribierten Interviews in ein MAXQDA-Projekt eingefügt, wodurch eine gute Übersicht über alle Interviews möglich wurde. Daraufhin wurden die Kategorien des eigenen Analyseschemas, das sich vor allem auf Erfahrungen aus der empirischen Governanceforschung stützt, an den Text herangetragen und diese gegebenenfalls verfeinert oder aber gänzlich neue Kategorien aus dem empirischen Material entwickelt. Mayring (ebd.: 75) unterscheidet dementsprechend auch eine deduktive Kategorienbildung, die sich gänzlich auf die Theorie stützt, sowie eine induktive Kategorienbildung, bei der sich die Kategorien nur aus dem empirischen Material ableiten lassen, ohne sich auf vorab formulierte Theoriekonzepte zu beziehen. In der vorliegenden Forschungsarbeit wurde eine Mischform gewählt, bei der die Kategorien hauptsächlich vorab formuliert wurden. Dennoch wurde Freiraum für neue Erkenntnisse gelassen, die sich nicht in die Kategorien des theoretischen Rahmens einordnen ließen, und somit einige Kategorien auch aus dem empirischen Material gebildet. Dementsprechend erfolgte die Bildung der Kategorien nach dem erstellten Analyseschema, d. h. die Elemente und Aspekte des Analyserahmens wurden als Kate-

---

[23] Zu einer Auseinandersetzung mit Interaktionsstrukturen in Experteninterviews siehe Bogner/Menz 2005

gorien ausgewählt. Diese wurden im Laufe der Textanalyse jedoch weiter untergliedert und mit neuen Kategorien aus dem empirischen Material ergänzt, so dass ein umfangreicher Kategorienbaum entstand. Dieser Kategorienbaum ist in der linken Spalte in Abbildung 4 zu finden (diese wurde zur Erläuterung des Vorgehens mit MAXQDA eingefügt).

Abb. 4: Screenshot einer digitalen Interviewauswertung mit MAXQDA

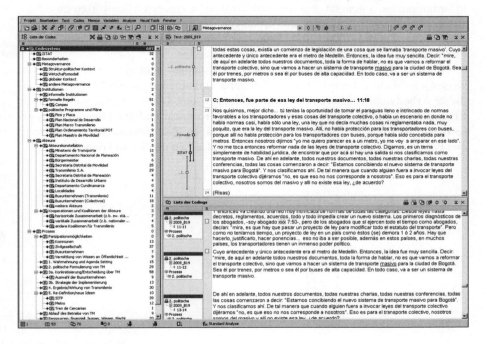

Quelle: eigene Darstellung

Nach der Kategorienbildung wurden in der Kodierung den einzelnen Kategorien Textteile zugeordnet (wobei auch während der Kodierung der Interviews Unterkategorien und gänzlich neue Kategorien entstanden). Diese Zuordnung von Kategorien ist in Abbildung 4 in dem oberen Kästchen der rechten Spalte dargestellt. Bei diesem Schritt wurde allerdings durch die Zuordnung eines Textabschnitts zu einer Kategorie schon eine erste Interpretation vorgenommen. Gleichzeitig wurden sog. Memos (digitale Merkzettel) erstellt, mit denen wichtige Gedanken zeitnah zur Kodierung an einer bestimmten Textstelle festgehalten werden konnten. Sie lieferten wichtige Hinweise für die spätere Interpretation. Ziel der Kodierung war es nicht, die Häufigkeit von bestimmten Kategorien herauszufinden, sondern Informationen aus dem Text zu extrahieren. Diese Extraktion, bei der die kodierten Textstellen aus dem Text herausgenommen wurden, ist in dem unteren Kästchen der rechten Spalte in Abbildung 4 zu sehen, die MAXQDA selbständig nach der

Kodierung vornahm. Für die weitere Auswertung und Interpretation wurden die kodierten Textstellen je nach Kategorie über alle Interviews hinweg zusammengestellt und ausgedruckt. Somit ergab sich für jede Kategorie eine Zusammenstellung der wichtigsten Textstellen, die als Übersicht über die Kategorien diente. Dabei wurden die Quellenangaben immer mitgeführt, so dass es jederzeit möglich war, ein bestimmtes Argument in den Gesamtverlauf des Interviews einordnen zu können. Diese Zusammenstellungen wurden in dem nachfolgenden Schritt als Informationsbasis genutzt, um die Fallbeispiele in eigenen Stichworten zu rekonstruieren und nach Kausalzusammenhängen der Governanceprozesse zu suchen (vgl. Gläser/Laudel 2009: 202). Damit erfolgte in Verbindung mit den Memos gleichzeitig eine eigene Interpretation der Textstellen.

Für die Rekonstruktion der Fallbeispiele standen außerdem eine Reihe von wissenschaftlichen Texten sowie öffentliche Dokumente zur Verfügung, so dass dieser Arbeitsschritt auf verschiedenen Daten basiert. Letzten Endes wurden diese Ergebnisse in einen Bezug zum theoretischen Konzept und zur Fragestellung gesetzt und diesbezüglich interpretiert, um Aussagen über hinderliche und förderliche Faktoren für die Umsetzung der ÖPNV-Reformen treffen zu können .

TEIL E: FALLSTUDIE SANTIAGO DE CHILE

In dem folgenden Teil der Arbeit wird die Fallstudie Santiago de Chile dargestellt, indem zuerst auf Governance und die Entwicklung des ÖPNV in Santiago eingegangen wird. Daraufhin wird die Reform Transantiago sowie die dadurch entstandenen Veränderungen im ÖPNV vorgestellt. Abschließend werden die Governancestrukturen und -prozesse des Policy-Making von Transantiago entlang des aufgestellten Analyserahmens analysiert.

14. GOVERNANCE UND ÖPNV IN SANTIAGO

Der derzeitige Wandel von Governance in Santiagos ÖPNV lässt sich auf verschiedene politische Veränderungen zurückführen. Für das Verständnis der Governanceprozesse der ÖPNV-Reform Transantiago ist es notwendig, die Trends von Governance von der Vergangenheit bis heute zu verdeutlichen. In diesem Kapitel wird deshalb auf den politischen Wandel Chiles und den Dezentralisierungsprozess sowie die daraus resultierenden Entwicklungen von Governance eingegangen und diese in Verbindung zur Verkehrspolitik des ÖPNV gesetzt.

Der politische Wandel von Chile ist ab etwa der Mitte des 20. Jahrhunderts durch wirtschaftliche und politische Makrotrends der nationalen Ebene geprägt. Dementsprechend lassen sich drei Phasen voneinander abgrenzen: (1) die Phase der wirtschaftspolitischen Importsubstitution von 1930 bis 1973, (2) die Phase der Militärdiktatur und ökonomischen Liberalisierung von 1973 bis 1989 sowie (3) die Phase der Re-Demokratisierung und Vertiefung des neoliberalen Wirtschaftsmodells ab 1990 bis zur Einführung von Transantiago.

14.1. Importsubstitution und staatliche Interventionen im ÖPNV

Die wirtschaftspolitischen Importsubstitutionen Chiles hatten signifikante Auswirkungen auf die Stadtentwicklung sowie die Governancearrangements im Verkehrssektor von Santiago. Diese Phase ist durch erhebliche staatliche Interventionen charakterisiert.

Die in den frühen 1930er Jahren beginnende massenhafte Migration aus den ländlichen Regionen Chiles in die Hauptstadt Santiago führte dazu, dass die Zahl der Stadtbewohner Santiagos zwischen 1930 und 1970 stark anstieg. Dabei wurden die höchsten jährlichen Zuwachsraten mit über 4 % in den 1950er Jahren erreicht (vgl. Galetovic/Jordán 2006: 28). Zu Beginn wuchs die Stadt unkontrolliert in die Peripherie, so dass in den 1960er Jahren ein Drittel der Bewohner Santiagos in prekären Wohnsituationen lebte und mit einer unzureichenden oder nicht existierenden Bereitstellung von Wasserver- und entsorgung, Elektrizität, befestigten Straßen, Bildung und medizinischer Versorgung umgehen musste (Ramón 2007). Das zu Beginn des 20. Jahrhunderts entwickelte Straßenbahnnetz konnte dieser rasanten Stadtentwicklung nicht folgen, da die Nachfrage nach ÖPNV schneller stieg als dass das Straßenbahnnetz erweitert werden konnte. Deshalb entstanden in diesem Zeitraum die ersten Buslinien, die von einzelnen Busfahrern betrieben wurden. Diese können als Grundstein des späteren Bussystems betrachtet werden können. Sie betrieben zu Beginn kleine Busunternehmen ohne staatliche Regulierungen. Zur besseren Absicherung vor der Konkurrenz der Straßenbahn und evtl. Restriktionen der Politik schlossen sie sich in Vereinigungen zusammen, so dass sie damit das Busangebot auf den einzelnen Linien kontrollierten. Mit der Zeit entwickelten sich zwei Unternehmenstypen auf dem Markt (vgl. Cruz Lorenzen 2001: 23 ff., Figueroa 1990: 25): Zum einen die bis zur Restrukturierung durch Transantiago vorherrschende Betriebsform der Kleinstunternehmen, bei denen die Buseigentümer nur ein oder zwei Busse besaßen und gleichzeitig auch selbst die Busse fuhren. Und zum anderen einige wenige größere Unternehmen, bei denen zumeist ehemalige Busfahrer mehr als drei Busse besaßen. Allerdings führte die unorganisierte Ausweitung der Stadt zu Defiziten in der ÖPNV-Versorgung und anderen technischen Infrastrukturen. Infolgedessen wurde Santiagos Stadtpolitik zu einer Angelegenheit von hoher nationaler Priorität, weshalb die nationale Regierung in den 1940er und 1950er Jahren damit begann, der defizitären städtischen Infrastrukturversorgung entgegenzuwirken. Basierend auf dem Ideal eines zentralisierten und modernen Staates übernahm die nationale Regierungsebene die Kontrolle über eine Reihe lokaler Politikfelder, wie Stadtentwicklung, Straßenbau und Bildung (vgl. Siavelis/Valenzuela/Martelli 2002). Auch das ÖPNV-Angebot der privaten Busunternehmen in Santiago wurde ab den 1940er Jahren von der nationalen Regierung reguliert, indem sie den Fahrpreis und die Routen festlegte sowie Betriebszulassungen einführte. Gleichzeitig wurde ein öffentliches Busunternehmen gegründet, das fortan parallel zu den privaten Unternehmen jedoch vor allem auf den unrentablen Strecken operierte (vgl. Tomic/Trumper 2005: 54). Die bis dahin sehr frei operierenden privaten Busunternehmen wurden fortan stark von staatlicher Gesetzgebung beeinflusst und reguliert.

14.2. Militärdiktatur und ökonomische Liberalisierung des ÖPNV

Nach dem Militärputsch von Augusto Pinochet im Jahr 1973 änderten sich während der Diktatur die Stadtentwicklungs- und Verkehrspolitik und ebenso Governancestrukturen drastisch. Gleichzeitig ging die Abwanderung der Landbevölkerung in die Städte und vor allem nach Santiago zurück, so dass die Bevölkerungszahl in dieser Zeit nur noch um etwa 2% pro Jahr anstieg (vgl. Galetovic/Jordán 2006: 28). Von nun an wurde die so genannte „unsichtbare Hand des Marktes" auch in der Stadtplanung als ideales Steuerungsmodell aufgefasst. Somit wurde 1975 mit der Umsetzung einer marktorientierten Verkehrspolitik begonnen, die davon ausging, dass sich das ÖPNV-Angebot auf dem Markt selbst regelt, wenn alle Regulierungen entfallen. In diesem Sinn stellte das öffentliche Busunternehmen seinen Betrieb ein und das private Bussystem wurde Schritt für Schritt dereguliert, was schließlich fast zu einer vollständigen Liberalisierung führte. Figueroa (1990: 26) weist jedoch darauf hin, dass das System keinesfalls vollständig dereguliert war, da die Busvereinigungen anstatt der Regierung die Kontrolle über das ÖPNV-Angebot übernahmen und damit den Markt regulierten. Durch die Liberalisierung des Markteintritts sowie der Tarife wurde die Herausbildung eines funktionierenden Marktes erhofft, auf dem das Angebot und die Nachfrage im Gleichgewicht zueinander stehen. Jedoch führte dieser Prozess zu einer Verdopplung der Anzahl von Bussen sowie zu stark gestiegenen Fahrpreisen. Insgesamt blieb somit die erhoffte Reduzierung der Tarife durch den Wettbewerb aus und die Erwartung einer Selbstregulierung des Marktes hin zu einem Gleichgewicht erfüllte sich damit ebenfalls nicht. Während der Militärdiktatur wurden außerdem die ersten zwei Metrolinien gebaut und schrittweise erweitert. Während der ÖPNV von der Militärregierung jedoch fast vollständig liberalisiert und privatisiert wurde, blieb die Wasserver- und entsorgung eine öffentliche Aufgabe, bis ein umfassender Modernisierungsprozess dieses Sektors Anfang der 1990er Jahre zu einer Privatisierung führte.

Obwohl Pinochets Regierung eine der am stärksten zentralisierten autoritären Regierungen Lateinamerikas war, begann 1974 ein Prozess zur Dekonzentration von nationalen Kompetenzen. Im Zuge dessen wurde Chile in 13 Regionen, 51 Provinzen und 341 Kommunen aufgeteilt. Dabei standen die Schaffung neuer territorialer Verwaltungsstrukturen und die Einführung der Region als neue Verwaltungsebene im Vordergrund. Die ausschließlich unter militärstrategischen Aspekten gebildeten Regionen sind dabei rein künstliche Gebilde, bei denen wenig Rücksicht auf regionale Identitäten genommen wurde (vgl. Wittelsbürger/Morgenstern 2006: o. S.). Mit dieser Aufteilung sollten Entscheidungsprozesse von der nationalen auf die regionale und die kommunale Ebene verlagert werden, ohne das Prinzip des Einheitsstaats aufgeben zu müssen. Das Ergebnis dieses Dezentralisierungsprozesses war eine von der Nationalregierung verordnete, politisch-administrative Dekonzentration, die zwar einige fiskalische Mittel verlagerte (hauptsächlich auf die Kommunen), ohne dabei aber die politischen Kompetenzen und Entscheidungsbefugnisse umfangreich zu verändern. Dabei übernahmen untergeordnete regionale und lokale Einrichtungen der zentralen Regierung zwar bestimmte Aufgaben, die früher „zentral" ausgeführt wurden, jedoch waren diese Einrichtungen in ihren Entscheidungen weiterhin von der nationalen Regierung abhängig (vgl. Rodríguez Seeger 1995: 272, Mardones 2008: 40). Mit diesem „*paradoxical process of decentralization with centralized and authoritarian direction*" (Siavelis/Valenzuela/Martelli 2002: 279) beabsichtigte die Zentralregierung eine verbesserte Kontrolle über das gesamte Land (vgl. Campbell 2003: 37). Deshalb blieben alle subnationalen Ebenen weitgehend vom Zentralstaat abhängig und demokratische Entscheidungsfindungsprozesse wurden nicht angegangen. Insgesamt begann die Militärregierung zwar mit einem Dezentralisierungsprozess, dieser blieb jedoch auf dem Niveau einer Dekonzentration von administrativen Aufgaben.

14.3. Re-Demokratisierung und Vertiefung des neoliberalen Modells in Santiagos ÖPNV

Die aktuelle Phase der Re-Demokratisierung begann mit den ersten freien Wahlen im Jahr 1989 und der Regierungsbildung der Mitte-Links-Koalition (Concertación), die das Land für die folgenden 20 Jahre regierte. Die nationale Regierung gab jedoch nicht die neoliberale Politik mit der zentralen Rolle des Marktes auf, so dass in den frühen 1990er Jahren der Privatisierungsprozess mit der so genannten zweiten Privatisierungswelle im Bereich von Wasser und Elektrizität (vgl. Pflieger 2008), der Einführung von Konzessionen zum Bau und Betrieb von Autobahnen (vgl. Gómez-Lobo/Hinojosa 1999) sowie anderen Public-Private-Partnerships fortgesetzt wurde. Insgesamt kann also gesagt werden, dass die demokratische Regierung versuchte, die autoritären Hinterlassenschaften der Militärregierung hinter sich zu lassen, und gleichzeitig aber auf die Erfolge von Liberalisierung und Deregulierung aufbaute. Nur im Bereich des öffentlichen Nahverkehrs wurden wieder staatliche Regulierungen eingeführt, da die negativen Erfahrungen der Liberalisierung die erste demokratisch gewählte Regierung 1991 dazu veranlassten, einzugreifen. Ziel war es dabei, den technischen, ökonomischen und ökologischen Kollaps aufzuhalten und den ÖPNV als Hauptfortbewegungsmittel zu erhalten und zu fördern, ohne jedoch auch in diesem Fall von dem Prinzip einer starken marktorientierten Verkehrspolitik abzurücken. Dafür wurden den privaten Unternehmen Betriebsgenehmigungen erteilt, die gleichzeitig an Sicherheitsauflagen und technische Vorschriften gekoppelt waren.

Die bedeutendste Veränderung im ÖPNV war allerdings die Einführung von Ausschreibungsprozessen für alle Strecken, die den regulierten Bereich innerhalb des Autobahnrings *América Vespucio* passierten. Das Verkehrsministerium legte die Anfangs- und Endhaltestellen sowie die genaue Streckenführung innerhalb des regulierten Bereichs fest. Außerhalb dieses Gebiets wurde den Busunternehmen die Streckenwahl überlassen. Busunternehmen, die gänzlich außerhalb des Autobahnrings fuhren, waren sogar völlig von den neuen Regulierungen und den Ausschreibungsprozessen ausgenommen. Die mit den Ausschreibungsprozessen geltenden Regulierungen wurden eingeführt, um die negativen Effekte wie vermehrte Verkehrsstaus, Schadstoffemissionen der Busse und hohe Busunfallraten zu verringern. Seit 1991 müssen zudem alle Busunternehmen des Landes in einem zentralen Register erfasst werden, womit sie die technischen Auflagen für Busse der Regierung anerkennen und erfüllen. Innerhalb des regulierten Gebiets in Santiago durften die Busse außerdem bestimmte Emissionsgrenzen und ein bestimmtes Alter nicht überschreiten, die Unternehmen mussten einen genau vereinbarten Takt einhalten (der allerdings nicht kontrolliert wurde) sowie sich an einen vorgegebenen Fahrpreis halten. Zwischen 1991 und 1998 wurden insgesamt 15 Ausschreibungsprozesse durchgeführt, wobei 1992, 1994 und 1998 die umfangreichsten Prozesse organisiert wurden. Auf diese Ausschreibungen konnten sich nur noch größere Unternehmen und Vereinigungen der Busunternehmen jedoch keine einzelnen Kleinstunternehmen bewerben. Deshalb haben in vielen Fällen Kleinstunternehmen miteinander kooperiert, um an den Ausschreibungsprozessen teilzunehmen (vgl. Cruz Lorenzen 2001: 35 ff.).

Abb. 5: Schematische Darstellung der Organisationsstruktur und Hierarchien im öffentlichen Busverkehr in Santiago vor Transantiago

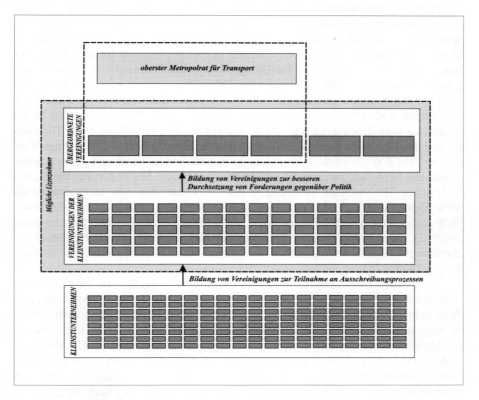

Quelle: eigene Darstellung nach Fernández & De Cea (2003: 104)

In Abbildung 5 ist dargestellt, dass es mehrere tausend Kleinstunternehmen gab, die sich in 132 kleinen Vereinigungen zusammenschlossen, die dann wiederum in sechs großen Vereinigungen kooperierten, um an den Ausschreibungsprozessen teilnehmen zu können. Auf oberster Ebene stand der Metropolrat für Transport, der sich aus vier der insgesamt sechs übergeordneten Vereinigungen zusammensetzte. Einzelne Kleinstunternehmen wurden nicht für den Betrieb zugelassen, sondern mussten sich immer in Vereinigungen zusammenschließen, die jedoch keine administrative Betriebszentrale hatten. Dennoch setzte sich das schon vor dem Beginn der Ausschreibungen vorherrschende Prinzip „ein Bus pro Unternehmen" weiter fort, so dass im Schnitt jeder Busfahrer bzw. Unternehmer 2,11 Busse besaß. Während weniger als 1 % der Unternehmen mehr als 20 Busse besaß, zählten 82 % zu den Kleinstunternehmen, die nur einen oder maximal zwei Busse besaßen (Díaz/Gómez-Lobo/Velasco 2006: 428 f.). In dieser Phase wurde 1997 eine dritte Metrolinie eröffnet. Allerdings waren die Metrolinien auf die Innenstadt beschränkt, so dass 2001 nur 5 % des gesamten Fahrtaufkommens auf die Metro entfällt (vgl. SECTRA 2001:71). v

Der unter der Militärdiktatur begonnene Dezentralisierungsprozess wird seit der Rückkehr zur Demokratie weiter fortgesetzt. So wurden 1992 in allen Kommunen Chiles direkte Bürgermeisterwahlen eingeführt[24]. Die Einführung dieser direkten Wahlen hat zu einem erheblichen Legitimationszuwachs der lokalen Politik geführt, die heute zu den Hoffnungsträgern des Dezentralisierungsprozesses gehören. Dadurch ist die Bedeutung des Bürgermeisteramts gewachsen, so dass Politiker mit Ambitionen auf eine nationale Karriere nun Interesse für diese Position zeigen und somit die lokale Politik als Sprungbrett für eine Position in der nationalen Politik benutzen (vgl. Wittelsbürger/Morgenstern 2006: o.S.). Die Aufteilung des Landes in Regionen wurde grundsätzlich beibehalten. Allerdings wurden im Jahr 2007 zwei neue Regionen gegründet, indem innerhalb der schon bestehenden Regionen zwei neue entstanden, um besser auf regionale Identitäten einzugehen. Eine weitere Neuerung ist ein Gesetz aus dem Jahr 2009, das die direkte Wahl der Mitglieder der Regionalräte befördert, was jedoch bisher noch nicht umgesetzt wurde. Dieser als *„halbe' Dezentralisierung"* (Haldenwang 2002: 2) bezeichnete Prozess der Pinochet-Ära schränkt jedoch bis heute die Handlungsfähigkeit der regionalen und kommunalen Ebenen ein (vgl. Rodríguez Seeger 1995: 274).

Trotz aller Dezentralisierungsbemühungen der vergangenen Jahrzehnte ist Santiago das unbestrittene politische Zentrum des Landes (obwohl das chilenische Parlament in Valparaíso tagt) sowie das bedeutendste Wirtschaftszentrum Chiles, in dem sich etwa 50 % des Bruttoinlandsprodukts konzentrieren (vgl. Siavelis/Valenzuela/Martelli 2002: 265). In Santiago leben heutzutage ca. 5,8 Mio. Einwohner (INE 2005:271) der insgesamt ca. 15 Mio. Einwohner Chiles, so dass Santiago nicht nur die größte Stadt Chiles ist, sondern damit auch die politisch bedeutendste, da fast 40 % der chilenischen Wähler in der Hauptstadt leben.

15. VERÄNDERUNGEN DES ÖPNV DURCH TRANSANTIAGO

Das Konzept von Transantiago (vgl. Gobierno de Chile o. J.) wurde anhand der Charakteristika von BRT-Systemen entwickelt. Die damit verbundenen Veränderungen des ÖPNV werden in diesem Kapitel beschrieben und lassen sich in technische, unternehmerische und finanzielle Veränderungen unterteilen. Diese sind in nachfolgender Tabelle 2 dem alten ÖPNV-System gegenübergestellt und werden daraufhin ausführlich dargestellt.

---

24 Bisher wurden die Bürgermeister der größeren Städte direkt vom Staatspräsidenten ernannt.

Tab. 2: Überblick über die Veränderungen im ÖPNV-System mit Transantiago

	Altes ÖPNV-System	Transantiago
Technische Veränderungen		
ÖPNV-Netz	Kein integriertes System, sondern über 300 einzelne Buslinien, die weder aufeinander abgestimmt waren, noch mit der Metro	Integriertes System mit *Troncales* und *Alimentadoras* sowie der Einbeziehung der Metro
Infrastruktur	Separate Busspur nur auf der Hauptstraße im Zentrum	Mehrere separate Busspuren auf den *Troncales*
Haltestellen	Haltestellen nur selten vorhanden, aber ein Ein- und Aussteigen war überall möglich und nicht an eine Haltestelle gebunden	Ein- und Aussteigen ist nur noch an festen Haltestellen möglich
Busse	Viele Busse mit hohen Schadstoffemissionen	Höhere Umweltstandards bei der Anschaffung von neuen Bussen
Koordinierung der Busse	Abstand zwischen den Bussen wurde von Personen per Handzeichen am Straßenrand angezeigt	Zentrale Leitstelle mit GPS-gesteuerter Koordinierung
Unternehmerische Veränderungen		
Unternehmensstruktur	Ca. 3800 Kleinstunternehmen mit Ø 2,11 Bussen pro Unternehmen	Wenige Großunternehmen mit jeweils 200–700 Bussen
Bezahlung der Busfahrer	Prozentsatz pro verkauftem Fahrschein; Wettbewerb um die Fahrgäste	Arbeitsverträge mit monatlich festem Lohn, unabhängig von der Fahrgastanzahl
Beschäftigte	Vorwiegend männliche Busfahrer	Ausbildung und Einstellung von Busfahrerinnen
Qualifizierung der Busfahrer	Keine spezielle regelmäßige Schulung	Regelmäßige Schulung der Busfahrer
Finanzielle Veränderungen		
Tarifsystem	Bezahlung jeder einzelnen Fahrt; Bezahlung beim Umsteigen	Verbundsystem mit Umsteigemöglichkeiten ohne doppelte Bezahlung
Bezahlung des Fahrscheins	Bezahlung mit Münzen	Bargeldlose Bezahlung mit elektronischer Karte

Quelle: eigene Zusammenstellung

15.1. Technische Veränderungen: Re-Organisierung des Liniennetzes

Die sichtbarste Veränderung des Plans Transantiago im Gegensatz zum vorherigen ÖPNV-System ist die Umstrukturierung des gesamten Streckennetzes der Busse, so dass keine der vorherigen Linien bestehen blieb. Das neue Busnetz besteht aus Hauptstrecken (sog. *Troncales*) und Nebenstrecken (sog. *Alimentadoras*), die sich mit den Metrolinien zu einem neuen Streckennetz verbinden (siehe Abbildung 6). Die *Troncales* sowie die Metrolinien sind Verbindungen, mit denen schnell große Entfernungen überwunden werden können. Die *Alimentadoras* hingegen stellen zum einen die Anbindung an die *Troncales* und die Metro sowie zum anderen die Erreichbarkeit innerhalb der Kommunen sicher. Aufgrund dieses neuen Systems ist allerdings ein Umsteigen häufiger notwendig als vorher.

Auf einigen *Troncales* sind separate Fahrspuren für Busse geplant, damit sich die geplanten Reisezeiten nicht durch Verkehrsstaus verlängern. Zudem ist die Errichtung von einfachen Bushaltestellen in der gesamten Stadt und größeren Haltestellen an bestimmten Knotenpunkten vorgesehen, die ein Umsteigen zwischen den einzelnen Linien vereinfachen. Die Busse der *Alimentadoras* fahren in neun räumlich aufgeteilten Gebieten, in denen mehrere Kommunen zusammengefasst wurden und haben je nach Gebiet eine andere Farbe. Nur im Stadtzentrum (in der Gemeinde Santiago) gibt es keine *Alimentadoras*, weil das Gebiet durch die vielen *Troncales* erschlossen wird.

Abb. 6: Schematische Darstellung des Transantiago Systems

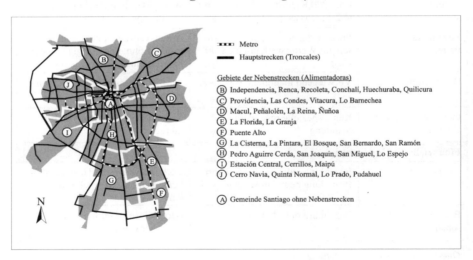

Quelle: http://www.transantiago.cl/web2005/galeria2.htm, eigene Darstellung

Da mit Transantiago auch die durch den Verkehr hervorgerufene Luftschadstoff- und Lärmemissionen reduziert werden sollen, wurde die Busflotte insgesamt verkleinert und gleichzeitig nach und nach neue Busse mit einer moderneren Technologie eingesetzt und alte Busse ausrangiert. Für den reibungslosen Ablauf des Verkehrs ist außerdem die Einrichtung eines Kontrollzentrums vorgesehen, in dem alle Busse per GPS kontrolliert und koordiniert werden.

15.2. Unternehmerische Veränderungen: von tausenden zu zehn Unternehmen

Die sehr kleinteilige Unternehmerstruktur mit ca. 3800 Kleinstunternehmen wurde völlig umstrukturiert, so dass nur noch wenige große Unternehmen im Busverkehr operieren. Die neuen Busunternehmen der 14 Geschäftseinheiten (fünf *Troncales* und neun Gebiete mit *Alimentadoras*) wirtschaften völlig eigenständig und ohne finanzielle Unterstützung vom Staat, wie auch die vorherigen Kleinstunternehmen.

Die Einführung von regulären Arbeitsverträgen und festen Löhnen für die Busfahrer ist ein Schlüsselelement von Transantiago, damit die Fahrer nicht mehr aufgrund des Entlohnungssystems einem Wettbewerb um die Fahrgäste ausgesetzt sind. Zusätzlich werden die Busfahrer regelmäßig geschult und Ruheräume für die Angestellten eingerichtet werden. Darüber hinaus erhalten mit Transantiago nun mehr Frauen die Möglichkeit, sich als Busfahrerinnen ausbilden zu lassen und eine Anstellung zu finden.

15.3. Finanzielle Veränderungen: Einführung eines integrierten Tarifsystems

Mit Transantiago wurde ein integriertes Tarifsystem eingeführt, das ein Umsteigen sowohl zwischen Metro und Bus, als auch zwischen unterschiedlichen Buslinien ohne den Kauf eines zusätzlichen Fahrscheins erlaubt. Die eigens dafür eingerichtete Finanzverwaltung AFT (*Administrador Financiero Transantiago*) sammelt die Einnahmen und verteilt sie entsprechend der Leistungen an die Busunternehmen und die Metro. Aus diesem Grunde ist die elektronische Zahlung mit der Karte *tarjeta bip* eingeführt worden, die schon jahrelang erfolgreich in der Metro eingesetzt wurde. Für die Bezahlung muss vorher ein beliebiger Betrag auf die Karte geladen werden, von dem dann vor Fahrtantritt der Fahrpreis elektronisch abgebucht wird. Da keine zeitlich begrenzten Fahrscheine (wie Wochen- oder Monatskarten) vorhanden sind, muss zwar weiterhin jede Fahrt einzeln bezahlt werden, aber mit dem neuen System ist ein Umsteigen ohne nochmalige Bezahlung möglich. Derzeit liegt der Fahrpreis je nach Uhrzeit und Kombination von Bus und Metro zwischen 0,73 € und 0,89 €[25] und lässt ein dreimaliges Umsteigen innerhalb von zwei Stunden zu.

---

25 Umrechnungskurs Stand 25.01.2011

16. GOVERNANCE DES POLICY MAKING VON TRANSANTIAGO

Anhand des aufgestellten Analyserahmens werden in diesem Kapitel die Governanceprozesse der Umsetzung von Transantiago dargestellt. Dem Analyserahmen folgend werden erstens verschiedene Aspekte von Metagovernance verdeutlicht, zweitens der institutionelle Rahmen analysiert, drittens die Akteure beleuchtet und viertens der Prozess des Policy Making von Transantiago nachgezeichnet.

16.1. Metagovernance

16.1.1. Strukturell-politischer Kontext: Santiago im zentralisierten politischen System

Das Territorium des Zentralstaats Chile ist in 15 Regionen[26] unterteilt, die wiederum in Provinzen und Kommunen gegliedert sind. Allerdings existieren nur auf der nationalen und der kommunalen Ebene demokratisch gewählte Volksvertretungen; die Ebenen der Regionen und der Provinzen sind nicht demokratisch legitimiert. Diese Unterteilung führt dazu, dass zwischen den Regionen und den Kommunen keine politisch-administrative Ebene vorhanden ist. Allerdings besteht Santiago nicht aus einer Kommune, sondern aus bis zu 37 einzelnen Kommunen, je nachdem wo genau die Grenze um die Stadt gezogen wird, von denen die namensgebende Kommune Santiago nur eine ist. Zwischen der Region Metropolitana, in dessen Gebiet die Stadt liegt, und den einzelnen unabhängigen Kommunen, aus denen sich die Stadt zusammensetzt, ist keine Entscheidungsebene vorhanden, die für die gesamte Megastadt Santiago verantwortlich ist. Da die regionale Ebene nur eingeschränkte Planungsbefugnisse und Verantwortlichkeiten hat, ist letzlich immer der Staatspräsident allein für alle Entscheidungen zuständig, die die gesamtstädtische Verkehrsentwicklung und ÖPNV-Planung in Santiago betreffen.

Gesamtstädtische Planungen beziehen sich auf unterschiedliche Konstellationen von Kommunen. So bezieht sich der für die Siedlungsentwicklung relevante Regulierungsplan PMRS (*Plan Regulador Metropolitano de Santiago*) seit 1994 auf 37 Kommunen, während für Verkehrsplanungszwecke (und somit auch für die Reform des ÖPNV durch Transantiago) schon seit 1991 das Gebiet Groß-Santiago (*Gran Santiago*) mit 34 Kommunen genutzt wird. Diese Kommunen gehören wiederum zu drei verschiedenen Provinzen und liegen alle in der Region Metropolitana, deren Fläche um ein Vielfaches größer ist als die urbanisierte Fläche von Santiago. Da aber die Definition von Groß-Santiago inzwischen aufgrund von fortschreitender Urbanisierung überholt ist, bemerken Zegras und Gakenheimer

---

26 Bis 2007 war das Land in 13 Regionen unterteilt. Erst im Oktober 2007 wurden zwei Regionen in insgesamt 4 Regionen unterteilt, so dass aktuell 15 Regionen bestehen.

folgerichtig: *"The ‚true' size of Santiago metropolitan area lies somewhere in between"*[27] (Zegras/Gakenheimer 2000: 10).

Die Aufgaben der einzelnen Kommunen liegen in den Bereichen Schulbildung, medizinische Versorgung, Straßenreinigung und Müllentsorgung. Im Verkehrsbereich sind die Kommunen beispielsweise verantwortlich für die Einbahnstraßenregelung und die Ausgabe von Fahrerlaubnissen. Sie könnten zwar innerhalb der Kommune auch eine eigene ÖPNV-Planung vornehmen oder sich mit Nachbarkommunen über einen gemeinsamen ÖPNV abstimmen (ebd.: 2000: 6), aber diese Möglichkeit wird derzeit von keiner Kommune in Santiago genutzt. Im Gegensatz zu den Regionen verfügen die Kommunen über eigene, wenn auch geringe Einnahmequellen, wie z. B. Gebühren für Kfz-Fahrerlaubnisse, Lizenzgebühren für Gewerbebetriebe, Grundsteuer, Gebühren für Baugenehmigungen sowie Gebühren für die Stadtreinigung und die Müllentsorgung. Dennoch sind die finanziellen Mittel der Kommunen sehr gering, was evtl. ein Grund dafür ist, dass keine Kommune einen eigenen ÖPNV anbietet. Im Zuge der Reform der Kommunalverfassung von 1999 (*Ley Orgánica Constitucional de Municipios, No. 18695*) wurde den Kommunen außerdem die Planung der lokalen Entwicklung aufgetragen, weshalb sie nun Entwicklungs- und Raumordnungspläne aufstellen müssen. Jegliche über die Kommune hinausgehende Planung wird jedoch von den Ministerien auf Staatsebene durchgeführt. Somit greift die Zentralregierung oftmals direkt in die Planung der Kommunen ein (vgl. Haldenwang 2002: 7 ff.).

Diese Aufsplitterung von lokalen Verantwortlichkeiten auf die einzelnen Kommunen der Megacity innerhalb des zentralisierten politischen Systems von Chile ist eine paradoxe Situation, bei der die wichtigsten politischen Entscheidungen bezüglich der lokalen Entwicklung Santiagos von der nationalen Elite getroffen werden:

> „Despite some notable efforts at decentralization, nationally oriented elites remain as deeply involved with Santiago as they did during military rule" (Siavelis/Valenzuela/Martelli 2002: 293).

Diese Situation verdeutlicht, dass das politische System Chiles trotz aller Dezentralisierungsbemühungen immer noch sehr stark zentralisiert ist. Das zusätzliche Fehlen einer städtischen Regierungsebene wird schon seit längerem kritisch angemerkt (vgl. Valenzuela 1999: 113, Siavelis/Valenzuela/Martelli 2002: 293), aber:

> „Der Zentralismus verhindert widersprüchlicherweise die Bildung einer zentralen Territorialverwaltung für die Metropole Santiago"[28] (Valenzuela 1999: 113).

---

27 Wobei natürlich auch danach gefragt werden kann, was genau die „wahre" Größe von Santiago ist und wie sich diese definieren lässt. Diese Frage kann jedoch in dieser Arbeit nicht geklärt werden.

28 „El lastre del centralismo, contradictoriamente, impide crear una centralizada autoridad territorial en el Santiago Metropolitano."

Das Einrichten einer Stadtregierung für die gesamte Megacity Santiago würde bedeuten, dass diese neue Ebene die politischen Entscheidungen für fast 40% der Chilenen treffen würde. Dieses wäre ein großer Machtverlust für die nationale Politik. Als eine aufkeimende Diskussion über die Einführung einer städtischen Regierung wird oftmals die Debatte über eine Metropolverwaltung für Verkehr (*Autoridad Metropolitana de Transporte – AMT*) eingeschätzt (Interview S8 2006: 59). Diese Einführung einer gesamtstädtischen Institution für alle Verkehrsbelange von Santiago wird schon in dem vom nationalen Sekretariat für Verkehrsplanung (*Secretaría de Planificación de Transporte* – SECTRA) veröffentlichten Dokument des Verkehrsentwicklungsplans PTUS (*Plan de Transporte Urbano de Santiago*) angesprochen, indem von einer passenden institutionellen Struktur mit einer steuernden Planungsabteilung gesprochen wird, um Transantiago umzusetzen (SECTRA 2000: 15). Völlig unklar geblieben sind in diesem Dokument allerdings die Finanz- und Entscheidungskompetenz dieser neuen Instanz im Zusammenspiel mit den Kommunen und Provinzen der Agglomeration Santiago, der Region Metropolitana sowie dem Staat. Schon kurz nach Umsetzung von Transantiago in 2007 wurde während der Regierungszeit von Michelle Bachelet (2006–2010) im Nationalkongress ein Vorschlag für ein Gesetz zur Entstehung einer eben solchen Ebene eingereicht. Mit dem vorgeschlagenen Gesetz, sollte vor allem das Ziel verfolgt werden, innerhalb des nationalen Verkehrsministeriums eine Abteilung für städtische Verkehrsverwaltungen in allen größeren Agglomerationen Chiles entstehen zu lassen, die für die Koordination der verschiedenen Akteure zuständig sein sollte, ohne jedoch Entscheidungen autonom treffen zu dürfen. Somit wäre immer noch die nationale Ebene für die lokale Verkehrsentwicklung zuständig, so dass dies kein Schritt in die Richtung einer verstärkten Dezentralisierung politischer Entscheidungen wäre.

Im Allgemeinen wird Dezentralisierung von den politisch Verantwortlichen in Chile aus Angst, politische Macht zu verlieren, nur sehr zögerlich angegangen. Insbesondere die Situation, dass mit der AMT eine Instanz auf der Ebene der Metropole Santiago für einen großen Teil der Landesbevölkerung zuständig sein würde und die nationale Politikebene deshalb weniger Einfluss geltend machen könnte, wird dabei als Hindernis angesehen:

> „Das macht ihnen [Anm. d. V.: den Politikern] große Angst, denn eine Behörde für die Stadt Santiago ist für 40% der Chilenen zuständig, und wird sicherlich in der Gemeinde Santiago angesiedelt werden; eine Behörde für 40% der Chilenen gleich neben dem Amtssitz des Staatspräsidenten, der ja 100% der Chilenen repräsentiert. Das ist unbequem"[29] (Interview S19 2006: 26).

---

29 „Le tienen mucho miedo porque una autoridad de la ciudad de Santiago es una autoridad del 40 % de los chilenos, que seguramente va a estar en la comuna de Santiago situado, un representante del 40 %de los chilenos al lado del Presidente de la República que representa el 100 %. Entonces es incómodo."

Dennoch wird auch diese anfängliche Diskussion über die AMT positiv und als beginnender Prozess für die Erreichung des Ziels einer autonomen Metropolregierung Santiagos bewertet:

> „Es war nicht unser Vorschlag eine politisch-administrative Behörde allein für die Lösung des ÖPNV-Problems einzurichten. Aber die Leute aus der Politik können das als Anfang betrachten, damit das Thema der politisch-administrativen Metropolbehörde endlich Eingang [Anm. d. V.: in die Diskussion] findet. Im Grunde genommen soll damit die Tür ein Spalt breit aufgestoßen werden, damit sie schlussendlich ganz geöffnet werden kann"[30] (Interview S8 2006: 62).

Bisher ist dieser Gesetzesvorschlag allerdings nicht weiter diskutiert worden, obwohl die AMT als eine koordinierende Instanz von vielen Akteuren gefordert wird (Interviews S19 2006: 54, Orellana 2006: 30, Correa 2006: 62, Urrutia 2009: 36, Muñoz 2009: 92, Figueroa 2009: 70). Es bleibt abzuwarten, ob die aktuelle, konservative Regierung von Sebastian Piñera diese Idee wieder aufgreift, oder ob sie für weitere Jahre unbeachtet bleibt.

16.1.2. Wirtschaftsmodell: Marktorientierte Verkehrspolitik für privatwirtschaftliche Akteure

Der privatwirtschaftliche Sektor wird in Chile grundsätzlich als sehr einflussreich bewertet, sei es in der Wasserwirtschaft, dem Energiesektor oder dem Abfallmanagement (vgl. Hölzl u. a. 2012: 336 f.). Ebenso ist die städtische Entwicklung von Großwohnprojekten am Rand der Großstadt oder auch von privatwirtschaftlich finanzierten Stadtautobahnen geprägt. Dabei ist das Profitdenken, dem die Privatwirtschaft unterliegt, grundsätzlich problematisch, da nur in profitable Bereiche investiert wird. Somit werden z. B. die Infrastrukturinvestitionen in den städtischen Autobahnbau nur in den Teilen der Stadt realisiert, die Profit garantieren (ebd.).

> „The evolution of the transport system in Santiago reveals not only the nature of the power relations between bus drivers and passengers, but also a microcosm of the impact of neoliberal economic policies" (Tomic/Trumper 2005: 49).

Mit dieser Aussage weisen die Autoren zu Recht daraufhin, dass das neoliberale Wirtschaftsmodell Chiles auch in der Verkehrspolitik in Santiago zu einer starken Marktorientierung führte. Seit dem Misserfolg der staatlichen Regulierung des ÖPNV in der Mitte des vorherigen Jahrhunderts wurde mit der Liberalisierung des Markts durch die Militärdiktatur auf die Selbstregulierung des Marktes gesetzt.

---

30 „La propuesta nuestra fue no crear una Autoridad Metropolitana política-administrativa, no que solo para el problema de transporte público. Pero aún así la gente del mundo político puede ver como el inicio para que finalmente entre todo el tema de la Autoridad política-administrativa. Abrir la puerta, en el fondo abrir dos centímetros de la puerta que finalmente te obligan a abrir la puerta entera."

Deshalb kann durchaus davon gesprochen werden, dass aus der Geschichte die Lehre gezogen wurde, dass der ÖPNV nicht staatlich, sondern privat betrieben sein muss, um effizient und flexibel zu sein. Diese Haltung wurde auch mit den staatlichen Regulierungen der beginnenden 1990er Jahre beibehalten. Schon vor Transantiago konnten die privaten Unternehmen im ÖPNV deshalb einen großen Einfluss auf anstehende Veränderungen geltend machen, indem sie mit Streiks den gesamten Verkehr in Santiago blockierten.

> „Immer wenn die Verkehrsbehörde beabsichtigte etwas zu tun, etwas zu verbessern, gab es einen Streik; der Minister trat wieder zurück und vorbei war es mit den Aktivitäten [Anm. d. V.: für die anstehenden Veränderungen]"[31] (Interview S8 2006: 34).

Zu dieser Situation kam es verstärkt vor der Umsetzung der Regulierungen von 1991 und später vor allem vor den Umstrukturierungen für Transantiago. So war im August 2002 zwei Tage lang der gesamte Verkehr in Santiago lahmgelegt, da die Busunternehmen mit ihren Bussen wichtige Kreuzungen blockierten. Diese Streiks änderten zwar nicht die Absicht der Regierung, Transantiago umzusetzen, aber dennoch hatten sie einen Einfluss auf die Ausgestaltung des unternehmerischen Systems und die Definition der unternehmerischen Einheiten von Transantiago, damit der neue ÖPNV-Markt auch für die schon vorhandenen Kleinstunternehmen profitabel bleiben würden. Denn wie es ein Interviewpartner ausdrückt: *„Wer das Geld auf den Tisch legt, bestimmt die Regeln"*[32] (Interview S2 2006: 44).

Der ÖPNV-Sektor spiegelt also weitgehend die Freie-Markt-Philosophie wider (vgl. OECD 2009:10), bei der staatliche Subventionen als ein Zeichen eines nicht funktionierenden Markts gelten. Im Fall von Transantiago endete letztendlich allerdings das Vertrauen in die wirtschaftliche Effizienz des ÖPNV mit einem sich selbst finanzierenden System in staatlichen Subventionen (vgl. auch Rodríguez/Rodríguez 2009: 18). Trumper beschreibt den Effekt der Veränderung von Transantiago auf das Selbstverständnis des marktorientierten Wirtschaftsmodells des ÖPNV:

> „Wenn im frühen chilenischen Kapitalismus die Busse die ‚perfekte Kompetenz' repräsentierten, dann sind es heute im modernen Neoliberalismus die Großunternehmen"[33] (Trumper 2005: 79).

Transantiago folgte also einem striktem ökonomischen Kalkül, mit dem technisch und wirtschaftlich effiziente Lösungen für eigentlich politische Probleme gesucht wurden.

Allgemein ist in Chile von einem großen Einfluss privatwirtschaftlicher Akteure bei der Entstehung von öffentlich-privaten Kooperationen aufgrund von lan-

---

31 „Cada vez que la autoridad de transporte intentaba hacer algo, mejorar algo, venía un paro, cae el Ministro nuevamente y chao se acabó la movilización."
32 „El que pone el oro, pone la regla."
33 „Si en el capitalismo temprano chileno los buses representaron la ‚competencia perfecta', ahora el neoliberalismo moderno es de grandes empresas."

ge bestehenden und informellen Elitenetzwerken auszugehen (vgl. Hölzl u.a. 2012: 337, Ducci 2005).

„...es existiert eine ‚implizite' Politik, mit der die Entscheidungen getroffen werden, die die Menschen wirklich betreffen. Sie wird in persönlichen Verhandlungen in hochrangigen Ausschüssen und Kommissionen gemacht, an denen ‚die teilnehmen, die wichtig sind', und hier entscheidet sich, wie die Güter und Dienstleistungen zwischen den verschiedenen sozialen Gruppen verteilt werden"[34] (Ducci 2005: 139).

Insbesondere bei Stadtentwicklungsprojekten sind enge Verbindungen zwischen Politikern der nationalen Politikebene sowie privaten Akteuren existent und konnten bei Großwohnprojekten im Umland von Santiago (vgl. Nuissl u. a. 2012: 103) wie auch bei innerstädtischen Entwicklungsprojekten (vgl. Zunino 2006) aufgezeigt werden. Dementsprechende Netzwerke sind aber auch im Verkehrssektor zu finden. Bei den Entscheidungen der Regierung über Transantiago stand das Interesse der privatwirtschaftlichen Unternehmen (chilenische Banken und Busunternehmen) nach einem wirtschaftlich effizienten Bussystem im Vordergrund. Insbesondere durch die unternehmerische Restrukturierung wurde das Ziel eines profitablen Markts für die chilenische Wirtschaft verfolgt.

„This strategy, called empresarización by the government, is an attempt to legitimise in everyday life the large Chilean economic groups and transnationals that have a close relationship with a governing coalition that caters to their interests" (Tomic/Trumper 2005: 62).

Ein starkes Netzwerk besteht im Fall der Planungen für Transantiago außerdem zwischen Politikern vor allem aus dem Verkehrsministerium und verschiedenen Wissenschaftlern. Diese Verbindungen zeigen sich z. B. darin, dass einige Wissenschaftler auch gleichzeitig beratende Tätigkeiten für das Verkehrsministerium (*Ministerio de Transportes y Telecomunicaciones* – MTT) ausüben und dabei teilweise zum direkten Beratungsteam des Ministers gehören. Kritische Studien über die aktuelle Verkehrspolitik sind somit kaum möglich.[35]

---

34 „...existe una política ‚implícita', a través de la cual se toman las decisiones que verdaderamente afectan a las personas. Esta surge de negociaciones privadas en comités y comisiones de alto nivel donde participan ‚aquellos que cuentan', y por su intermedio se decide cómo se distribuyen los bienes y servicios entre los distintos grupos de la sociedad."

35 Vor allem im Fall des Verkehrsberatungsunternehmens *Fernandez & de Cea*, das von zwei Professoren des verkehrsingenieurwissenschaftlichen Departments der Universität Católica de Chile gegründet wurde, ist eine enge Verbindung zum Verkehrsministerium deutlich. *Fernandez & de Cea* sind erstens Autoren einer Vielzahl von Studien, Verkehrsmodellierungen und Szenarien, die das Unternehmen im Auftrag des MTT und Sectra für die Planungen von Transantiago erstellt hat und zweitens wurden die beiden Professoren zu einem späteren Zeitpunkt vom Verkehrsminister persönlich in eine Expertengruppe gerufen, die dem MTT Vorschläge für die Verbesserung von Transantiago unterbreiten sollte. Abgesehen von der Frage, ob damit wirklich neue Vorschläge auf den Tisch kommen, wird dadurch das enge und gut funktionierende Netzwerk zwischen Politik, Wissenschaft und Privatwirtschaft auch in der Planung und Umsetzung von Transantiago deutlich.

16.1.3. Symbolik: Transantiago als Symbol für die globale Wettbewerbsfähigkeit Santiagos

Der Schwerpunkt der chilenischen Verkehrspolitik lag in den letzten zwei Jahrzehnten vor allem auf einer Erhöhung der Motorisierung und wenig auf einer Förderung des ÖPNV oder nicht-motorisierten Verkehrsmitteln. In diesem Zusammenhang wurden z. B. im Rahmen öffentlich-privater Kooperationen mehrere Autobahnen aus privaten Mitteln finanziert und privat betrieben.

> „It [Anm. d. V.: die Regierung] has chosen to enhance its political profile and strengthen its neo-liberal credentials through resorting to a modernity that depends heavily on motorisation. This approach centres on cars and road privatisation, but also tries to impose some order on the chaotic street" (Tomic/Trumper 2005: 62).

Mit der Ordnung des Chaos auf der Straße sprechen die Autoren die ÖPNV-Reform Transantiago an, die schon in den späten 1990er Jahren im Zusammenhang mit den Feierlichkeiten zum Bicentenario, dem 200jährigen Geburtstag des Chilenischen Staates, diskutiert wurde. Zu diesem Anlass sollte Transantiago das moderne Chile repräsentierten und beweisen, dass Santiago im globalen Wettbewerb standhalten kann (vgl. Maillet 2007: 3 ff.).

Politisches Ziel des im Jahr 2000 neu eingeführten Staatspräsidenten Ricardo Lagos war es, Chile bis 2010, dem Jahr des Bicentenarios, in ein „entwickeltes" Land zu verwandeln (vgl. Lagos 2000b). Die Modernisierung des ÖPNV-Systems in Santiago hatte dabei eine hohe Priorität, da dieses am Anfang des neuen Jahrtausends von den Einwohnern Santiagos sehr negativ beurteilt wurde (vgl. Cruz Lorenzen 2001: 49). Insgesamt wird Santiago beschrieben als „...*eine Stadt mit viel Modernität, es ist eine ganz moderne Stadt...*"[36] (Interview S4 2006: 71).

Ebenso merkte der damalige Verkehrsminister Jaime Estévez in 2005 an:

> „Chile ist stark modernisiert worden, der Fortschritt ist enorm, aber einige Dinge sind rückständig. Das System des öffentlichen Nahverkehrs ist schlecht, das können wir besser machen"[37] (La Nación 15.05.2005).

Damit weist er zwischen den Zeilen darauf hin, dass Chile im Gegensatz zu seinen Nachbarstaaten relativ weit entwickelt ist und deshalb natürlich im Stande sei, den ÖPNV in Santiago zu verbessern. Aufgrund der Tatsache, dass auch in Curitiba (Brasilien) und Bogotá (Kolumbien), zwei Großstädte in weniger entwickelten Ländern als Chile, ähnliche Reformprojekte umgesetzt wurden, weckte bei den Akteuren von Transantiago den Ehrgeiz, den ÖPNV umfangreicher als in Curitiba und Bogotá zu reorganisieren. So meint ein Interviewpartner, der maßgeblich an der Planerstellung von Transantiago beteiligt war:

---

36 „... una ciudad donde hay harta modernidad, es una ciudad bien moderna..."
37 „Chile se ha modernizado mucho, el progreso es enorme, pero algunas cosas se han quedado atrás. El sistema de transporte público es malo y podemos hacerlo mejor."

„In Brasilien ist der öffentliche Nahverkehr viel fortschrittlicher als in Chile, in Städten, die im Vergleich zu Santiago weit kleiner und weniger weit entwickelt sind und in denen das Pro-Kopf-Einkommen weit unter dem von Santiago liegt"[38] (Interview S8 2006: 83).

Das offizielle Hauptziel von Transantiago war zwar die Verbesserung der Lebensqualität in Santiago und die Erhöhung des ÖPNV-Anteils am gesamten Verkehrsaufkommen (Cruz Lorenzen 2001: 95). Insbesondere die weiteren Ziele einer Re-Organisierung der Stadt sowie eines sicheren und schnellen Transports (vgl. Gobierno de Chile o. J: 5) zeigen allerdings, dass Transantiago einer Verbesserung des gesamten Stadtimages dienen sollte, so dass eine *„modernere, freundlichere, bequemere und angenehmere"* [39] (Cruz Lorenzen 2001:123) Stadt entsteht. Und Javier Etcheberry, Verkehrsminister von 2002–2005, führt aus:

„Santiago – die Hauptstadt unseres Landes – sollte über die besten Dienstleistungen und Infrastruktur verfügen, um so zu einer Stadt von Weltklasse zu werden"[40] (Gobierno de Chile o.J.: 2).

Transantiago sollte also nicht nur für die lokale Verkehrssituation hilfreich sein, sondern auch die globale Wettbewerbsfähigkeit der Stadt verbessern, damit Santiago attraktiver für internationale Investoren wird. Die Verbesserung von Mobilität in Santiago kann also nicht nur mit der Modernisierung des Landes (zur Erinnerung: in Santiago wohnen fast 40% aller Chilenen) verbunden werden, sondern auch mit dem Bestreben, eine Weltstadt zu werden, um so im globalen Wettbewerb um Investitionen und Ansiedelung von großen global agierenden Unternehmen bestehen zu können.

„Damit gewinnt die Stadt, und in der globalisierten Welt von heute bedeutet das auch einen Zugewinn an Wettbewerbsfähigkeit. Das macht eine Stadt attraktiver für Investoren"[41] (Interview S8 2006: 83).

Diese Investoren waren im Fall von Transantiago außerdem aufgrund des markorientierten Wirtschaftsmodells sehr wichtig, da Transantiago auf einer umfangreichen öffentlich-privaten Kooperation beruht.

Mit einer Re-Organisierung der Stadt durch Transantiago wird also eine Steigerung der Attraktivität von Santiago beabsichtigt, um der Leitidee eines modernen chilenischen Staates mit einer global agierenden Hauptstadt gerecht zu werden. Dafür wurden mit Transantiago erstens technische Veränderungen vorgenommen, so dass das Straßenbild mit den neuen und sauberen Transantiagobussen, neuen Haltestellen und einer geordneten Verkehrssituation oftmals sehr

---

38 „En Brasil el transporte publico es mucho mas avanzando que en Chile, en ciudades lejos muchos mas pequeñas que Santiago y de menor desarrollo relativo que Santiago y con un ingreso per cápita mucho menor al de Santiago."
39 „...más moderna, más amigable, más cómoda y más grata."
40 „Santiago – capital de nuestro país – posea servicios e infraestructura de primer nivel convirtiéndose así en una ciudad de clase mundial."
41 „Va a ganar la ciudad y cuando las ciudades ganan en el mundo globalizado de hoy, se gana en competitividad también. Se hace una ciudad más atractiva para el inversionista."

aufgeräumt erscheint. In dieser neuen Sauberkeit und Ordnung wird im Fall der Metro Santiago und der Fußgängerzone im Zentrum Santiagos von Tompic, Trumper und Hidalgo (2006) ein Diskurs erkannt, der Sauberkeit mit Modernität und Fortschritt im Rahmen einer neoliberalen Politik gleichsetzt. Die neue, durch Transantiago entstandene Ordnung des Straßenbilds kann ebenso in diesen Diskurs eingeordnet werden. Zweitens wurde die Bezahlung mit einem modernen Zahlungsmittel, einer elektronischen Karte, eingeführt. Und drittens wurden die oftmals als Mafia oder Kartell bezeichneten kleinteiligen Betriebstrukturen (vgl. Paredes 1992: 263, Díaz/Gómez-Lobo/Velasco 2006: 454, Interview S11 2006: 61, Interview S8 2006: 28), die jedoch völlig legal operierten und durch formelle Regelungen unterstützt wurden, aufgelöst und durch große Unternehmen ersetzt. Diese Strategie wird als „empresarización" (vgl. El Mercurio 27.08.2003, La Nación 11.07.2010), bezeichnet, was etwa mit Unternehmensbildung übersetzt werden kann. Damit wird auf den Prozess der Entstehung von großen Unternehmen aus den vorherigen Kleinstunternehmen eingegangen wird. In diesem Zusammenhang sprechen Tompic und Trumper (2005: 62) davon, dass sich mit Transantiago die sozialen Beziehungen stark veränderten, da sich die Kleinstunternehmen des vorherigen Bussystems in große transnationale Unternehmen verwandeln mussten.

> „If successful, the transformation of public transport will eliminate one of the remnants of the past, small-scale capitalist practices and open up yet another aspect of daily life to the large corporations from which they can profit" (Tomic/Trumper 2005: 62).

Somit verändert Transantiago also nicht nur den ÖPNV, sondern eine gesamte Branche. Es wird damit wiederholt deutlich, dass Transantiago als Motor für die Modernisierung und Entwicklung von Santiago und somit letztendlich zur Verbesserung der globalen Wettbewerbsfähigkeit der Stadt dienen soll.

16.2. Institutioneller Rahmen

16.2.1. Informelle Institutionen

Als informelle Institutionen werden „ungeschriebene Gesetze", wiederkehrende Handlungsmuster und gemeinsame Vorstellungen verstanden. Informelle Institutionen leiten gemeinsam mit den formellen Institutionen die Entscheidungen der Akteure.

Im Fall von Transantiago kann als informelle Institution die **gemeinsame Vorstellung** von einem motorisierten Individualverkehr und einer erhöhten Mobilität als ein Zeichen für Fortschritt und Entwicklung gelten. Das Auto steht überall auf der Welt schon lange für Entwicklung, Modernität, Bequemlichkeit und Freiheit und fand auch im chilenischen Modernisierungsdiskurs seinen Platz, wo der Begriff Modernisierung häufig genutzt wird, wenn Veränderungen anstehen (vgl. Rodríguez/Rodríguez 2009. 4). Ein moderner chilenischer Staat wurde schon während der Militärdiktatur Pinochets angestrebt, um Privatisierung, Profit und

Individualismus zu legitimieren (vgl. Tomic/Trumper 2005: 54). Pinochet versprach deshalb jedem Chilenen ein eigenes Auto und erleichterte dazu den Pkw-Import. Mit steigender Motorisierungsrate traten vermehrt Verkehrsstaus auf. Allerdings nahm die räumliche Trennung der Einkommensschichten weiter zu, da sich Pkw-Besitzer den Wohnraum nicht mehr nach der Verfügung von ÖPNV-Angeboten suchen mussten. Damals wie heute träumen viele Chilenen von einem eigenen Auto, mit dem sie dem ÖPNV, der durch Adjektive wie gefährlich, stinkend und unbequem beschrieben wird, entkommen können (vgl. Trumper 2005: 74): „...*das Automobil wurde als moderne Antwort auf die rückständige Barbarei der Armen* [Anm. d. V.: die meist auf den ÖPNV angewiesen sind] *angesehen*"[42] (ebd. 2005: 75). Dementsprechend weist Trumper (ebd.: 76) darauf hin, dass der ÖPNV für „Herrn Niemand", also für die Allgemeinheit, zur Verfügung gestellt wird, während das Auto mit der Individualisierung der Lebensstile einhergeht.

In Santiago lassen heutzutage die nur geringfügigen Restriktionen für die private Autonutzung sowie die verstärkten Investitionen in Straßeninfrastruktur die große Bedeutung von Mobilität und des privaten Pkw für das Bild der modernen Metropole Santiago deutlich werden:

„...die Mobilitätsinfrastruktur, insbesondere die Stadtautobahnen, werden immer eine signifikante physische Auswirkung haben und gleichzeitig für Dynamik, Fortschritt, Wachstum und Entwicklung stehen"[43] (Allard 2008: 38).

Das große Vertrauen in Verkehrsinfrastruktur wird zum einen durch die Gleichsetzung von einer erhöhter Mobilität mit ökonomischer Entwicklung (vgl. Aninat/Allard 2008: 22) deutlich, und zum anderen durch die Zuversicht, dass Autobahnen das städtische Straßennetz insgesamt entlasten können (vgl. Hurtado 2008: 15). Der in den letzten Jahren verstärkte Ausbau von (vor allem privatwirtschaftlich finanzierten) Autobahnen in Santiago und die weiteren Planungen zeigen deutlich, dass die aktuelle Verkehrsplanung in Santiago einige Aspekte mit dem nordamerikanischen und europäischen Planungsparadigma der „autogerechten Stadt" der 1950/60er Jahre gemeinsam hat. Hierbei stand vor allem der ungehinderte Verkehrsfluss, aber auch die mit dem privaten Pkw oftmals verbundene Freiheit im Vordergrund. So bedient sich Pablo Allard, der heute zu den einflussreichsten Architekten für städtische Themen der konservativen Regierung Chiles von Sebastián Piñera gehört, in einem Buch von 2008 über die Schönheit von städtische Autobahnen eines Zitats einer Publikation von 1958:

„Physische und soziale Mobilität, das Gefühl einer bestimmten Art von Freiheit, ist einer der Aspekte, die unsere Gesellschaft zusammenhält, und ein Symbol dieser Freiheit ist das private Auto"[44] (Smith, Alison, Peter 1958 zitiert in Allard 2008: 38).

---

42   „...el automóvil fue visto como una respuesta moderna a la barbarie atrasada de los pobres" (Trumper 2005: 75)
43   „... la infraestructura de la movilidad, particularmente las autopistas urbanas, siempre tendrán un impacto físico significativo al mismo tiempo que representarán dinamismo, progreso, crecimiento y desarrollo" (Allard 2008: 38).

Damit gibt er die Auffassung vieler Chilenen von Mobilität und die Einstellung zum privaten Pkw wieder. Somit kann kaum ein Zweifel daran bleiben, dass der private Pkw ein Statussymbol ist, dessen Kauf getätigt wird, sobald es die finanziellen Möglichkeiten zulassen. Ob sich der ÖPNV oder auch die nicht motorisierten Fortbewegungsmöglichkeiten gegenüber dem privaten Pkw in den nächsten Jahrzehnten durchsetzen können, ist derzeit sehr fraglich, denn dafür müssten sich nicht nur die Verhaltensweisen eines jeden Einzelnen, sondern auch die sozialen Werte ändern. Das Fahrrad, der Bus oder die Metro müssten positiv bewertet werden, so dass alle Einkommensschichten bereit sind, vom Pkw auf alternative Verkehrsmittel umzusteigen[45].

Die Gleichsetzung einer verbesserten Mobilität mit Fortschritt und Entwicklung der Gesellschaft war grundsätzlich auch bei der Formulierung von Transantiago vorhanden. Das Ziel eines schnellen Transports und somit einer Verbesserung von Mobilität durch Transantiago sollte vor allem durch eine Verringerung von Fahrzeiten im ÖPNV erreicht werden, wozu eine spezielle Infrastruktur (z. B. separate Busstreifen) notwendig war. Allerdings lassen die bisher geringen Investitionen in diese spezielle Infrastruktur für einen schnelleren Busverkehr den Rückschluss zu, dass es schwierig ist, vom öffentlichen Straßenraum einen Teil für den ÖPNV abzutrennen, da dadurch die zur Verfügung stehende Fläche für den motorisierten Individualverkehr eingeschränkt werden würde. Die ablehnende Haltung des damalig zuständigen Ministers für öffentliches Bauen Jaime Estévez, der sagte: *„es ist ein profunder Fehler in der Stadt abgetrennte Korridore* [Anm. d. V.: für Busse] *zu schaffen"*[46] (Estévez in Cámara de Diputados de Chile 2007: 195), begründet die eingeschränkten Investitionen und Planungen in der Anfangsphase von Transantiago. Ohne eine Einschränkung durch separate Busstreifen profitiert der Pkw-Verkehr von Transantiago, da weniger Verkehrsstaus mit Bussen auftreten und die Busse nur noch an Haltestellen halten, so dass prinzipiell mehr Platz für den motorisierten Verkehr bleibt.

Als weitere informelle Institution können die technokratischen Planungen als ein **„ungeschriebenes Gesetz"** gelten, dem alle Akteure in ihren Entscheidungen folgen. Technokratisches Denken und Handeln ist insbesondere durch das Bestreben nach einer Professionalisierung der öffentlichen Verwaltung geprägt, um gleichzeitig den Einfluss der politischen Parteien zu verringern. Die als Technokraten bezeichneten Experten sind oftmals als Ingenieure, Ökonomen, Finanzexperten oder Manager ausgebildet und haben kaum Erfahrung in administrativen Angelegenheiten. Dennoch arbeiten sie in den öffentlichen Verwaltungen und treten damit als Akteure bei politischen Entscheidungsprozessen auf. Seit der Mi-

---

44 „Movilidad física y social, el sentimiento de cierto tipo de libertad, es uno de los aspectos que mantiene unidad a nuestra sociedad, y el símbolo de esa libertad es el automóvil particular" (Smith, Alison, Peter 1958 zitiert in Allard 2008: 38).

45 Das ist jedoch ein generelles Problem, welches keineswegs auf Chile beschränkt ist, sondern genauso auch in Europa zu finden ist.

46 „Es un profundo error sembrar la ciudad de corredores segregados."

litärregierungsphase gilt Chile als ein Musterfall für Technokratie. Die so genannten „Chicago Boys", eine Gruppe von 26 Ökonomen, die fast alle an der z. B. für ihre neoliberalen Ideen berühmten Universität Chicago ausgebildet wurden, setzten weitreichende Deregulierungs- und Privatisierungsmaßnahmen um. Allerdings beschränkte sich das Wirken der Chicago Boys nicht nur auf Wirtschaft und Finanzen, sondern sie hatten einen großen Einfluss auf alle politischen Entscheidungen, sei es das Bildungs-, Gesundheits- und Rentensystem oder Infrastrukturen wie Energie, Wasser sowie Verkehr und somit auch auf das ÖPNV-System. Das technokratische Phänomen war in Chile allerdings keineswegs nur auf die Zeit der Diktatur beschränkt, sondern überlebte den Übergang zur Demokratie problemlos, indem Technokraten die wichtigsten Akteure des politischen Wandels waren. Politische Entscheidungsprozesse haben heutzutage einen sehr elitären Charakter, da eine technische Expertise und ein Universitätsabschluss notwenige Voraussetzungen sind, um an Entscheidungen teilhaben zu können (vgl. Silva 2008).

Diese technokratische Herangehensweise ist in Santiago besonders im Fall der Stadtautobahnen, für die Konzessionen an private Akteure vergeben werden, stark mit einer bewusst improvisierten Planung verbunden (vgl. Silva 2011: 35 ff.). Dabei liegt der Schwerpunkt vor allem auf den technischen und finanziellen Aspekten, um das Planungsrisiko möglichst gering zu halten. Soziale und ökologische Aspekte werden bewusst vernachlässigt. Treten nicht einkalkulierte Probleme auf, wird von Fall zu Fall entschieden, so dass von einer inkrementellen Planung gesprochen werden kann, die aber vor allem nach dem „trial and error" Prinzip abläuft. Somit geht Silva davon aus: „...*the state has the capacity to manage problems without planning for them*" (ebd.: 50). In derselben Art und Weise wurden die Entscheidungen für die Reform des ÖPNV getroffen, denn

> „...in Chile stellt sich die Transformation des ÖPNV als gigantisches, technisches Problem dar, dass von Ingenieuren und Computern gelöst werden soll..."[47] (Trumper 2005: 79).

Es wird vermutet, dass Transantiago u. a. durch die technokratische Herangehensweise sowie das Bestreben nach Effizienz für die privaten Unternehmen scheiterte (vgl. Rodríguez/Rodríguez 2009: 18, Interview S19 2006: 42, Interview S1 2009. 152).

> „For the designers, it was enough that their models worked in paper and the assumption that it would be possible to maintain the proposed ticket value with a lower number of buses" (Rodríguez/Rodríguez 2009: 18).

Im Planungsprozess von Transantiago lag der Fokus also klar auf technischen und ökonomischen Aspekten, so dass nicht-technisches und nicht-ökonomisches Wissen und andere Meinungen (z. B. der Nutzer und Bewohner) keine Rolle bei den Entscheidungen spielten.

---

[47] „...en Chile se representa la transformación de la locomoción colectiva como un gigantesco problema técnico a ser solucionado por ingenieros y computadores..."

„Aber die Technokraten verstehen das nie genau und setzen sich eher für die Etablierung von Beziehungen zu wirtschaftlichen Interessenvertretern ein, als für die Interessen der Bewohner, die das Fundament von Transantiago darstellen"[48] (Interview S19 2006: 42).

16.2.2. Formelle Institutionen

Transantiago basiert größtenteils auf formellen Institutionen, die entweder schon in den 1980er Jahren zur Zeit der Militärdiktatur entstanden sind oder Anfang der 1990er Jahre veröffentlicht wurden, um erste Re-Regulierungen im ÖPNV umsetzen zu können. Die Zuständigkeiten über Regelungen des Verkehrsflusses und Planungen des Straßennetzes sind in Santiago auf verschiedene Ministerien aufgeteilt. So ist das Ministerium für öffentliches Bauen (*Ministerio de Obras Públicas* – MOP) für sämtliche Planungen und Regulierungen auf den städtischen Autobahnen in Santiago zuständig, während das Ministerium für Wohnungsbau und Stadtentwicklung (*Ministerio de Vivienda y Urbanismo* – MINVU) die Straßennetzplanung sowie Straßenbau und -erhaltung in Santiago übernimmt. Im Artikel 1 des Gesetzes 18.059 von 1981 ist geregelt, dass das Verkehrsministerium (MTT) im ganzen Land für alle verkehrspolitischen Maßnahmen, die den Verkehrsfluss betreffen, zuständig ist. Dies beinhaltet auch die Regulierung des ÖPNV im gesamten Land und somit also auch in Santiago.

Die Regelung des ÖPNV stützt sich vor allem auf Artikel 3 des Gesetzes 18.696 aus dem Jahr 1990, der Folgendes besagt:

„Die Durchführung des nationalen, kostenpflichtigen Personenverkehrs, öffentlich oder privat, individuell oder kollektiv, auf Straßen oder Wegen, erfolgt ohne Einschränkungen, vorbehaltlich der vom Ministerium für Verkehr und Telekommunikation festgesetzten Rahmenbedingungen und Regeln für die entsprechenden Dienstleistungen [...]. Das Ministerium für Verkehr und Telekommunikation [...] kann im Falle einer Überbelastung der Straßen, sowie Umweltbeeinträchtigungen und/oder einer Beeinträchtigung der Sicherheitsbedingungen von Fußgängern und Fahrzeugen infolge des Straßenverkehrs über die Nutzung der Straßen für bestimmte Fahrzeugtypen und/oder Dienstleistungen mittels einer öffentlichen Ausschreibung verfügen, um den Betrieb des Personentransports zu gewährleisten"[49].

---

48 „Pero los tecnócratas nunca entienden bien esto y se esfuerzan más en establecer vínculos con intereses económicos que con intereses ciudadanos, que son los fundamentos de Transantiago."

49 „El transporte nacional de pasajeros remunerado, público o privado, individual o colectivo, por calles o caminos, se efectuará libremente, sin perjuicio que el Ministerio de Transportes y Telecomunicaciones establezca las condiciones y dicte la normativa dentro de la que funcionarán dichos servicios [...]. El Ministerio de Transportes y Telecomunicaciones [...] podrá, en los casos de congestión de las vías, de deterioro del medio ambiente y/o de las condiciones de seguridad de las personas o vehículos producto de la circulación vehicular, disponer el uso de las vías para determinados tipos de vehículos y/o servicios, mediante procedimientos de licitación pública, para el funcionamiento del mercado de transporte de pasajeros."

Damit wird deutlich, dass die Unternehmen des ÖPNV grundsätzlich relativ ungehindert operieren dürfen, allerdings nur innerhalb des vom MTT festgelegten Rahmens. Davon abgesehen hat das MTT mehr Einflussmöglichkeiten und kann den ÖPNV durch Konzessionen regeln, wenn in einem bestimmten Gebiet besondere Probleme wie Verkehrsstaus, Umweltschädigungen oder Sicherheitsprobleme bestehen. Dieser Fall ist in Santiago Anfang der 1990er Jahre eingetreten, weshalb seitdem das MTT Konzessionen für ÖPNV-Unternehmen, die innerhalb des Gebiets von Groß-Santiago operieren, mit Hilfe einer öffentlichen Ausschreibung vergibt. Der Artikel 3 des Gesetzes 18.696 geht zudem auf die Durchführung des Ausschreibungsprozesses ein und legt fest, welche technischen Vorschriften vom MTT erlassen werden können. Konkretisiert wird dieser Artikel vom Dekret 212, in dem Vorgaben zur Einschreibung in das nationale Register des ÖPNV gemacht werden, sämtliche Daten zu Bussen und Busfahrern gesammelt, Regelungen für den Betrieb von Taxis und Überlandbussen aufgestellt sowie weitere technische Normen festgesetzt werden.

Von besonderer Bedeutung ist der Artikel 1*bis* im Dekret 212, der im August 2003 für Transantiago hinzugefügt wurde. Hier ist Folgendes festgelegt:

„Die mittels einer öffentlichen Ausschreibung gemäß Artikel 3 des Gesetzes Nr. 18.696 erteilten Konzessionen für den ÖPNV, haben den Ausschreibungsunterlagen des Ministeriums für Verkehr und Telekommunikation zu entsprechen [...]."[50]

Im Fall von Transantiago wurden diese Ausschreibungsunterlagen erstmalig für die Hauptstrecken *Troncales* (Gobierno de Chile 2003b) und Nebenstrecken *Alimentadoras* (Gobierno de Chile 2003a) vom MTT erstellt und gelten zusammen mit insgesamt 23 Dokumentenanhängen[51] als das Regulierungsinstrument von Transantiago, das im Rahmen der schon vorhandenen Gesetze zur Regelung des ÖPNV in Chile für die Umsetzung von Transantiago ausgearbeitet wurde. Mit diesen Ausschreibungsunterlagen werden die öffentlich-privaten Kooperationen zwischen dem MTT und den neuen Busunternehmen geregelt und außerdem Rechte und Pflichten der Kooperationspartner sowie grundsätzliche Abläufe der Umsetzung und des neuen Systems dargelegt. Sie sind die Basis für die Verträge, die zwischen dem MTT und den einzelnen Busunternehmen geschlossen wurden und beinhalten beispielsweise:

– Vorgaben zum Unternehmenstyp (Aktiengesellschaft), der internen Struktur (Geschäftsleitung, einer Technik- und einer Finanzabteilung) und Kapitalausstattung der Unternehmen (inkl. Zahlungen in den Reservefond von Transantiago),
– Vorgaben zur genauen Streckenführung, Taktfrequenz und technischen Ausstattung der Busse,

---

50 „Las concesiones de servicios transporte público de pasajeros que se otorguen mediante licitación pública conforme al artículo 3° de la ley 18.696, deberán sujetarse a las bases de licitación definidas por el Ministerio de Transportes y Telecomunicaciones [...]."
51 Die Anhänge sind alle auf der Homepage von Transantiago erhältlich unter www.transantiago.cl/web2005/lici4.htm.

– Finanzielle Aspekte des neuen Tarifsystems sowie die Abrechnung nach Fahrgastzahl und Einnahmegarantien für Unternehmen,
– Auswahlkriterien für neue Unternehmen (z. B. die Höhe der Rücklagen und des Fahrpreises sowie das Einkommen der Busfahrer),
– Bußgeldhöhe bei bestimmten Vergehen wie z. B. Nicht-Einhaltung der Taktfrequenz, der Uniformpflicht der Busfahrer oder der Haltepflicht an Bushaltestellen.

Aufgrund der zentralisierten politisch-administrativen Struktur wird die Gestaltung des gesamten Prozesses und Systems Transantiago überwiegend vom MTT, also der nationalen Politikebene, durchgeführt und moderiert. Allerdings soll laut Artikel 3 des Gesetzes 18.696 das MTT die Partizipation von sub-nationalen Verwaltungsebenen und anderen Sektoren ermöglichen:

„Das Ministerium für Verkehr und Telekommunikation [...] gewährleistet die Partizipation der verschiedenen, in den des öffentlichen Personenverkehrs involvierten Sektoren [...]. Das Ministerium drängt dabei speziell auf die Partizipation der Gemeinde-, Provinz- und Regionalverwaltungen [...]"[52]

Diese vage Formulierung lässt allerdings einen großen Spielraum für den Umfang von Partizipation sub-nationaler Verwaltungsebenen. Grundsätzlich dürfen die Kommunen nach Artikel 4 der chilenischen Kommunalverfassung (Gesetz 18.695) innerhalb ihres Gemeindegebiets den Verkehr und ÖPNV entwickeln:

„Die Gemeindeverwaltung kann im Bereich ihres Territoriums direkt oder gemeinsam mit anderen administrativen Organen des Staates Funktionen entwickeln, die bezogen sind auf: [...] h) Transport und öffentlichen Verkehr"[53].

Allerdings kann sie diese Funktion nur auf gänzlich unbedeutenden, kleinen Straßen ausüben, auf denen nicht entweder das MTT den Verkehr und ÖPNV regelt oder das MINVU für die Straße (als technische Infrastruktur) zuständig ist. Letztlich sind die Kommunalverwaltungen nur dafür zuständig, Fahrerlaubnisse auszustellen und Straßen zu beschildern (vgl. Interview S22 2009: 8). Dabei muss sich die Kommunalverwaltung zudem an die von den nationalen Ministerien festgelegten Regelungen halten:

„Die Anwendung der Bestimmungen zu Transport und öffentlichem Verkehr in der Kommune gelten nur im Rahmen der vom entsprechenden Ministerium erlassenen Gesetze und technischen Normen"[54] (Gesetz 18.695, Artikel 3d).

---

52 „El Ministerio de Transportes y Telecomunicaciones [...] procurará la participación de los diversos sectores involucrados en la actividad del transporte público de pasajeros [...].El Ministerio deberá instar en especial por la participación de las Municipalidades, Gobernaciones e Intendencias [...]."
53 „Las municipalidades, en el ámbito de su territorio, podrán desarrollar, directamente o con otros órganos de la Administración del Estado, funciones relacionadas con: [...] h) El transporte y tránsito públicos."

Eine eigenständige Planung eines ÖPNV-Angebots durch Kommunalverwaltungen, sei es im eigenen Gemeindegebiet oder in Kooperation mit Nachbargemeinden, ist deshalb nur mit Zustimmung der nationalen Ministerien möglich. Deshalb wird bisher in keiner Kommune ein kommunaler ÖPNV angeboten[55]. Im Fall von Transantiago ist zwar offensichtlich, dass das MTT für die gesamte Planung zuständig ist, aber bei der Instandhaltung der Bushaltestellen besteht eine große Unklarheit über die Zuständigkeiten. So sind das MTT und das dazugehörige Transantiago-Büro der Meinung, dass dies eine Aufgabe der Kommunen sei, während die Kommunen diese Verantwortung dem Transantiago-Büro zuweisen (El Mercurio, 10.11.2010).

Abschließend lässt sich feststellen, dass das MTT einen großen, von der Gesetzgebung legitimierten Einfluss auf die Planung des ÖPNV hat. Die Kommunen hingegen haben auf die Planung des ÖPNV in Santiago letztendlich kaum Einfluss. Für die Veränderungen des ÖPNV durch Transantiago wurden zwar die grundsätzliche Verkehrsgesetzgebung, wie z. B. die Vergabe von Betriebslizenzen im ÖPNV oder der große Einfluss der nationalen Ministerien, nicht verändert. Aber dennoch wurde mit der Novellierung des Dekrets 212 (und mit insbesondere der Hinzufügung des Artikel 1*bis*) die Regulierungsmacht des MTT gestärkt, indem das MTT nun mit der Publikation von Ausschreibungsunterlagen die Möglichkeit hat, Regulierungen für den ÖPNV zu treffen. Diese Veränderung war nur durchführbar, weil die meisten alten Verträge zwischen Busunternehmen und MTT im Oktober 2003 ausliefen (SECTRA o.J.: 3). Grundsätzlich wird oftmals angemerkt, dass die institutionelle und juristische Basis von Transantiago problematisch ist, da sich die gesamte Reform auf nur einen Artikel stützt (vgl. Interview S14 2009: 38, Interview S16 2009: 65).

Der Ausschreibungsprozess von Transantiago kann als Re-Regulierung verstanden werden, da die nationale Politikebene verstärkt in die Regulierung des ÖPNV eingreift, mit der jedoch gleichzeitig den privaten Unternehmen ein lukratives Geschäft ermöglicht werden soll. Dies wird in den Ausschreibungsunterlagen durch Regulierungen deutlich, die eine gut funktionierende privat-öffentliche Kooperation mit einem finanziell ausgeglichenen System im Blick haben, weshalb Einnahmegarantien an die privaten Unternehmen gegeben wurden. Diese Vorgehensweise verdeutlicht die herausragende Stellung der privaten Akteure im System Transantiago, bei der die Busunternehmen im Zentrum der ÖPNV-Reform stehen.

---

54 „Aplicar las disposiciones sobre transporte y tránsito públicos, dentro de la comuna, en la forma que determinen las leyes y las normas técnicas de carácter general que dicte el ministerio respectivo."
55 Allerdings gibt es einige Projektideen aus reicheren Kommunen, die in den letzten Jahren veröffentlicht aber bisher nicht umgesetzt wurden.

16.2.3. Verkehrsentwicklungsplan PTUS – ein informelles Planungsinstrument

Zu den formellen und informellen Institutionen gehören auch Planungsinstrumente, die, je nachdem ob sie förmlich legitimiert sind oder eher als Diskussionsgrundlage für die zukünftige Entwicklung dienen, als formelle bzw. informelle Institution gelten können. Für Transantiago ist das wichtigste Planungsinstrument der Verkehrsentwicklungsplan (*Plan de Transporte Urbano Santiago* – PTUS), der ein informelles Planungsinstrument darstellt, da es keinen formellen Beschluss zum PTUS gibt. Stattdessen gibt er die Richtung der vom MTT und SECTRA intendierten Verkehrsentwicklung wieder, er ist aber mit keinen anderen Planungen abgestimmt. Insgesamt ist die Planung von Santiagos ÖPNV bisher nur wenig mit anderen sektoralen Planungen oder Stadtentwicklungsplanungen verknüpft. Schon der erste von SECTRA entwickelte Verkehrsentwicklungsplan von 1995, der einen Planungshorizont bis 2010 hatte, entstand isoliert von weiteren Entwicklungsplanungen (vgl. Zegras/Gakenheimer 2000: 81) und dieses Fehlen einer integrierten Planung setzte sich auch mit Transantiago weiter fort, obwohl ursprünglich eine integrierte Planung angedacht war.

Vom PTUS gibt es jedoch keine offizielle Version, sondern mehrere Versionen, die von verschiedenen Stellen veröffentlicht wurden und deren Inhalt leicht voneinander abweicht (siehe Übersicht in Tabelle 3).

Tab. 3: Publikation über den PTUS

Autor (Publikationsjahr)	Titel	Planungszeitraum	Anzahl der Programme
Comité Asesor Transporte Urbano (2000)	Política y Plan de Transporte Urbano de Santiago 2000–2010	2000–2010	8 Programme
SECTRA (2000)	Resumen Ejecutivo Plan de Transporte Urbano Santiago 2000–2006	2000–2006	13 Programme
Carlos Cruz Lorenzen (2001)	Transporte Urbano para un nuevo Santiago	2000–2010	11 Programme
Gobierno de Chile (o.J.)	PTUS Plan de Transporte Urbano para la Ciudad de Santiago 2000–2010	2000–2010	11 Programme
SECTRA (o.J., vermutlich etwa 2005)	Transantiago	2000–2010	12 Programme

Quelle: eigene Zusammenstellung

Nach der Planung von SECTRA aus dem Jahr 1995 wurde der Entwurf des PTUS mit den Namen „*Política y Plan de Transporte Urbano de Santiago 2000–2010*" für den Zeitraum von 2000 bis 2010 von einem Beratungsgremium[56] für das damalige Ministerium für öffentliches Bauen, Verkehr und Telekommunikation (MOPTT, später in MTT und MOP aufgeteilt) erstellt (vgl. Comité Asesor Transporte Urbano 2000). In dieses sehr umfangreiche Dokument wurden verschiedene Ideen aus anderen sektoralen Entwicklungsplänen (auch von anderen Ministerien) aufgenommen, wie z. B. die Flächennutzungsplanung oder die Erweiterungspläne für Autobahnen und Metro. Es beinhaltet acht verschiedene sog. Programme, die als Unterkapitel des PTUS auf jeweils unterschiedliche Aspekte der Verkehrsentwicklung eingehen. Dabei bezieht sich nur das erste Programm detailliert auf die Modernisierung des ÖPNV. Damit ist in diesem Fall aber nicht nur die Reorganisierung des Busverkehrs gemeint, sondern auch die Ordnung des Angebots von Sammeltaxis (*taxi colectivo*) sowie der Bau von Straßenbahnverbindungen. Eine Zusammenfassung dieses nach einer internen Diskussion modifizierten Entwurfs des Plans wird im November 2000 als Verkehrsentwicklungsplans PTUS von SECTRA unter dem Namen „*Resumen Ejecutivo Plan de Transporte Urbano Santiago 2000 – 2006*" veröffentlicht (vgl. SECTRA 2000). Allerdings bezieht sich dieser Plan nur noch auf den Zeitraum von 2000 bis 2006 und beinhaltet 13 verschiedene Programme. Dabei wurden einige Programme teilweise in mehrere einzelne Programme aufgeteilt und neue kamen dazu, in die SECTRA vor allem schon getroffene Entscheidungen (z. B. über die Ausweitung des Metronetzes) integrierte.

Ein Jahr später erschien im Dezember 2001 das Buch „*Transporte Urbano para un nuevo Santiago*" von Carlos Cruz Lorenzen, das jedoch eher eine Verbindung zwischen dem PTUS von SECTRA und den inzwischen veränderten Erweiterungsplänen für die Metro und den Autobahnbau ist. Dieses Buch geht wiederum auf den Zeitraum 2000 bis 2010 ein und beinhaltet nur 11 Programme. Ein weiteres Dokument mit dem Namen „*PTUS Plan de Transporte Urbano para la Ciudad de Santiago 2000–2010*" ist von der chilenischen Regierung veröffentlicht worden, bei dem jedoch das Veröffentlichungsdatum unbekannt ist. Dieser Plan geht, wie die Publikation von Cruz Lorenzen, auf 11 Programme im Zeitraum von 2000 bis 2010 ein. SECTRA hat vermutlich 2005 (ein genaues Veröffentlichungsdatum ist unbekannt) unter dem Namen „*Transantiago*" ein weiteres Dokument über den PTUS publiziert, das wiederum auf 12 Programme im Zeitraum von 2000 bis 2010 eingeht. Mit dieser Veröffentlichung wird deutlich, dass von SECTRA der Fokus des PTUS auf der Reform des ÖPNV liegt, die ab 2004 Transantiago genannt wird, aber nur auf das erste Programm des PTUS eingeht.

Die vielen Publikationen mit den unterschiedlichen Planungszeiträumen und unterschiedlich vielen Programmen, die aber zum großen Teil gleich sind, zeigt deutlich, dass das Ziel des PTUS und die Herangehensweise an die Verkehrsprobleme unter den Akteuren von Anfang an sehr divers war. Und es wird klar, wie

---

56 Mitglieder waren Germán Correa, Eduardo Abedrapo, Sergio González und Sergio Solís.

wenig die Akteure um den PTUS und somit auch um Transantiago bemüht waren und wie wenig das Thema ernst genommen wurde.

Grundsätzlich möchte die chilenische Regierung mit dem PTUS „*zu einer besseren Lebensqualität für die Bewohner der Stadt und der einzelnen Stadtviertel beitragen*"[57] sowie „*zu einer Korrektur der starken Einkommensunterschiede und der ungleichen Zugangsmöglichkeiten zu grundlegenden sozialen Dienstleistungen in den verschiedenen Gebieten der Stadt*"[58] (Gobierno de Chile o.J.: 7). Außerdem soll damit der Anteil des ÖPNV am gesamten Verkehrsaufkommen erhalten werden (SECTRA 2000: 1). Mit dem PTUS sollte ursprünglich erstmalig eine integrierte Planung von Stadt- und Verkehrsentwicklung beginnen, weshalb der Plan sehr vielfältige Programme beinhaltet, die alle direkt oder indirekt die Entwicklung des städtischen Verkehrs betreffen. Insgesamt zielt der PTUS auf eine veränderte Verkehrsnachfrage, indem zum einen auf eine Modifizierung der Straßeninfrastruktur und des ÖPNV-Angebots eingegangen wird sowie zum anderen auf veränderte bzw. verkürzte Wege, die durch räumliche Nutzungsänderungen (z. B. neue Subzentren) realisiert werden sollten.

Die Programme des PTUS von SECTRA (ebd.) werden im Folgenden ausführlich dargestellt, da dieser Plan die erste von offizieller Seite veröffentlichte Planung war und in allen nachfolgenden Publikationen einzelne Programme fehlen.

- Programm 0: Institutionelle Voraussetzung
  Mit diesem Programm weist der PTUS auf eine adäquate institutionelle und administrative Verankerung hin, womit vor allem die Einrichtung einer Verkehrsplanungseinheit auf der Ebene der Metropole Santiago gemeint ist. Als kurzfristige Lösung wird eine Planungseinheit vorgeschlagen, die die Umsetzung des PTUS leiten soll, die aber in ihren Entscheidungen von der nationalen Ebene abhängig ist. Langfristig soll hingegen auf der Ebene der Metropole Santiago eine eigenständige Verkehrsverwaltung geschaffen werden.

- Programm 1: Modernisierung des ÖPNV
  Dieses Programm wurde später Transantiago genannt und beinhaltet die schon aufgeführten technischen, finanziellen und unternehmerischen Veränderungen.

- Programm 2: Investitionen in das Straßennetz und Regulierung des privaten Verkehrs
  Zu diesem Programm gehören verschiedene Maßnahmen wie die Einrichtung eines Citymautsystems, Aus- und Neubau von Straßen und Autobahnen, Ver-

---

57 „Contribuir a una mejor calidad de vida de los habitantes a nivel de la ciudad y de los barrios."
58 „Aportar a la corrección de los grandes desequilibrios en el ingreso y en las desiguales oportunidades para acceder a servicios sociales básicos en las distintas zonas de la ciudad."

ringerung von Parkplätzen im Zentrum, Bau von Parkplätzen an Metrostationen, Einrichtung eines neues Ampelkontrollsystem, Kontrolle des Verkehrsflusses, Priorisierung von Bussen auf bestimmten Korridoren sowie eine technische Verkehrsberatung der Kommunalverwaltungen. Mit diesem Programm weist der PTUS zwar auf die Autobahnplanungen des MOP hin, ohne jedoch konkrete Bezüge herzustellen.

– Programm 3: Lokalisierung von Standorten für neue Bildungseinrichtungen
Mit diesem Programm sollen Gebiete lokalisiert werden, in denen neue Schulen und Universitäten entstehen können. Damit sollen die Wege und Reisezeiten zu Bildungseinrichtungen verkürzt werden, um letztendlich den Verkehr zu reduzieren.

– Programm 4: Impulse für neue Geschäfts- und Servicezentren
Auch in diesem Programm steckt die Idee, Wege zu verkürzen, indem in den schlecht mit Einkaufsmöglichkeiten versorgten Gebieten neue Subzentren entstehen, so dass die Einkaufsmöglichkeiten im Stadtgebiet von Santiago dezentralisiert werden. Hier bezieht sich der PTUS auf eine schon lange vorhandene Diskussion über Subzentren, die z. B. im *Plan Regulador Metropolitano* (Instrument zur Flächenregulierung) genannt werden. Allerdings ist unklar, auf welche Subzentren sich der PTUS in diesem Programm bezieht.

– Programm 5. Veränderungen in der Lokalisierung von Wohnstandorten
Ebenso wie die Programme 3 und 4 zielt dieses Programm darauf, die täglichen Wege zu verkürzen, indem bei der Lokalisierung von neuen Wohngebieten die Reduktion von Verkehr beachtet wird. Auch an dieser Stelle nimmt der PTUS Bezug auf die schon vorhandenen Bebauungsgrenzen im *Plan Regulador Metropolitano*.

– Programm 6: nicht motorisierte Verkehrsmittel
Mit diesem Programm sollen die nicht motorisierten Verkehrsmittel, sei es Fahrrad oder Fußgänger, unterstützt werden, indem z. B. das Radwegenetz ausgebaut wird oder neue Fußgängerverbindungen geschaffen werden.

– Programm 7: sofortige Maßnahmen
Zu den sofortigen Maßnahmen dieses Programms, die schon Anfang 2001 umgesetzt werden sollten, gehören die Einrichtung von separaten Busstreifen auf einzelnen Korridoren sowie die Entstehung eines Netzes für die exklusive Nutzung des ÖPNV während der Wintermonate (da in dieser Zeit mit häufigen Überflutungen von Straßen aufgrund von Regenfällen zu rechnen ist).

– Programm 8: Regulierung des städtischen Güterverkehrs
Mit der Regulierung des städtischen Güterverkehrs verspricht sich die Regierung eine Reduzierung der negativen externen Effekte, die aus dem Güterverkehr resultieren. Dafür wird in diesem Programm eine dreistufige Hierarchie

des Straßennetzes vorgeschlagen, so dass der Güterverkehr nur in bestimmten Straßen zugelassen wird.

- Programm 9: Kontrolle
  Mit diesem Programm wird auf die Notwendigkeit einer Kontrollinstanz zur Einhaltung von Verkehrsnormen sowie zur Überprüfung von Lizenzen hingewiesen.

- Programm 10: Finanzierung des Plans
  An dieser Stelle wird angedeutet, dass sich viele verschiedene nationale Ministerien an der Finanzierung beteiligen müssen und ebenso private Investitionen notwendig sind.

- Programm 11: Kommunikation
  Dieses Programm beinhaltet den Hinweis, dass eine umfassende Partizipation der Bürger notwendig ist, um in einen Dialog mit den Verkehrsteilnehmern zu treten.

- Programm 12: andere Programme
  Weitere Programme wurden entwickelt, so z. B. die Programme für Umwelt und Sicherheit.

Diese 13 Programme des PTUS von SECTRA (ebd.) fokussieren nicht nur auf eine Modernisierung des ÖPNV, sondern auch auf andere Verkehrsmaßnahmen, auf Stadtentwicklungsplanung sowie auf weitere für die Umsetzung förderliche Maßnahmen. Somit kann im Prinzip von einer integrierten Verkehrsplanung in Bezug auf eine integrierte Planung von verschiedenen Verkehrsmitteln sowie von einer integrierten Planung von Verkehrs- und Stadtentwicklung gesprochen werden (vgl. Figueroa/Orellana 2007: 167). Allerdings wurde neben den sofortigen Maßnahmen des Programms 7, die zur Veröffentlichung des Plans eigentlich schon umgesetzt waren, nur das Programm 1, die Modernisierung des ÖPNV, das seit 2004 offiziell Transantiago genannt wird, ernsthaft angegangen. Die Programme 0 (institutionelle Voraussetzung) und 11 (Kommunikation), die eigentlich Schlüsselelemente für den gesamten PTUS sind, wurden bisher wenig beachtet. Das Programm 0 ist außerdem in der Publikation der Regierung (Gobierno de Chile o.J.) nicht vorhanden, was die kritische Haltung der Regierung gegenüber einer neuen Verkehrsverwaltung auf Ebene der Metropole widerspiegelt, was faktisch eine Dezentralisierung von nationalen Verantwortlichkeiten wäre. Für eine umfassende Bürgerbeteiligung, weist Cruz Lorenzen (2001) in seiner Publikation des PTUS auf Schwierigkeiten hin, da Partizipationsprozesse in Chile keinesfalls zur Normalität gehören:

„Derzeit sind weder die staatlichen Stellen noch die Bürger darauf vorbereitet, einen umfassenden Prozess des Bürgerdialogs durchzuführen, wie es ein Verkehrsentwicklungsplan für eine Stadt mit 5 Millionen Einwohnern vorsieht. Die Erfahrungen sind sehr unvollständig und beziehen sich nur auf bestimmte Bereiche"[59] (Cruz Lorenzen 2001: 119).

Abschließend müssen die Informationen aus den formellen Institutionen von Transantiago für ein umfassendes Verständnis über den Umsetzungsprozess vom PTUS mit einbezogen werden: Da die Verantwortlichkeiten zwischen MTT, MINVU, MOP und SECTRA weder klar voneinander abgegrenzt sind noch eine Zusammenarbeit zwischen den Ministerien besteht, ist der aktuelle Umsetzungsstand des PTUS wohl am ehesten diesen Zuständigkeitsdefiziten geschuldet. Dabei ist insbesondere anzumerken, dass der PTUS von einer Gruppe von Verkehrsexperten für das MTT auf einer Planungsgrundlage von SECTRA aus den 1990er Jahren erstellt wurde. Allerdings liegen die Kompetenzen nur für einige Programme des PTUS beim MTT (vor allem für die Modernisierung des ÖPNV). Für die Umsetzung des überwiegenden Teils der Programme müssten jedoch die verschiedenen Ministerien miteinander kooperieren, was jedoch kaum vorkommt. Stattdessen existieren parallel verschiedene verkehrspolitische Agenden. So besteht z. B. für die Planung von neuen Stadtautobahnen und anderen wichtigen Verbindungen in Santiago neben dem Programm 2 im PTUS auch eine eigene Planung vom MOP für konzessionierte Infrastrukturmaßnahmen (vgl. Quijada 2002: 9). Die Planungen des PTUS haben zwar einen integrierten Charakter, wurden aber bisher nicht unter den, für die Umsetzung notwendigen Akteuren abgesprochen, so dass die Umsetzung des Plans gleich zu Beginn an den erforderlichen horizontalen Kooperationen auf nationaler Ebene scheiterte. Bis heute wurde die Diskussion über den PTUS in der öffentlichen Diskussion nicht wieder aufgenommen.

16.3. Akteure

16.3.1. Akteure der internationalen Ebene

Für die Entwicklung und Umsetzung von Transantiago spielt die internationale Ebene zwar nur eine geringe Rolle, aber dennoch können zwei Akteure identifiziert werden, die für die Finanzierung von Bedeutung sind. Erstens finanziert die Weltbank seit 2003 durch verschiedene Projekte die Einrichtung eines nachhaltigen Verkehrssystems in Santiago. Die Projektinhalte beziehen sich aber nicht nur auf Transantiago, sondern auch auf die Förderung des Fahrradverkehrs sowie eine Restriktion der Pkw-Nutzung. Die Projekte wurden parallel zur Konkretisierungs-

---

59 „Actualmente, ni los organismos del Estado ni la ciudadanía están preparados para llevar adelante procesos de diálogo ciudadano a gran escala, como lo requiere un plan de transporte para una ciudad de 5 millones de habitantes. Las experiencias son muy parciales y focalizadas" (Cruz Lorenzen 2001: 119).

und Implementierungsphase von Transantiago bearbeitet, aber es ist unklar, inwieweit die Ergebnisse Transantiago letztendlich beeinflusst haben. Das Interesse der Weltbank kann als öffentlich eingestuft werden und ihr vorrangiges Ziel bezieht sich auf die Bekämpfung von Armut. Deshalb kann die Weltbank generell als Befürworter einer ÖPNV-Reform eingeordnet werden.

Als zweiter internationaler Akteur kann ein Busunternehmen, an dem das französische Unternehmen Veolia beteiligt ist, ausgemacht werden, das außerdem gleichzeitig ein Busunternehmen von Transmilenio in Bogotá ist. Dieses private Unternehmen hat ein klar wirtschaftliches Interesse an Transantiago und hat die ÖPNV-Reform sehr begrüßt, da es dadurch neue Märkte für das Unternehmen erschließen konnte.

16.3.2. Akteure der nationalen Ebene

Auf der nationalen Ebene werden in Chile die Exekutive vom Staatspräsidenten (der gleichzeitig auch die Regierung leitet) und der Regierung ausgeübt, die Legislative vom Nationalkongress (mit zwei Kammern) und die Judikative vom obersten Gericht. Auf dieser Ebene bestehen verschiedene Ministerien mit Zuständigkeiten für Stadtentwicklung und Verkehr, die alle als öffentliche Akteure einzustufen sind, jedoch mit einem unterschiedlichen Interesse an der Reform des ÖPNV-Systems.

Aus der Perspektive der ÖPNV Planung in Santiago ist auf der nationalen Ebene vor allem das Ministerium für Verkehr und Telekommunikation (*Ministerio de Transporte y Telecomuncaciónes* – MTT) zu nennen, das offiziell für Transantiago zuständig ist. Grundsätzlich ist das MTT verantwortlich für einen reibungslosen Verkehr im gesamten Land, so z. B. für die Konzessionsvergabe im ÖPNV, Fahrverbote, die Einführung von Emissionsgrenzen oder auch die Umsetzung von Straßenschilderstandards. Allerdings hat das MTT selbst keine Befugnisse über die Straßeninfrastruktur, sondern darüber verfügt nur das Ministerium für öffentliches Bauen (*Ministerio de Obras Públicas* – MOP[60]). Diese Aufteilung von Aufgaben wird von einem Mitarbeiter des MTT bemängelt: *„Das Verkehrsministerium kann nicht einmal einen Klebestreifen auf der Straße anbringen..."*[61] (Interview S7 2009: 19).

Zum MTT gehört außerdem die sog. Koordinationsstelle für Verkehr in Santiago (*Coordinación General del Transporte de Santiago* – CGTS), die vor allem für die detaillierte Ausgestaltung des neuen ÖPNV-Systems, den Ausschreibungsprozess der Betriebslizenzen sowie die Kontrolle des laufenden Verkehrs zuständig ist (Interview S12 2006: 92). Sie kann allerdings nicht als ein eigen-

---

60 Das MOP bildete in der Planungsphase von Transantiago zwischen 2000 und 2006 mit dem MTT das gemeinsame Ministerium MOPTT (*Ministrio de Obras Públicas, Transporte y Telecomunicaciónes*).
61 „El ministerio de transporte [...] no le puede poner ni siquiera un scotch a una calle."

ständiger Akteur, sondern eher als eine Art Planungsabteilung für den ÖPNV in Santiago gewertet werden, da alle Entscheidungen letztlich vom MTT abhängen. Das MTT kann als veränderungsorientiert eingestuft werden, da es mit Transantiago die umfassenden Aufgaben der ÖPNV-Planung sowie die Kontrolle des Betriebs dazu gewonnen hat und somit mehr Einfluss auf den vorher liberalisierten ÖPNV ausüben kann. Somit ist das MTT ein klarer Befürworter der ÖPNV-Reform und hat das Projekt in seiner Planungsphase angeleitet und vorangetrieben.

Eine wichtige Rolle für die Umsetzung von Transantiago spielt außerdem das Ministerium für Wohnungsbau und Stadtentwicklung (*Ministerio de Vivienda y Urbanismo* – MINVU), das aber nicht nur, wie der Namen vermuten lässt, für Wohnungsbau und Stadtentwicklung verantwortlich ist, sondern auch für die Instandhaltung und den Ausbau des städtischen Straßennetzes, das nicht in die Bereiche des MOP oder der Kommunen fällt. Dies betrifft auch den Bau von Busspuren und die Umgestaltung von Bushaltestellen. Gschwender (2007) merkt jedoch an, dass das MINVU nicht sehr daran interessiert ist, den ÖPNV durch den Ausbau von Straßeninfrastruktur zu verbessern:

> „Although the ministry sometimes includes the construction of public transport facilities in its budget, these are the first to be cancelled when the budget needs to be revised later" (Gschwender 2007: 88).

Zegras und Gakenheimer (2000: 10) weisen darauf hin, dass das MINVU zwar signifikante Verantwortlichkeiten im Bereich von Stadtplanung und Verkehrsentwicklung hat, jedoch keine eindeutigen Ziele und Maßnahmen für die zukünftige Entwicklung. Insgesamt ist das MINVU nur wenig an einer Veränderung des ÖPNV-Systems durch Transantiago interessiert ist, da es dadurch finanzielle Mittel in den Bau der ÖPNV-Infrastruktur stecken müsste, die dann für anderen Aufgaben fehlen würden.

Ein weiteres relevantes Ministerium ist das MOP, das für das öffentliche Bauen und somit für die Planung, den Bau und den Erhalt von national bedeutender Straßeninfrastruktur verantwortlich ist. Im Fall von Santiago ist das MOP deshalb für alle städtischen Autobahnen (z. B. *Américo Vespucio* und *Costanera Norte*), wichtige Zufahrtstraßen in das Zentrum von Santiago sowie weitere Straßeninfrastruktur-Programme zuständig. Außerdem ist dieses Ministerium mit einer eigenen Planungsabteilung im Bereich Verkehrsmodellierung aktiv. Das MOP ist nur in einem mittleren Maße an den Veränderungen durch Transantiago interessiert, da seine Aufgaben eigentlich in großen Infrastrukturbauten liegen, die möglichst dem gesamten Land nutzen. Dennoch trägt es die grundsätzlichen Entscheidungen für Transantiago mit.

Das MOP ist allerdings nicht die einzige Institution, die sich mit Verkehrsmodellierung beschäftigt, da auch das Sekretariat für Verkehrsplanung (*Secretaría de Planificación de Transporte* – SECTRA) in dem Bereich aktiv ist und Modellierungen und Verkehrsplanungen in ganz Chile vornimmt. Damit übernimmt es eine beratende Tätigkeit für die nationale Politikebene. Zwar kann SECTRA aufgrund einer mangelnden Entscheidungskompetenz die Planungen nicht selbst umsetzen, aber dennoch kann SECTRA als die wichtigste Verkehrsplanungseinrichtung in Chile bezeichnet werden, weshalb sie auch bei der ersten Planung von Transantiago eine bedeutende Rolle spielte. SECTRA ist aus einem Komitee zur Planung von Infrastrukturinvestitionen hervorgegangen und gehörte bis 2010 zum Ministerium für Planung und Kooperation (*Ministerio de Planificación y Coorperación* – MIDEPLAN). Solche interministeriellen Komitees sind sehr typisch für Chile und werden oftmals als Antwort auf unklare Verantwortlichkeitsbereiche gebildet (vgl. Gschwender 2007: 88). Seit der Bildung der konservativen Regierung unter Sebastián Piñera (chilenischer Großunternehmer und aktueller Staatspräsident) in 2010 gehört SECTRA allerdings zum Verkehrsministerium und war vor allem während der ersten Planungsphase von Transantiago sehr an einer Veränderung des ÖPNV interessiert. Es erhoffte sich, durch seine Kompetenzen in der Verkehrsmodellierung einen verstärkten Einfluss auf die ÖPNV-Planung ausüben zu können, weshalb auch eine Version des PTUS von SECTRA erstellt wurde.

Ebenso wie SECTRA ist auch die Nationale Umweltkommission (*Comisión Nacional del Medio Ambiente* – CONAMA) 1994 mit der Einrichtung eines Komitees entstanden, an dem auch das Verkehrsministerium teilnahm. CONAMA ist jedoch im Oktober 2010 in ein eigenständiges Umweltministerium (*Ministerio del Medio Ambiente* – MMA) übergegangen. CONAMA war in der Planungsphase von Transantiago relativ stark an einer Veränderung vom ÖPNV-System interessiert. Dieses Interesse resultierte vor allem aus seiner Aufgabe der Verbesserung der Umweltbedingungen und somit der Verringerung der ÖPNV-bedingten Luftschadstoffemissionen der Busse in Santiago.

16.3.3. Akteure der regionalen Ebene

Die Megastadt Santiago liegt in der Region Metropolitana, deren Regionalregierung (*Gobierno Regional* – GORE) allerdings nicht demokratisch legitimiert ist, da der *Intendente* (Chef der Regionalregierung) vom Staatspräsidenten ernannt wird und auch die Mitglieder des Regionalrats bisher nicht direkt gewählt werden[62]. Der *Intendente* hat dabei eine Doppelfunktion: Er vertritt zum einen die Politik der nationalen Ebene in der Region und soll zum anderen als Chef der Regionalregierung die regionalen Interessen vertreten. Allerdings kann er ohne Angabe von Gründen vom Staatspräsidenten nicht nur ernannt, sondern auch wieder entlassen werden. Die Politik des *Intendente* ist deshalb immer eine Gratwanderung zwischen den regionalen Interessen der Region Metropolitana, die er vertreten soll, und der evtl. konträren Politik der Zentralregierung, die er umsetzen muss, wenn er nicht seine Stellung gefährden möchte. Wittelsbürger und Morgen-

---

62 Obwohl seit 2009 die Zusammensetzung des Regionalrats in einer direkten Wahl entschieden werden könnte, entscheiden bisher noch die Gemeinderäte in den Provinzversammlungen über die Regionalräte (Stand April 2011).

stern (2006: o.S.) sprechen in diesem Zusammenhang von den *Intendentes* als „Marionetten" der nationalen Politik. Im Fall von Transantiago hatte der *Intendente* der Region Metropolitana nur wenige Möglichkeiten Einfluss auf die Planung zu nehmen. Er hat aber als Teil des Ministerkomitees von Transantiago die Veränderungen im ÖPNV mitgetragen.

Zu den Aufgaben von GORE gehören u.a. die Ausarbeitung eines regionalen Entwicklungsplans, die Siedlungsplanung und die Förderung von ländlichen Gebieten. Allerdings liegen die Kompetenzen für diese Aufgaben nicht bei den Regionalregierungen allein, sondern sie teilen sich diese mit den regionalen Ausführungsorganen (*Secretaría Regional Ministerial* – SEREMI), die jedoch in keiner Weise in die institutionelle Struktur der Regionalregierung eingebunden sind. Stattdessen handeln sie als Durchführungs- und Förderinstitutionen im Auftrag der nationalen Ministerien und vertreten das jeweilige Ministerium auf regionaler Ebene. Die SEREMI haben jedoch keine eigenen Entscheidungskompetenzen, weil letztendlich die Entscheidungsgewalt bei den nationalen Fachministerien liegt. Für Transantiago waren vor allem das SEREMITT (regionaler Vertreter des MTT), das SEREMI-MINVU (regionaler Vertreter des MINVU), sowie das SEREMI-MOP (regionaler Vertreter des MOP) relevant, deren Interesse an einer Veränderung des ÖPNV allerdings das Interesse des jeweiligen Ministeriums widerspiegelt.

Grundsätzlich kooperiert die Regionalregierung bei der Realisierung von Plänen und Projekten mit dem entsprechenden Fachministerium und den zugeordneten SEREMI. Diese schöpfen ihre teilweise beträchtlichen finanziellen Mittel aus den Budgets des Zentralstaats und geben dieses Geld für regionalspezifische Projekte aus. Die Einflussmöglichkeiten der Regionalregierung GORE auf die fiskalischen Vorgaben der Nationalregierung sind allerdings nur sehr begrenzt (vgl. Haldenwang 2002: 3 ff.). Somit haben auf regionaler Ebene vor allem nationale Ministerien Einfluss auf die zukünftige Entwicklung von Santiagos ÖPNV.

16.3.4. Akteure der lokalen Ebene

Auf der lokalen Ebene werden die Exekutive vom Bürgermeister und die Legislative vom Gemeinderat ausgeübt. Die Bürgermeister und die Mitglieder der Gemeinderäte der 341 Kommunen werden seit dem Inkrafttreten der Kommunalreform 1992 direkt von der Bevölkerung gewählt[63]. Die meisten Kommunalverwaltungen sind unterteilt in die Abteilungen Verkehr, kommunale Bauten, Verwaltung und Finanzen, Kommunalentwicklung sowie Stadtreinigung. Außerdem ist das kommunale Sekretariat für Planung und Koordination (*Secretaría Comunal de Planificación y Coordinación*) zusammen mit dem Bürgermeister für Standortent-

---

63 Vor der Kommunalreform wurden die Bürgermeister der größeren Städte direkt vom Staatspräsidenten ernannt, so auch die Bürgermeister viele Kommunen von Santiago (vgl. Nohlen/Nuscheler 1992: 327).

scheidungen zuständig, die dann von der Abteilung für Kommunalentwicklung und kommunale Bauten umgesetzt werden. Transantiago ist für die Bürgermeister der 34 Kommunen der Agglomeration Santiago relevant, die zu dem für Verkehrsplanungen genutzten Gebiet Groß-Santiago gehören. Wie schon in der Beschreibung des strukturell-politischen Kontextes von Santiago erwähnt, haben die Kommunen aufgrund des zentralisierten Politiksystems jedoch kaum Möglichkeiten, einen Einfluss auf die verkehrspolitischen Belange ihrer Kommunen geltend zu machen. Dementsprechend war auch ihr Einfluss auf die Entscheidungen von Transantiago sehr gering. Das Interesse der Bürgermeister kann als sehr heterogen eingestuft werden. So spielt der ÖPNV für viele Kommunen zwar eine wichtige Rolle, aber dennoch sind in manchen Kommunen Themen wie Armutsbekämpfung und Bildung dringlichere Probleme als die Reform des ÖPNV.

Als weiterer Akteur gilt das öffentliche Unternehmen Metro Santiago, dessen Präsident direkt vom Staatspräsidenten ernannt wird. Der Metrobetrieb wird zwar aus den laufenden Einnahmen finanziert, jedoch ist das Unternehmen auf finanzielle Mittel für den Bau von Infrastruktur angewiesen. Die Metro war stark am Erhalt des Status quo interessiert, da die Reform seine Eigenständigkeit verringerte und der integrierte Tarif unklare finanzielle Folgen bei gleichzeitig steigenden Fahrgastzahlen für das Unternehmen hatte.

Auf lokaler Ebene sind neben den genannten öffentlichen Akteuren auch eine Reihe privater Akteure für Transantiago relevant. Dazu zählen zum einen die vor Transantiago im Busverkehr operierenden Kleinstunternehmen und Busvereinigungen, die inoffiziell einen großen Einfluss auf die Entscheidungen geltend machen konnten, indem sie mit Streiks mehrfach den Verkehr der gesamten Stadt lahmlegten, um ihren Forderungen nach einem Aussetzen der Reform Nachdruck zu verleihen. Sie befürchteten mit Transantiago ihre Arbeitsgrundlage zu verlieren und waren dementsprechend sehr am Erhalt des Status quo interessiert. Dennoch kooperierte ein Großteil von ihnen letztendlich miteinander, um neue Busunternehmen (teilweise gemeinsam mit internationalen Busunternehmen) für Transantiago zu gründen. Diese neuen privaten Busunternehmen sind, nachdem Transantiago einen effizienten Markt für sie darstellt, kaum an einer Re-Definition von Transantiago interessiert.

Zur Akteursgruppe der Zivilgesellschaft der lokalen Ebene gehört die NGO „Ciudad Viva" (lebendige Stadt), die sich als Reaktion auf die Planung einer innerstädtischen Autobahn gegründet hat und sich heute für einen nachhaltigen Verkehr in Santiago einsetzt. Dementsprechend war sie grundsätzlich sehr an einer Veränderung des ÖPNV-Systems interessiert und hoffte auf eine Beteiligungsmöglichkeit während der Planungsphase.

Des Weiteren gehören zur zivilgesellschaftlichen Akteursgruppe auch die Nutzer des ÖPNV in Santiago. Sie sind zwar nicht in einem Fahrgastverband o.Ä. organisiert, aber dennoch sind sie im Prinzip der wichtigste Akteur, da der ÖPNV umgestaltet werden soll, um für die Nutzer attraktiver zu werden. Sie haben ein privat-individuelles Interesse an Transantiago und waren an einer Veränderung des alten ÖPNV-Systems relativ stark interessiert, da es ihnen viele Probleme bereitete.

16.3.5. Zusammenfassende Betrachtung der Akteure

Zusammenfassend wird deutlich, dass die Planung von Verkehr und insbesondere des ÖPNV in Santiago auf nationaler Ebene stattfindet. Alle aufgeführten nationalen Ministerien und deren regionale Ausführungsorgane (MTT, MINVU, MOP, MMA und die dazugehörigen SEREMI), Staatsunternehmen (Metro) sowie auch die interministeriellen Komitees (SECTRA, Transantiago) sind dem chilenischen Staatspräsidenten unterstellt. Nur die oftmals finanziell sehr schlecht ausgestatteten Kommunalverwaltungen haben auf kommunaler Ebene einige wenige Möglichkeiten zur Verkehrsplanung. Letztendlich hängt aber alles von einem verschachtelten Netzwerk zentraler Verwaltungen ab, die alle dem chilenischen Staatspräsidenten unterstellt sind (vgl. Valenzuela 1999:112). Außerdem sind oftmals die Verantwortlichkeiten unklar geregelt, so dass ein Professor im Interview anmerkt:

> „Hier gibt es eine Reihe von Zuständigkeiten, die verteilt und umverteilt werden, so dass nicht klar ist, wer eigentlich was macht"[64] (Interview S3 2009: 66).

Diese Überschneidung von Verantwortlichkeiten bei gleichzeitig großer gegenseitiger Abhängigkeit für die Umsetzung von Planungen wird insbesondere bei den Aufgabenbereichen der Ministerien deutlich. So ist die Aufteilung von Verantwortlichkeiten zwischen dem MTT, dem MOP, dem MINVU sowie SECTRA für die Stadt- und Verkehrsentwicklungsplanung insgesamt problematisch. Für eine integrierte Planung wäre eine umfassende Kooperation und Absprache notwendig, die jedoch in Santiago kaum zustande kommt. Für die Umsetzung von Transantiago wurde dennoch durch die Einrichtung eines Minister-Komitees versucht, eine Kooperation der verschiedenen Ministerien auf nationaler Ebene zu institutionalisieren. Diese und andere Kooperationen sowie das Interesse der Akteure verschiedener politisch-administrativer Ebenen an Veränderungen des ÖPNV-Systems durch Transantiago werden in Abbildung 7 aufgezeigt.

Die Abbildung zeigt, dass die traditionellen Kleinstunternehmen, die Unternehmensvereinigungen sowie die Metro sehr am Erhalt des Status quo interessiert sind, während die Weltbank, die internationalen Busunternehmen, der Staatspräsident, das MTT mit seinem regionalen SEREMITT, SECTRA sowie die NGO Ciudad Viva sehr an einer Veränderung des ÖPNV-Systems interessiert sind. Neue Akteure treten im Fall von Transantiago nur auf der internationalen und lokalen Ebene auf.

Die vorherige Kooperation zwischen den traditionellen Kleinstunternehmen, den Unternehmensvereinigungen sowie dem SEREMITT wurde mit der Entstehung von Transantiago aufgelöst. Stattdessen kooperieren die traditionellen Kleinstunternehmen und Unternehmensvereinigungen gemeinsam mit internationalen Busunternehmen in den neuen Busunternehmen. Aus finanziellen Gründen

---

64 „Aquí hay una serie de atribuciones que están distribuidas y redistribuidas, de manera que no es tan claro quien hace que."

112 Teil E: Fallstudie Santiago de Chile

gehen der Staatspräsident sowie das Verkehrsministerium eine Kooperation mit der Weltbank ein. Und verschiedene Minister nationaler Ministerien gehen zusammen mit dem Intendente der Region Metropolitana in dem Minister-Komitee eine Kooperation für die Umsetzung von Transantiago ein.

Abb. 7: Interesse und Kooperationen der Akteure in Santiago

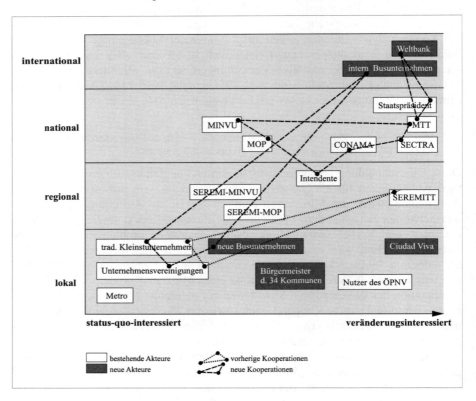

Quelle: eigene Abbildung

16.4. Policy-Making-Prozess

16.4.1. Wahrnehmung und Agenda-Setting der ÖPNV-Probleme vor Transantiago

Die Probleme des alten Bussystems wurden in verschiedenen wissenschaftlichen und anderen Publikationen diskutiert: So wurden zum einen in verschiedenen Studien, die von privaten Verkehrsberatungsunternehmen im Auftrage der Regierung erstellt wurden, z. B. auf Mobilitätseinschränkungen und hohe Unfallzahlen der Busse eingegangen (vgl. Fernández & De Cea 2003a: 204). Zum anderen weisen auch Texte von Politikern des Verkehrssektors (z. B. Cruz Lorenzen 2001) und wissenschaftliche Texte (vgl. Figueroa 1996, Figueroa 2005) auf verschiedenste Probleme hin. Insgesamt können die Kritikpunkte auf die Bereiche des Liniennetzes und der Betriebsstruktur sowie der Auswirkungen auf die Umwelt und die geringe Attraktivität für Autofahrer zusammengefasst werden.

Das Liniennetz des vorherigen Bussystems war häufiger Kritik ausgesetzt, da es aus einzelnen, nicht aufeinander abgestimmten Linien bestand. Diese durchqueren zu 80 % das Zentrum auf sechs großen, durch die Stadt verlaufenden Hauptstraßen und verursachten dort Verkehrsstaus mit Bussen. Obwohl die Busse nur im Berufsverkehr ausgelastet waren, wurden sie üblicherweise dennoch den gesamten Tag eingesetzt (vgl. Fernández & De Cea 2003: 123). Die große Anzahl von Bussen stellte sich deshalb als ein erhebliches Mobilitätsproblem dar und schränkte die Reisegeschwindigkeit insbesondere im Zentrum stark ein, so dass diese teilweise bei nur bei 7 km/h lag (vgl. Díaz/Gómez-Lobo/Velasco 2002: 5). Das Liniennetz wurde jedoch nicht nur kritisiert, sondern auch positiv erwähnt. So merken Díaz, Gómez-Lobo und Velasco (2006: 427) an, dass die räumliche Netzabdeckung der ca. 300 Buslinien sehr hoch war, so dass 98 % der Einwohner Santiagos in fußläufiger Entfernung zu einer Buslinie wohnten und durchschnittlich vier Minuten auf einen Bus warteten. Ein Umsteigen war außerdem nur in 18 % der Fälle notwendig, da die Buslinien die Randgebiete Santiagos miteinander verbanden und dabei das Stadtzentrum durchquerten. Da die Busse hauptsächlich von unteren Einkommensschichten genutzt wurden, war dieser Aspekt zentral in der Wahl der Buslinie, weil bei jedem Umsteigen ein weiterer Fahrschein bezahlt werden musste.

Als äußert negativ wurde die hohe Zahl von Unfällen mit Bussen eingestuft, die im Jahr 2003 bei über 7200 Unfällen mit 103 Todesopfern lag (vgl. Transantiago 2004: 9). Als eine Erklärung dieser Situation gilt die aggressive Fahrweise der Busfahrer verbunden mit dem schlechten Zustand der Busse. Das rücksichtslose Verhalten der Busfahrer gegenüber anderen Busfahrern und den Fahrgästen war ein Effekt der Unternehmensstruktur und des Entlohnungssystems. Die Busfahrer in Santiago haben als Kleinstunternehmen entweder für sich selbst gewirtschaftet oder haben – bei einer Anstellung in einem kleinen Unternehmen – keinen festen Lohn erhalten, sondern wurden an den Einnahmen des Fahrscheinverkaufs prozentual beteiligt. Diese Situation führte zwischen den Busfahrern auf der Straße zu einem Wettbewerb um die Fahrgäste (Sanhueza/Castro 1999), was auch als „Krieg um das Ticket" (*guerra del boleto*) bezeichnet wurde, der in lateinamerikanischen Städten charakteristisch für den ÖPNV ist. Die typischen Verhaltensweisen dabei waren Wettrennen zwischen den Busfahrern mit gefährlichen Überholmanövern und plötzlichem Abbremsen, um Fahrgäste einsteigen zu lassen[65] sowie das sog. *headrunning* – dabei verringerte der vorausfahrende Busfahrer seine Geschwindigkeit, um die Anzahl der wartenden Fahrgäste zu erhöhen und hielt den kleinstmöglichen Abstand zum nachfolgenden Bus, um ihm die Fahrgäs-

---

65 In Santiago gab es keine feste Bushaltestellen, sondern per Handzeichen oder auf Zuruf konnte überall ein- und ausgestiegen werden.

te wegzunehmen. Durch dieses Verhalten wurden die Strecken sehr unregelmäßig bedient, so dass lange keine Busse kamen und dann stoßweise viele (vgl. Díaz/Gómez-Lobo/Velasco 2006: 447).

Auch die Struktur des ÖPNV-Betriebs mit mehreren tausend Kleinstunternehmen, die sich in 132 kleinen Vereinigungen zusammentaten, um an den Ausschreibungsprozessen teilnehmen zu können, wurde oftmals kritisiert. Dabei stand vor allem der große Einfluss der Busunternehmen bei allen Entscheidungen im ÖPNV-Sektor im Blickpunkt, da diese durch Streiks das gesamte gesellschaftliche und wirtschaftliche Leben in Santiago stilllegen konnten (insbesondere wenn Busse Hauptstraßen blockierten), weil ein großer Teil der Bevölkerung kein Pkw besaß und die Busse somit das primäre Verkehrsmittel waren. Aufgrund dieser Situation sowie der intransparenten internen Strukturen der Busvereinigungen wurde die Betriebsstruktur häufig als Kartell bezeichnet (vgl. Paredes 1992: 263, Díaz/Gómez-Lobo/Velasco 2006: 454).

Das Bussystem hatte zudem gravierende Auswirkungen für die Umwelt. So verursachten die Busse eine starke Luftverschmutzung in Santiago (21 % der Emissionen resultieren aus dem Busverkehr), da sie zum Teil sehr alt waren und viele Schadstoffe ausstießen (Reyes 2003: 42). Ebenso ging von diesen Bussen eine große Lärmbelästigung aus, die die Aufenthaltsqualität im öffentlichen Raum verringerte.

Das größte Problem des Bussystems wurde jedoch weniger vom Angebot selbst ausgelöst, als von der insgesamt nachlassenden ÖPNV-Nachfrage und der gleichzeitig zunehmenden Motorisierung der Bewohner, die sich aufgrund von steigenden Einkommen vermehrt private Pkw leisten können. Dadurch verdoppelte sich von 1991–2001 die Anzahl der angemeldeten Pkw in Santiago von 421.400 auf 826.000 Pkw, die Motorisierungsrate stieg von 93 auf 147 Pkw pro 1000 Einwohner und die motorisierten Fahrten nahmen insgesamt in zehn Jahren von 1991 bis 2001 um etwa 60 % zu (SECTRA 2001: 68 ff.). Diese Entwicklung hatte zur Folge, dass der Anteil des motorisierten Individualverkehrs an allen zurückgelegten Wegen von 15 % im Jahr 1991 auf 27 % im Jahr 2001 gestiegen und gleichzeitig der Anteil des ÖPNV (Bus und Metro) von 53 % auf 35 % geschrumpft ist (siehe Abbildung 8).

Abb. 8: Vergleich des Modal Split[66] der Jahre 1991 und 2001

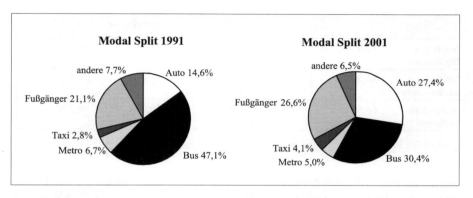

Quelle: SECTRA 2001: 71

Zum Verständnis der Bedeutung des ÖPNV in Santiago ist hervorzuheben, dass die Verkehrsmittelwahl je nach Einkommensniveau in Santiago bis heute sehr unterschiedlich ausfällt (siehe Tabelle 4). So nutzen Einwohner mit niedrigem Einkommen mehr öffentliche Verkehrsmittel und gehen häufiger zu Fuß als Einwohner mit hohem Einkommen[67]. Zudem lag 2001 die durchschnittliche Reisezeit im ÖPNV bei 45 min. und war damit annähernd doppelt so lang wie die Reisezeit von 24 min. im privaten PKW. Einwohner mit einem geringen Einkommen mussten also mehr Zeit in ihre Mobilität investieren als Einwohner mit einem hohen Einkommen. Überdies waren die Fahrzeuge pro Haushalt sehr ungleich verteilt: In La Pintana, einem der ärmsten Viertel Santiagos, besaß 2001 ein Haushalt durchschnittlich 0,2 Fahrzeuge während der Wert in Vitacura, eine der reichsten Kommunen Santiagos, bei 1,6 liegt (ebd.: 9). Die Mobilitätschancen waren demzufolge zwischen Arm und Reich sehr ungleichmäßig verteilt.[68]

---

66 Der Modal Split bezeichnet den Anteil der Nutzung der einzelnen Verkehrsmittel am Gesamtverkehr.
67 SECTRA (2002: 9) unterteilt das Einkommensniveau folgendermaßen: niedrig: bis 460.000 $ (Abkürzung für chilenischen Peso, ca. 720 €), mittel: 460.000 $– 1.600.000 $ (2.500€), hoch: über 1.600.000 $
68 Eine Untersuchung über den Einfluss von weiteren soziodemographischen Merkmalen auf die Verkehrsmittelwahl wäre durchaus interessant gewesen, um genauere Daten über die ÖPNV-Nutzerstruktur vor Transantiago zu erhalten. Eine solche Studie ist jedoch nicht bekannt.

Tab. 4: Modal Split 2001 nach Einkommensniveaus

	Auto	Bus	Metro	Fußgänger	andere
Niedriges Einkommen	12,8 %	29,2 %	2,9 %	45,3 %	9,9 %
Mittleres Einkommen	36,2 %	23,4 %	6,3 %	25,6 %	8,5 %
Hohes Einkommen	68,6 %	7,5 %	5,7 %	10,0 %	8,2 %

Quelle: SECTRA 2002: 9

Insgesamt ließen die beschriebenen Probleme des ÖPNV-Systems vor der Umsetzung von Transantiago sowie der stark zurückgehende Anteil des ÖPNV am gesamten Verkehrsaufkommen die Schlussfolgerung zu, dass der ÖPNV in einer Krise steckte (vgl. Figueroa 2005: 42). Die Bewältigung dieser Krise und damit auch die Lösung der Probleme im ÖPNV rückten in den Fokus der Verkehrspolitik, weil das alte Bussystem als ein Symbol für ein unmodernes und unterentwickeltes Land stand, das nicht mehr in ein modernes Chile passte. Dementsprechend entstand die Vision eines „*geordneten Verkehrs*" (Cruz Lorenzen 2001: 46) bei dem der ÖPNV eine entscheidende Rolle spielen sollte. Diese Vision sollte schon 1995 mit einem Verkehrsentwicklungsplan umgesetzt werden. Jedoch ist dieser Plan an der schwierigen institutionellen Koordination, den undefinierten Verantwortlichkeiten und Aufgabenbereichen, einer fehlenden Verfolgung von Zielen sowie einer unzureichenden Kontrolle von angenommenen Verbindlichkeiten gescheitert (vgl. Figueroa/Orellana 2007: 167).

Der erneute Versuch einer Reform des ÖPNV-Systems von Santiago de Chile wurde in den ersten Monaten der Regierungszeit vom damaligen Präsidenten Ricardo Lagos Anfang 2000 angekündigt und damit offiziell auf die politische Agenda gesetzt. Schon in Lagos' Regierungsprogramm erhielt die Modernisierung des ÖPNV in Santiago eine große Priorität und er kündigte an: „*Wir verbessern Sicherheit, Fahrzeiten und Qualität des Transports*"[69]: (Lagos 2000b: 17). Ebenso äußerte er kurz darauf: „*Für Santiago werden die Projekte Priorität haben, die zu einer Dekontaminierung und Verkehrsentlastung beitragen*"[70] (Lagos 2000a).

---

69 „Mejoraremos la seguridad, tiempos de viaje y calidad del transporte."
70 „Para Santiago tendrán prioridad aquellos proyectos que contribuyan a descontaminar y descongestionar."

16.4.2. Formulierung des Projekts Transantiago im PTUS

Nachdem von oberster Stelle des chilenischen Regierungssystems die grundsätzliche Entscheidung zu einer Veränderung des ÖPNV-Systems in Santiago getroffen wurde, entschied der damalige Verkehrsminister Carlos Cruz Lorenzen, dass eine Gruppe von externen Beratern ein Konzept erarbeiten sollte. Dafür kam unter der Führung von Germán Correa (Verkehrsminister von 1990 bis 1992) eine Gruppe von Beratern zusammen, die aus renommierten Verkehrsexperten mit Verbindung zur Politik bestand, die aber auch für internationale Organisationen wie die Weltbank gearbeitet hatten. Mit ihrem spezifischen Wissen sowie ihren internationalen Erfahrungen und Kontakten wurde in dem vorgeschlagenen Konzept auf ein BRT-System zurückgegriffen, das schon in den 1970er Jahren in Curitiba (Brasilien) umgesetzt und seit einigen Jahren in vielen lateinamerikanischen Großstädten diskutiert oder geplant wurde, darunter auch der Bau der ersten Strecke des Transmilenio in Bogotá. In späteren Publikationen und Aussagen von Experten wird für die Konzeptionsphase von Transantiago immer wieder auf die Vorbildfunktion und die Inspiration von Transmilenio hingewiesen (vgl. Muñoz/ Gschwender 2008: 46, Interview S4 2006: 29, Interview S12 2006: 94, Interview S20 2006: 36), so dass von einem Policy-Transfer gesprochen werden kann. Ein erster Entwurf des Transantiago-Konzepts wird nach nur dreimonatiger Bearbeitungszeit ab August 2000 im Verkehrsministerium intern intensiv diskutiert und anschließend im November 2000 als Teil des Verkehrsentwicklungsplans PTUS (*Plan de Transporte Urbano Santiago*) von SECTRA veröffentlicht (vgl. Correa 2002). Von der Entscheidung über eine ÖPNV-Reform bis zum konkreten Plan vergingen also nur etwa acht Monate, in denen über die weitreichenden Entscheidungen in einer kleinen Gruppe von Entscheidungsträgern der nationalen Regierungsebene diskutiert wurde. Alternativen zu Transantiago wurden im PTUS in keiner Weise diskutiert. Es ist zu vermuten, dass der sehr kurze Bearbeitungszeitraum des PTUS der gerade begonnenen Legislaturperiode des damaligen Präsidenten Lagos geschuldet ist, der möglichst schnell eine sichtbare Veränderung herbeiführen wollte, um den Gegnern, der damals stark umstrittenen Stadtautobahn *Costanera Norte,* etwas entgegen zu setzen.

Offizielles Ziel des PTUS ist es, die Lebensqualität zu verbessern sowie den Anteil des öffentlichen Verkehrs an allen Fahrten mindestens zu erhalten (vgl. Cruz Lorenzen 2001: 95). Als weitere Ziele werden im PTUS

„ein verbesserter Service zu einem geringeren Preis, eine Reduzierung der Umweltschäden, die Ordnung des städtischen Raumes, verkürzte Reisezeiten und eine verbesserte Sicherheit der Personen"[71] (Cruz Lorenzen 2001: 50) angegeben.

---

71 „Mejores servicios y a menor costo, reducción de impactos ambientales, ordenamiento urbano, liberación de tiempo y seguridad de las personas..."

Diese große Bandbreite und das zusätzliche Ziel eines sich finanziell selbsttragenden Betriebs des ÖPNV (Gobierno de Chile o.J.: 5) lassen das Ausmaß des Plans für die gesamte Stadt deutlich werden.

16.4.3. Implementierung der Reform

Die Konkretisierung von Transantiago wird ebenso als Teil der Implementierungsphase verstanden wie die Definition und Umsetzung von verschiedenen Implementierungsstufen. Dementsprechend ist dieses Kapitel unterteilt in a) die Konkretisierung von Transantiago und b) die Implementierungsstufen der Reform.

a) Konkretisierung von Transantiago

Zur Konkretisierung von Transantiago gehören alle Entscheidungen, die zwischen der Veröffentlichung des PTUS im Jahr 2000 (Planformulierung) und dem offiziellen Start von Transantiago im Februar 2007 getroffen wurden. In dieser Phase wurden die Planungen der ÖPNV-Reform definiert, d. h. die öffentlichen Akteure der Verkehrsplanung in Santiago haben die technischen, unternehmerischen und finanziellen Veränderungen der Reform ausgearbeitet.

Transantiago, also das Programm 1 des PTUS, fällt in die Zuständigkeit des MTT, da es eine Reform des ÖPNV darstellt. Es ist rechtlich gesehen ein Programm des MTT, weshalb ein **Transantiago-Direktorium** und keine eigene Abteilung innerhalb des Ministeriums eingerichtet wurde. Dieses Direktorium wurde auf Grundlage des Dekrets 24 (2002) und einer präsidialen Anweisung vom 07.04.2003 installiert, um letztendlich den Staatspräsidenten bei seinen Entscheidungen bezüglich des PTUS zu beraten. Es besteht aus einem interministeriellen Komitee und der ausführenden Arbeitsgruppe CGTS, der sog. allgemeinen Koordinationsstelle für Verkehr in Santiago, die administrativ und finanziell zum MTT gehört. Der legale Status vom CGTS wird zwar als sehr unklar eingeschätzt (vgl. OECD 2009: 212), aber die Einrichtung eines Programms mit der damit verbundenen ausführenden Arbeitsgruppe CGTS (die an der konkreten Planung und Umsetzung der ÖPNV-Reform in Santiago arbeiten sollte), war die einzige Möglichkeit, im zentralisierten chilenischen System ein städtisches Verkehrsprojekt umsetzen zu können, ohne ähnliche Arbeitsgruppen in anderen Städten zusammenkommen zu lassen. Dennoch ist die Koordinationsstelle CGTS sehr schwach institutionalisiert und kann deshalb kaum allein entscheiden, was auch innerhalb der CGTS kritisiert wird:

„Wir sind [...] ein politisches Programm innerhalb des Verkehrsministeriums und damit sind unsere Entscheidungsbefugnisse letztlich bescheiden. Wir sind nicht autonom"[72] (Interview S15 2009: 14).

Ein weiterer Bestandteil des Transantiago-Direktoriums ist ein interministerielles Komitee mit den folgenden Mitgliedern:
− Minister für Verkehr und Telekommunikation (MTT)
− Minister für Wohnungsbau und Stadtentwicklung (MINVU)
− Minister für öffentliches Bauen (MOP)
− Minister für Finanzen
− Staatssekretär der Unterabteilung Verkehr des MTT
− Koordinator der Infrastrukturkonzessionen vom MOP
− Exekutivsekretär von SECTRA
− Intendente der Region Metropolitana
− leitender Direktor von CONAMA
− Präsident der Metro[73]

Der Minister für Verkehr und Telekommunikation ist Präsident des Komitees und der Minister für Wohnungsbau und Stadtentwicklung der Vizepräsident. Allerdings besteht innerhalb des Komitees eine weitere Hierarchie aufgrund der Einbindung unterschiedlicher politischer Ebenen und Positionen. So bilden die Minister vom MTT, MINVU, MOP und Finanzministerium ein erstes Niveau und die anderen Mitglieder ein zweites Niveau, da sie administrativ zu einem Ministerium gehören, und dadurch den Entscheidungen des jeweiligen Ministeriums unterliegen. Das interministerielle Komitee traf sich zu Beginn relativ häufig (12 Treffen in 2003 und 16 Treffen in 2004), je näher jedoch die Implementierung rückte, desto unregelmäßiger wurden die Treffen (6 Treffen in 2005 und 3 Treffen in 2006) (Cámara de Diputados de Chile 2007: 83 ff.). Was genau bei diesen Treffen entschieden oder nicht entschieden wurde, ist nicht bekannt, da keine Protokolle dieser Sitzungen vorhanden sind. Deshalb wird oftmals davon gesprochen, dass Transantiago hinter verschlossenen Türen entschieden wurde (vgl. Briones 2009: 72, Interview S2 2009: 34, Interview S21 2009: 17). Man kann aber davon ausge-

---

72 „Somos [...] un programa dentro de la subsecretaria de transporte y eso al final te quita fuerza para cuando nosotros tenemos que tomar decisiones. No somos autónomos."
73 Das öffentliche Metrounternehmen war jedoch nur zu Beginn Teil des Komitees, bis es zu einem Streit über die Finanzierung kam. Problematisch war dabei, dass die Metro in diesem Komitee über die grundsätzlichen Richtungen des ÖPNV mitbestimmt hat, obwohl sie nur ein Unternehmen neben vielen anderen Busunternehmen im ÖPNV in Santiago ist und die Busunternehmen in keiner Weise in dem Komitee vertreten sind. Es stellte sich zu diesem Zeitpunkt heraus, dass die Metro prinzipiell gegen das Projekt Transantiago ist, weil sie mit dem integrierten System an Autonomie verlieren würde und außerdem Transantiago nicht braucht, um mit ihrem derzeitigen Angebot wirtschaftlich gut abzuschneiden (vgl. Interview S8 2006: 71 ff.). Die Haltung der Metro in dieser Position hat das Projekt Transantiago sehr ins Wanken gebracht und diese Krise wurde erst mit dem Ausschluss der Metro aus dem Komitee im Juni 2004 beendet (vgl. El Mercurio 19.06.2004).

hen, dass das Komitee anfänglich vor allem strategische Entscheidungen traf, die im weiteren Projektverlauf entweder nicht mehr notwendig waren oder an anderer Stelle entschieden wurden. Das Komitee kann als horizontale und intersektorale Kooperation bezeichnet werden, bei der allerdings letztlich allein das MTT für die Reform des ÖPNV verantwortlich ist. Dementsprechend hatten die Mitglieder des Komitees viele verschiedene Interessen an Transantiago:

> „Jedes Mitglied des Direktoriums hatte seine eigene institutionelle Agenda. Im Mittelpunkt der Arbeit jedes Einzelnen stand dabei nicht der Verkehr, sondern Themen wie die Umwelt, die Sicherheitsmaßnahmen bei Fußballspielen in Santiago, und so weiter. Es gab auch persönliche Agenden"[74] (Correa in Cámara de Diputados de Chile 2007: 214).

Interministerielle Komitees wie im Fall von Transantiago gehören in Chile zur Tagesordnung. Sie werden vielfach einberufen, um kritische Fragen und Probleme zu diskutieren, die mehr als ein Ministerium allein betreffen. Ein Interviewpartner meint sogar, dass „...*Komitees entstehen, wenn der Staat keine unmittelbaren Antworten hat*"[75] (Interview S2 2009: 56).

Allerdings sollen die Komitees normalerweise nur bestimmte Probleme reflektieren und über eine weitere Entwicklung nachdenken, aber im Fall von Transantiago hat das Komitee wichtige Entscheidungen getroffen, jedoch ohne die administrative Struktur und eindeutige Verantwortlichkeitsbereiche zu definieren (vgl. Briones 2009: 75).

Ein weiterer Bestandteil des Direktoriums ist die ausführende Koordinationsstelle CGTS, die vom Transantiago-Koordinator angeführt wird. Er ist ein nicht stimmberechtigter Teilnehmer des interministeriellen Komitees und wird vom Staatspräsidenten für die Aufgabe ernannt. Der erste Koordinator war von 2002 bis 2003 Germán Correa, ehemaliger Verkehrsminister und Hauptautor des PTUS, der sich selbst als „Vater von Transantiago" bezeichnet (El Mercurio 01.04.2007). Daraufhin folgten bis zur Implementierung in 2007 fünf weitere Koordinatoren, die alle mit ihren eigenen Teams antraten. Briones kritisiert diesen Austausch von Personal: „*Es ist schwer zu verstehen, wie ein Projekt von der Größe von Transantiago unter diesen Bedingungen sein Ziel richtig erreichen konnte*"[76] (Briones 2009: 78).

Die Aufgaben des gesamten Direktoriums bestehen darin, die Leitlinien für eine Umsetzung von Transantiago und konkrete Maßnahmen auszuarbeiten, damit der Staatspräsident über die Implementierung entscheiden und die Maßnahmen koordinieren kann. Dabei dient die CGTS als ein Planungsbüro, das die konkreten Maßnahmen von Transantiago im Detail ausarbeitet und die weitere Planung koordiniert. Zu Beginn 2002 war die CGTS allerdings personell mit ca. 25 Personen

---

74 „Cada miembro del directorio tenía una agenda propia institucional. El tema central de cada uno no era el transporte, sino el medio ambiente, las medidas de seguridad para los partidos de fútbol en Santiago, entre otros. También había agendas personales."
75 „...los comités nacen, cuando el estado no tiene respuestas inmediatas."
76 „Es difícil entender cómo un proyecto de la envergadura de TS podría haber llegado a puerto correctamente en esas condiciones."

(Interview S8 2006: 75) sehr schlecht ausgestattet und auch kurz vor der Implementierung 2006 arbeiteten dort nur ca. 50 Personen (Interview S1 2006: 12). Erst nach der Umsetzung und mit den aufkommenden Problemen wurde das Team vergrößert, so dass es 2009 aus 120 Mitarbeitern bestand (Interview S14 2009: 8). Der Transantiago-Koordinator leitet nicht nur dieses Planungsteam, sondern ist auch nach Artikel 7 im Dekret 24 von 2002 gleichzeitig Präsident einer interinstitutionellen Arbeitsgruppe, in der alle übrigen involvierten öffentlichen Akteure zusammenkommen, womit die zur regionalen Ebene gehörenden SEREMI der Ministerien, andere regional agierende Abteilungen von Ministerien, der Intendente der Region Metropolitana sowie das öffentliche Eisenbahnunternehmen und die Metro gemeint sind. Mit dieser Kooperation sollten Absprachen zwischen den einzelnen Institutionen ermöglicht werden. Hinderlich war dabei jedoch die große Abhängigkeit der regionalen SEREMI von den nationalen Ministerien, da diese selbst keine strategischen Entscheidungen treffen können. Eine Absprache und Aufgabenverteilung war kaum möglich, weshalb die Treffen dieser Arbeitsgruppe nur selten stattfanden (Interview S8 2006). Neben dieser formellen Zusammenarbeit kamen jedoch je nach Thematik auch informell einzelne Arbeitsgruppen zusammen. So gab es in der intensiven Planungsphase multisektorale technische Arbeitsgruppen zwischen einzelnen Abteilungen der CGTS und verschiedenen Ministerien: Einzelne Personen des MINVU haben sich zusammen mit der entsprechenden Abteilung der CGTS mit dem Bau der speziellen Infrastruktur beschäftigt. SECTRA plante zusammen mit dem CGTS die Streckenführung und die Geschäftsbereiche für die neuen Unternehmen. Und die CONAMA hat zusammen mit der Umweltabteilung des CGTS Emissionsstandards für die neuen Busse erarbeitet. Auffällig bei diesen Arbeitsgruppen ist allerdings die starke horizontale Kooperation auf nationaler Ebene, bei der keine anderen administrativen Ebenen einbezogen wurden, was sehr gut das zentralisierte politische System von Chile widerspiegelt. Deshalb ist letztendlich der Staatspräsident und nicht das interministerielle Komitee für die Entscheidungen über Transantiago verantwortlich:

> „Im Fall von Transantiago, wurde die Entscheidung über die Implementierung letzten Endes nicht vom Komitee der Minister, sondern von der Präsidentin [Anm. d. V.: zur Zeit der Implementierung war Michelle Bachelet die Präsidentin Chiles] getroffen"[77] (Interview S7 2009: 142).

Das Komitee hatte jedoch die Aufgabe, wichtige intersektorale Entscheidungen zu treffen, die dann dem Präsidenten zur weiteren Entscheidung vorgelegt wurden.

Die **Entscheidungen über technische Veränderungen** wie die Umgestaltung des ÖPNV-Netzes, der Bau neuer Infrastruktur sowie die Verringerung der Busanzahl bei gleichzeitigem Einsatz von neuen Bussen wurde von SECTRA, CGTS sowie den privaten Verkehrsberatungsunternehmen *Fernández & De Cea* (F&C) sowie *CIS Asociados Consultores* (CIS) getätigt. In 2003 wurden von F&C

---

77 „En el caso de Transantiago, no fue el comité del ministro, fue la presidenta la que finalmente tomó la decisión de implementarlo."

sowie CIS insgesamt 11 verschiedene Szenarien entwickelt, wobei die ersten acht von SECTRA und die letzten drei Szenarien vom CGTS in Auftrag gegeben wurden. Somit fand anscheinend 2003 ein Wechsel der Verantwortlichkeiten für die externe Auftragsvergabe von SECTRA an CGTS statt. Das neue Streckennetz und die Frequenzen von Transantiago wurden daraufhin mit einer speziellen Modellierungssoftware zum Design des ÖPNV-Netzes (*Modelo de Diseño de Redes de Transporte Público* – DIRTP) definiert, die F&C gemeinsam mit CIS für SECTRA 2001 entwickelte[78]. Mit Hilfe dieses Modells wurde das gesamte System (z. B. das Streckennetz der Haupt- und Zubringerstrecken, die Frequenzen, die Anzahl der Busse sowie die Lage von Haltestellen) modelliert (vgl. Briones 2009: 50 f.).

Grundsätzlich haben die Verkehrsexperten in Chile, sei es SECTRA, die privaten Beratungsunternehmen oder Universitäten viel Erfahrung und Know-how in der Verkehrsmodellierung. Allerdings wurde das Verkehrsmodell DIRTP zum ersten Mal für die Modellierung des ÖPNV-Systems benutzt. Dabei sei vor allem die Annahme einer feststehenden ÖPNV-Nachfrage problematisch gewesen, was besonders in den Gebieten der Alimentadoras zu Schwierigkeiten geführt hätte, da dort die Nachfrage unbeständiger als auf den Troncales sei meint Briones (ebd.: 51). Generell ist die technokratische Herangehensweise zu kritisieren, bei der „*ein übermäßiges Vertrauen in das Modell*"[79] (ebd.) bestand. Deshalb waren in dem Prozess von Modellierung und Szenarienerstellung keine weiteren Akteure und ebenso keine alternativen Vorschläge oder Gutachten involviert.

Die Modellierung des neuen Systems brachte vor allem in den peripheren Gebieten Santiagos ein weniger dichtes ÖPNV-Netz hervor als das alte System. Dementsprechend wurde das vorherige Angebot mit 370 Buslinien und insgesamt 12.000 km auf 193 Buslinien (110 Linien der Troncales und 83 Linien der Alimentadoras) mit nur noch 5.343 km verkleinert. Für die Entscheidung über die notwendige Anzahl von Bussen haben F&C im Auftrag von SECTRA (bzw. später CGTS) eine Reihe von Szenarien erstellt. Diese unterscheiden sich je nach Einsatz von Infrastruktur (insbesondere separate Busstreifen), der Anzahl von benötigten Bussen, Warte- und Reisezeit sowie der Umsteigerate (siehe Tabelle 5).

---

[78] Details zum Modell sind zu finden in SECTRA (2003): Análisis Modernización de Transporte Público, V Etapa
[79] „...excesiva confianza en el modelo."

Tab. 5: Szenarien von F&C zur Ermittlung der benötigten Busflottengröße

Szenario	Anzahl von Bussen	Wartezeit (Ø min.)	Umsteige-rate	Reisezeit (Ø min.)	Infrastruktur
E5.5	5.162	4,36	0,84	28,05	viele separate Busstreifen, Tramlinie
E6-200R	6.551	4,33	0,81	31,41	fast alle geplanten Infrastrukturen
E11	4.532	4,99	0,78	31,05	alle geplanten Infrastrukturen

Quelle: Quijada et al. 2007: 51

Bei einem direkten Vergleich der Szenarien fallen vor allem Unregelmäßigkeiten zwischen dem Szenario E6-200R und E11 auf: Obwohl im Szenario E11 etwa 2000 Busse weniger eingesetzt werden, bleibt die durchschnittliche Reisezeit annähernd gleich, während die Wartezeit ansteigt und die Umsteigerate reduziert wird. Ein besonderes Augenmerk auf diese Unregelmäßigkeit der Szenarien wurde vor allem aufgrund der Implementationsprobleme gerichtet. Denn letztendlich wurde das Szenario E11 ausgewählt und umgesetzt, d. h. in der Ausschreibung der Betriebslizenzen wurde von insgesamt 4.500 benötigten Bussen gesprochen. Wie allerdings das Szenario E11 mit nur 4.500 Bussen auskam, konnte bisher nur unzureichend geklärt werden. Quijada u. a. (2007: 51) und ebenso Briones (2009: 54) vermuten sogar eine Manipulation der Daten: *„Es ist durchaus angebracht, eine Manipulation der Ergebnisse zu vermuten"*[80] (Quijada u. a. 2007: 51).

Dass es SECTRA und CGTS (als Auftraggeber) als Notwendig erachteten die Größe der erforderlichen Busflotte zu verringern, resultiert aus dem Ziel, einen effizienten Markt zu schaffen. Dabei sollte auf der einen Seite der Fahrpreis nicht zu stark ansteigen und auf der anderen Seite sollte sich der Betrieb von Transantiago selbst finanzieren, d. h. ohne staatliche Subventionen auskommen. Um dennoch ein attraktives System aufzubauen, das den Betreibern ein rentables Geschäft sichert, wurde die Anzahl an erforderlichen Bussen für die Ausschreibung der Betriebslizenzen verringert (vgl. Briones 2009: 54, Quijada u. a. 2007: 52). Dahinter steckt aber natürlich auch die Angst der Regierung, ohne Subventionen für den Betrieb des ÖPNV keine Unternehmen zu finden, die in das neue System investieren. Die Verringerung der Busflotte gilt als ein großer Fehler in der Planung von Transantiago, der schlussendlich dafür sorgte, dass zur Implementation viel zu wenig Busse zur Verfügung standen:

---

80 „Es absolutamente razonable sospechar una manipulación de los resultados."

„Diese Änderungen bei der Schätzung der benötigten Anzahl von Bussen kann als Wendepunkt in der Planungsgeschichte von Transantiago betrachtet werden und ist sicherlich eine der wichtigsten Ursachen des Scheiterns"[81] (Quijada u. a. 2007: 19).

Kurz vor der Implementation im Februar 2007 wurde F&C Ende 2006 noch einmal beauftragt zu überprüfen, ob das Szenario E11 mit der zur Verfügung stehenden Flotte von 4.500 Bussen unter der Berücksichtigung der aktuellen Situation von neuer und fehlender Infrastrukturen zu bewerkstelligen ist. Im Ergebnis wurde klar, dass das gesamte System (Busse und Metro) völlig überlastet wäre und die Reise- und Wartezeiten länger wären als ursprünglich im Szenario E11 angenommen. Als notwenige Busflotte wurden deshalb nun 5.622 Busse angenommen (Fernandez & De Cea 2007: 57, Quijada u. a. 2007: 66) – 1.100 Busse mehr als im Ausschreibungsprozess vorgegeben und somit vorhanden waren. Die darauffolgende Aushandlung von neuen Vertragskonditionen zwischen dem Verkehrsministerium und den neuen Busunternehmen hatte allerdings kaum Erfolg, so dass im Februar 2007 letztlich nur 4.500 Busse zur Verfügung standen.

Die Entscheidungen über den Ausbau der speziell für Transantiago benötigten Infrastruktur, wie die separaten Busspuren und Umsteigehaltestellen, bereiteten große Schwierigkeiten. Zum einen gab es grundsätzliche Meinungsverschiedenheiten über den Bau von separaten Busspuren, die den Straßenraum für den Pkw einengen würden. So war Jaime Estévez, der damalige Minister für öffentliches Bauen (MOP), grundsätzlich gegen separate Busspuren. Zum anderen bestanden auch viele Probleme in der Finanzierung des Infrastrukturausbaus. Zu Beginn sollten viele Infrastrukturbauten durch die Straßenbenutzungsgebühren der Stadtautobahnen mitfinanziert werden. Später gab es große Unklarheiten aus welchem Finanzhaushalt der Ministerien die finanziellen Mittel kommen sollten und zu welchem Anteil sie aus dem Fahrscheinverkauf mitfinanziert werden sollten (ebd.: 36). Insgesamt waren mit 200 Mio. US$, im Vergleich zu den jeweils 2 Milliarden US$, die in den Straßenausbau und die Erweiterung der Metro fließen sollten, nur sehr geringe Investitionen für Transantiago angedacht: *„...es wurde sehr wenig investiert. Die Rede war von 200 Mio. US$, aber nicht einmal das wurde aufgewendet"*[82] (Etcheberry zitiert in Cámara de Diputados de Chile 2007: 175).

Stattdessen wurden die Investitionen in die spezielle ÖPNV-Infrastruktur während der Planungsphase immer wieder aufgeschoben, um das Metronetz zu erweitern (von 46 km in 2004 auf 83 km in 2006) und vier neue Autobahnen zu bauen (vgl. Muñoz/Ortuzar/Gschwender 2009: 155). Deshalb waren zur Implementation im Februar 2007 nur 23 km der separaten Busstreifen fertig gestellt (nur 8 % der geplanten 284 km), keine der acht geplanten intermodalen Umsteigebahnhöfe gebaut (erst im Mai 2007 war der erste Umsteigebahnhof betriebsbe-

---

81 „Este cambio en la estimación del número de buses necesarios puede ser considerado el punto de inflexión en la historia del diseño de Transantiago y es ciertamente una de las causas principales de su fracaso."
82 „...se invirtió muy poco. Se hablaba de US$200 millones, pero ni eso se gastó."

reit), nur 12 der geplanten 35 Umsteigestellen (von Bus zu Bus) fertig gestellt und nur 3.113 der geplanten 8.626 einfachen Bushaltestellen aufgestellt. Dieser Abzug von finanziellen Mitteln und die Reduzierung des Reformvorhabens Transantiago um wichtige Elemente wird oftmals kritisiert, da dadurch das gesamte Projekt und damit auch das Ziel von Transantiago sehr verändert wurden. Ein Interviewpartner benutzt zur Beschreibung der Projektkürzung die Schilderung einer reduzierten Mantelherstellung als Metapher für Transantiago:

> „Stell Dir vor, du möchtest Dir einen Mantel machen lassen und sie sagen dir: Nun, der Mantel kostet 100.000 Pesos. Ich habe aber keine 100.000, ich habe weniger. Dann lassen sie die Knöpfe hier weg, die sind nicht notwendig. Dann die Taschen hier, die sind auch nicht nötig. Den Kragen brauche ich nicht, lassen sie den Kragen weg. Aber es reicht immer noch nicht. Der Stoff? Nehmen sie doch einen dünnen Stoff. Lassen sie die Knöpfe hier weg, etc. Und letzten Endes, ist vom Wesentlichen des Projekts nichts geblieben. Genau das ist hier passiert. Man hat so lange öffentliche Gelder vom Projekt abgezogen, bis das Projekt völlig anders aussah. Was man hier gemacht hat, war nicht das, was ursprünglich beabsichtigt war"[83] (Interview S1 2009: 62).

Als weitere technische Veränderung können die geplante Einrichtung von Kontrollzentren zur Überwachung der Busflotten (*Centro de Operación de Flota* – COF) bei den einzelnen Unternehmen sowie eine zentrale Leit- und Informationsstelle für den Busverkehr (*Central de Información y Gestión* – CIG) gelten, die die aktuelle Situation des ÖPNV überwachen und den Ablauf leiten sollte. Aber weder die COF sind bei den Unternehmen entstanden, noch ist ein CIG eingerichtet worden. Das CIG war zwar ursprünglich Teil der Ausschreibung des Informationsdienstes SIAUT, wurde jedoch in einer späteren zweiten Ausschreibung weggelassen. Ein Grund dafür konnte auch der eingesetzte Untersuchungsausschuss nicht finden (vgl. Quijada u. a. 2007: 69).

Die **Entscheidungen über unternehmerische Veränderungen**, wie die Umgestaltung der Unternehmerstruktur, sahen eine Aufteilung des Busangebots in zehn Geschäftslizenzen der Alimentadoras und fünf Geschäftslizenzen der Troncales vor, die von privaten Unternehmen erworben werden konnten. Diese 15 Geschäftseinheiten mussten die nachstehenden Bedingungen erfüllen, die vom MTT für die Betriebsmodelle definiert wurden (Muñoz/Gschwender 2008: 48):

– Die Unternehmen sollten einen Anreiz haben, mehr Fahrgäste zu befördern.
– Das Nachfragerisiko sollte für die Unternehmen möglichst gering sein, weshalb die Nachfrage für die Unternehmen abgesichert wurde.
– Für das neue System wurde eine Mischung aus neuen Unternehmen und schon etablierten Unternehmen des alten Systems angestrebt.

---

83 „Tú vas a hacerte un abrigo y entonces te dicen: mire, su abrigo vale 100 mil pesos. Bueno, yo no tengo 100 mil, tengo menos. Sácame los botones de aquí, por que no importa. Luego aquí los bolsillos, tampoco. El cuello no es necesario, sáquele el cuello, todavía me falta. ¿la tela? No, póngale una tela delgada. Sáquele los botones de aquí, etc. Y finalmente, te quedaste sin nada de lo esencial del proyecto. Aquí lo que se hizo fue eso. Se le fue restando recursos al proyecto, públicos, hasta el punto en el cual el proyecto quedó desvirtuado. Lo que se hizo aquí no fue lo que se quería hacer."

- Zu Beginn des Ausschreibungsprozesses sollten die Unternehmen der Troncales nach gefahrenen Bus-Kilometern und die Unternehmen der Alimentadoras nach Anzahl der beförderten Passagiere bezahlt werden. Später sollten auch die Unternehmen der Troncales nach Anzahl der beförderten Passagiere bezahlt werden (Interview S18 2009: 6, Etcheberry zitiert in Cámara de Diputados de Chile 2007: 74).

Die Regierung wollte nicht das gesamte finanzielle Risiko auf die Unternehmen verlagern, da sie fürchtete, dass es zu wenig Interessenten für die Geschäftseinheiten geben würde. Deshalb wurden des Weiteren die folgenden Maßnahmen in den Ausschreibungsunterlagen festgelegt, die den Unternehmen ein effizientes Wirtschaften ermöglichen sollten (Muñoz/Gschwender 2008: 48):
- Je nach Konzessionstyp (Troncal oder Alimentadora) wurden minimale Einnahmen von 60 % bis 85 % garantiert.
- Die Konzessionszeiträume waren nach Höhe der Investitionen gestaffelt und konnten bei höheren Investitionen ausgeweitet werden.
- Ein Kompensationsfond wurde eingerichtet, um den Fahrpreis zu stabilisieren.
- Weitere verkehrspolitische Maßnahmen (z. B. die Einführung einer City-Maut) zur Einschränkung der privaten Autonutzung und damit zur Förderung des ÖPNV könnten eingeführt werden, falls langfristig das gesamte System finanziell stabilisiert werden muss.

Es konnten sich nur Aktiengesellschaften mit dem entsprechenden Kapital um die Konzessionen bewerben, womit die Regierung sicherstellen wollte, dass sich nur große und seriöse Unternehmen bewerben, so dass die vorherigen Kleinstunternehmen als Einzelunternehmen keinen Zugang finden würden. Außerdem sollte kein Monopol entstehen, weshalb die Bewerber sich höchstens für zwei Einheiten der Troncales oder für vier Betriebseinheiten insgesamt bewerben konnten. In den Ausschreibungsunterlagen war festgelegt, dass zwei der Troncales für 13 Jahre vergeben werden, da diese hohe Investitionen in neue Busse verlangen, die drei weiteren Troncales sollten für vier Jahre vergeben werden, aber mit der Verlängerungsoption auf 13 Jahre, wenn die dementsprechenden Investitionen in neue Busse getätigt werden (Gobierno de Chile 2003a: 39 ff.). Die Lizenzen für die Alimentadoras sollten für sechs Jahre vergeben, nur die Lizenz für das Gebiet der Kommune Santiago (Alimentadora 10) sollte 10 Jahre gültig sein (Gobierno de Chile 2003b: 38).

Die 15 Geschäftseinheiten wurden im Februar 2004 international in der Tagespresse ausgeschrieben. Zuvor wurde Transantiago im Januar und Februar 2004 international vom chilenischen Verkehrsminister zusammen mit verschiedenen Personen von MTT und CGTS in Europa (Madrid, Zaragoza, Paris, London, Berlin, Kopenhagen, Stockholm), USA (San Francisco) und Lateinamerika (Sao Paulo, Mexiko City) beworben, um das Projekt für internationale Investoren attraktiv zu machen. Letztendlich haben sich internationale Konsortien aus Kolumbien, Spanien, Frankreich und Chile um die Konzessionen beworben. Viele der vorherigen Kleinstunternehmer oder Vereinigungen der Unternehmen haben sich dafür zu großen Aktiengesellschaften zusammengeschlossen, wofür sie allerdings verschiedene Auflagen einhalten mussten. Diese neuen Unternehmen kooperieren oftmals mit internationalen Investoren, die finanzielle Mittel für Investitionen in z. B. neue Busse zur Verfügung stellen. Dadurch konnten viele der vorherigen Kleinstunternehmer in das neue System integriert werden und sind nun z. B. als Busfahrer mit einem festen Monatslohn angestellt. Aber eine nicht bekannte Anzahl von Kleinstunternehmen des alten Systems blieb außen vor. Viele verkauften ihre Busse an die neuen Unternehmen oder erhielten Kompensationszahlungen der Regierung (El Mercurio 22.08.2006).

Die Entscheidungen über die Auswahl der Bewerbungen hat eine Arbeitsgruppe aus dem CGTS, dem Finanzministerium und dem MTT auf Grundlage der in den Ausschreibungsunterlagen definierten Auswahlkriterien im August 2004 getroffen. Diese Kriterien waren der minimal und maximal mögliche Fahrpreis[84], der Beitrag zum Kompensationsfond, die Höhe der Arbeitslöhne für die Busfahrer und die weiteren Angestellten sowie das Niveau des Services (Interview S11 2006: 46, Interview S9 2006: 120, Muñoz/Gschwender 2008: 49, Gobierno de Chile 2003a+b). Da alle Bewerbungen den technischen und unternehmerischen Anforderungen gerecht wurden, entschieden letztendlich hauptsächlich der Fahrpreis und die Höhe der Rücklagen über die Bewerbungen, d. h. dass die finanziellen Aspekte bei der Auswahl im Vordergrund standen. Diese Ansicht wird auch von einem Interviewpartner bestätigt:

> „…die Entscheidung wird nur nach dem Preis getätigt. Es gibt eine technische Vorentscheidung, die aber praktisch überhaupt keinen Einfluss hatte, weil alle Unternehmen, die sich beworben hatten, aus technischer Sicht akzeptabel waren, so dass die Entscheidung auf das Unternehmen fällt, das preiswerter für das System Transantiago ist"[85] (Interview S11 2006: 57)

Mit der Ausschreibung der Geschäftseinheiten von Transantiago hat sich der Wettbewerb zwischen den Busunternehmen verlagert. Er ist übergegangen von einem Wettbewerb um Fahrgäste auf der Straße in einen Wettbewerb um Lizenzen, für die sich die Unternehmen im Ausschreibungsprozess bewerben. Mit den Markteintrittsbedingungen und Betriebsvorgaben, die in den Ausschreibungsunterlagen definiert sind, übernimmt der Staat eine stärker regulierende Rolle als im vorherigen ÖPNV-System sowie finanzielle Risiken der Unternehmen, da

---

84 Die Unternehmen mussten einen für sie wirtschaftlich sinnvollen minimalen und maximalen Fahrpreis in ihrem Angebot angeben. Dieser angebotene minimale Fahrpreis war eines der wichtigsten Auswahlkriterien der Regierung, da der vorherige Fahrpreis des alten Bussystems möglichst nicht überschritten werden und das gesamte Transantiago-System möglichst kostengünstig entstehen sollte.

85 „… la decisión es puramente por precio. Hay una decisión previa, técnica pero que no afectó prácticamente en nada porque todas las empresas que se presentaron fueron declaradas técnicamente aceptables, así que la decisión recae fundamentalmente en quien es más barato para el sistema de Transantiago"

Transantiago sehr auf die privaten Busunternehmen angewiesen ist. Ein Interviewpartner meint dazu:

> „Sie [Anm. d. V.: die neuen Busunternehmen] sind die Protagonisten der ÖPNV-Modernisierung. Mit anderen Worten, wie viel Bedeutung kommt ihnen zu? Maximale Bedeutung. Ohne sie ist dies nicht möglich"[86] (Interview S9 2006: 61).

Die **Entscheidungen über finanzielle Veränderungen** bezogen sich vor allem auf Einrichtung eines Tarifsystems mit einer bargeldlosen Bezahlung. Dafür wurde 2005 international die Lizenz für die Finanzverwaltung (*Administrador Finaciero del Transantiago* – AFT) ausgeschrieben. Für diese Lizenz wurde allerdings nur eine Bewerbung eines Konsortiums aus vier chilenischen Banken (Banco de Chile, Banco Estado, Banco Santander Santiago, CMR Fallabella) und dem angegliederten technologischen Betreiber Sonda eingereicht, das letztlich auch den Zuschlag erhielt. Die Aufgaben des AFT sollten sein (Quijada u. a. 2007: 67):

- Transantiago mit einem elektronischen Zahlungsmittel, der dazugehörigen technischen Ausrüstung zur Aufladung sowie einem Netz an Aufladestationen auszustatten,
- die auflaufenden Einnahmen aus den Fahrscheinverkäufen (bzw. Aufladen der elektronischen Bezahlkarte) einzusammeln,
- die Einnahmen entsprechend den Vorgaben an die Busunternehmen und die Metro zu verteilen sowie
- die Busse mit GPS-Technik auszustatten und eine Software zur Verkehrsüberwachung bereitzustellen, mit Hilfe derer die gefahrenen Kilometer überwacht und dadurch die Einnahmen der Busunternehmen berechnet werden können.

Bei allen Entscheidungen über technische, unternehmerische und finanzielle Veränderungen des ÖPNV-Systems, die mit Transantiago erfolgten, spielte die **Einbindung der Kommunalregierungen** nur eine sehr geringe Rolle, obwohl in der ursprünglichen Planung des PTUS ihre umfassende Beteiligung vorgesehen war (vgl. Comité Asesor Transporte Urbano 2000). Dort heißt es über die Beteiligung der Kommunen:

> „Die Gemeinden sollten sich nicht nur aktiv an der Erarbeitung der Teile des Verkehrsentwicklungsplans beteiligen, die sie unmittelbar betreffen [...]. Sie sollten auch aktiv in die Gestaltung der Politik selbst sowie in die Planung und Umsetzung einbezogen werden [...]"[87] (ebd.: 74).

---

86 „Ellos son los protagonistas de la modernización de transporte público. O sea ¿qué importancia tienen ellos? Máxima. Sin ellos esto no es posible."
87 „Las Municipalidades deben estar activamente involucradas no sólo en la facilitación de aquellos componentes del Plan de Transporte Urbano que las afecta directamente [...]. También debe estar activamente involucradas en la formación de la política misma y en su plan e instrumentos de implementación [...]."

In der Planungsrealität von Transantiago ist allerdings unklar, in welchem Maße die Kommunen eingebunden wurden, weshalb die Aussagen dazu, ob die Kommunalverwaltungen informiert wurden oder ob Beteiligungsmöglichkeiten bestanden, sehr unterschiedlich sind. Ein Interviewpartner äußert sich dazu kritisch und meint

„Es [Anm. d. V.: das Treffen] hatte eher informativen Charakter [...]. Es gab keinen sehr offenen Prozess, in dem sich die Kommunen oder sozialen Organisationen äußern oder an dem sie partizipieren konnten"[88] (Interview S19 2006: 44).

Ein Mitarbeiter von CGTS meint hingegen:

„Die Gemeinden waren an den verschiedenen Phasen des Prozesses beteiligt, vor allem an der Festlegung der Routen und der Lage der Haltestellen, denn sie sind näher an den Menschen dran und kennen die Bedürfnisse der Gemeinde sehr gut"[89] (Interview S12 2006: 22).

Im Laufe des Planungsprozesses haben sich zwar alle Kommunalverwaltungen mit Mitarbeitern von CGTS getroffen, jedoch in sehr unterschiedlichem Ausmaß. So gab es beispielsweise insgesamt 26 Treffen von CGTS mit der Kommune Quilicura, aber nur vier Treffen mit der Kommune Puente Alto (Cámara de Diputados de Chile 2007: 277 ff.). Die meisten dieser Treffen fanden in einem frühen Planungsstadium von Transantiago im Jahr 2003 statt. Sie werden von den Kommunalverwaltungen zum überwiegenden Teil negativ bewertet. Sie beklagten, dass sie nur über den Planungsstand von Transantiago informiert wurden, aber keine Möglichkeit hatten, ihre Ideen einzubringen (ebd.: 295 ff.). Grundsätzlich ist es sehr schwierig, den Beteiligungsgrad der Kommunen zu bewerten. Dennoch scheint – den negativen Aussagen der Kommunen nach – der durchgeführte Beteiligungsprozess nicht den Ansprüchen eines solchen Veränderungsprozesses zu genügen.

Ebenso war ursprünglich im PTUS eine umfangreiche **Partizipation der Zivilgesellschaft** vorgesehen. Dort heißt es: „Für den Erfolg einer Politik, wie sie hier vorgeschlagen wird, ist es wichtig, auf die aktive Beteiligung der Bürger zu zählen. Eine solche Partizipation muss auf mehreren Ebenen und in verschiedenen Phasen des Prozesses stattfinden"[90] (Comité Asesor Transporte Urbano 2000: 102).

In der Planungsrealität von Transantiago hat eine Partizipation allerdings kaum stattgefunden, sondern wurde immer weiter ausgeklammert, je weiter das Projekt fortgeschritten war. Jirón vermutet, dass die Bürgerbeteiligung nicht statt-

---

88 „Fue más bien de carácter informativo [...]. No había un proceso muy abierto donde los municipios o donde los organismos sociales se pudieran expresar y participar."
89 „Las Municipalidades han intervenido en varias etapas del proceso y fundamentalmente en la definición de los recorridos y en la ubicación de los paraderos, por que son ellos los que están más cerca de la gente y saben muy bien las necesidades de su comuna."
90 „Para el éxito de una política como la que se propone es fundamental contar con ciudadanos activamente participantes. Tal participación reconoce diversos niveles y momentos del proceso."

fand, da Transantiago sonst nicht so schnell wie gewünscht hätte umgesetzt werden können (Jirón 2008: 119, Interview S4 2006: 49). Ursprünglich waren umfassende Maßnahmen geplant wie die Gründung einer Freiwilligengruppe mit Personen, die den ÖPNV häufig nutzen und ihre Erfahrungen weitertragen können sowie die Einführung von unregelmäßigen Diskussionen in Fokusgruppen zu spezifischen Themen (Comité Asesor Transporte Urbano 2000: 103 f.). Es kam zwar eine Fokusgruppe mit körperlich behinderten Personen zusammen, um über die spezielle Innenausstattung der Busse zu diskutieren, aber von einem umfassenden Partizipationsprozess kann dennoch nicht gesprochen werden. Schon 2006 haben verschiedene Interviewpartner, auf ein großes Defizit an Partizipation hingewiesen (vgl. Interview S11 2006: 67, Interview S8 2006: 51). Sogar innerhalb von CGTS wurden schon 2006 die Partizipationsmöglichkeiten für die Zivilgesellschaft als nicht ausreichend bewertet (Interview S13 2006: 80). Und ein Interviewpartner fügte hinzu:

> „Aber die Steuerung, die Führungsebene von Transantiago, hat sich insbesondere nach dem Weggang von Germán Correa stark auf die Geschäfte fokussiert und diese Orientierung hat das ursprüngliche Projekt völlig verändert. [...] durch diesen ganzen Aushandlungsprozess und den Verlust des Kontakts zu den Bürgern, ist das Vertrauen der Bürger verloren gegangen und es kam Kritik auf"[91] (Interview S19 2006: 42).

Damit macht er deutlich, dass die Partizipation der Zivilgesellschaft nicht nur aufgrund von Zeitmangel (wie Jirón 2008 vermutet) ausgeklammert wurde, sondern auch wegen der schwierigen Vereinbarkeit der Aushandlungsprozesse zwischen der nationalen Regierung und den privaten Busunternehmen, die dem marktorientierten Wirtschaftsmodell folgen, sowie einem Partizipationsprozess, bei dem die Meinungen und Ideen der Zivilgesellschaft ernsthaft aufgenommen werden.

Statt einer umfassenden Partizipation wurde der Schwerpunkt auf das **Informieren** von Bürgern gelegt, was in Chile oftmals als Partizipation verstanden wird (vgl. Silva 2011: 45), weshalb ein Interviewpartner anmerkt: „*In Chile bedeutet Partizipieren im Allgemeinen Informieren. Das sind Synonyme*"[92] [93] (Interview S2 2009: 36).

Für die Bereitstellung von Informationen für die Nutzer sollte der Informationsservice SIAUT (*Servicio de Atención a Usuarios de Transantiago*) eingerichtet werden. Da es als notwendig erachtet wurde, die ÖPNV-Nutzer nicht nur über die Veränderungen des ÖPNV zu informieren, sondern ihnen gleichzeitig auch das neue System zu erklären, sollte SIAUT informieren und zugleich erklären.

---

91 „Pero la gestión, las autoridades de Transantiago, fundamentalmente después de la salida de Germán Correa enfocaron el plan muy orientado a los negocios y esa orientación distorsionó el proyecto original. [...] con todo este proceso de negociación y de perdida de contacto con la ciudadanía, ésta ciudadanía perdió la confianza y empezaron las críticas."
92 „En Chile, generalmente participar es informar. Es un sinónimo."
93 Nach der „Leiter der Partizipation" von Arnstein (1969) ist Informieren eine sehr einfache Variante von Partizipieren. Es ist die dritte Stufe auf dem Weg zur völligen Kontrolle durch die Bürger, was die achte und damit höchste Stufe von Partizipation ist.

Auch dafür wurde 2006 eine Betriebslizenz ausgeschrieben[94], bei der das indische Beratungsunternehmen TATA den Zuschlag erhielt (vgl. Quijada u. a. 2007: 73). Es richtete dafür kurz vor der Umsetzung von Transantiago die Internetseite www.transantiagoinforma.cl ein, auf der seitdem das neue System erklärt wird, Informationen zu Fahrverbindungen gegeben werden und das Streckennetz von Transantiago zu finden ist. Außerdem ist es möglich via Internet und Telefon Anregungen oder Beschwerden an SIAUT zu senden. Zusätzlich wurden zu einem späteren Zeitpunkt 41 Informationsstände in der gesamten Stadt verteilt, an denen der Service von SIAUT in Anspruch genommen werden kann. Das Unternehmen ist zusätzlich für die Informationen an den Bushaltestellen verantwortlich sein, wie die Aushängung des Streckennetzplans oder die Nummerierung und Beschilderung der Haltestellen.

Das von SIAUT eingesetzte Marketing für die Reform Transantiago wurde in der Phase vor der Implementierung sehr kritisch bewertet. Viele Experten waren der Meinung, dass für derart einschneidende Veränderungen von Transantiago verstärkte Anstrengungen in der Information und „Verkehrserziehung" der Nutzer nötig sind, um die täglichen Gewohnheiten und Verhaltensweisen in der Nutzung des ÖPNV zu ändern. Ein Interviewpartner meint:

> „Der kulturelle Wandel ist sehr intensiv. [...] Zu kulturellen Veränderungen kommt es nicht über Nacht. Man stößt sie nicht mit einer Werbekampagne an. Es handelt sich um einen Prozess, der mit einer Veränderung der Gewohnheiten, einer Veränderung der Gebräuche einhergeht"[95] (Interview S13 2006: 90, ähnlich auch Interview S2 2006: 34, Interview S8 2006: 85).

Die Kommunikationsstrategie, mit der Transantiago über Fernsehen, Radio und Presse beworben wurden, ähnelte eher einer Verkaufsstrategie als einer Informationskampagne, so dass von einem Defizit an Informationen ausgegangen werden kann.

b) Implementierungsstufen der Reform

Nachdem der PTUS im Jahr 2000 veröffentlicht wurde und das Planungsteam im CGTS Anfang 2003 seine Arbeit aufnahm, wurden in 2004 die Lizenzen für die Busunternehmen ausgeschrieben und vergeben. Ursprünglich war geplant, das Projekt in drei Stufen umzusetzen (siehe Tabelle 6).

---

94 Die Betriebslizenz wurde erst mit der zweiten Ausschreibung 2006 besetzt, da die erste im letzten Moment der Ausschreibung zurückgezogen wurde. Dadurch startete SIAUT erst sehr spät.

95 „El cambio cultural es muy fuerte. [...] Los cambios culturales no se producen de un día para otro. No se logran a través de una campaña promocional. Se logran a través de un proceso que implica cambio de hábito, cambio en las costumbres."

Tab. 6: Zeitplan von Transantiago

Stufen	Veränderungen	Ursprüngliches Umsetzungsdatum	Tatsächliches Umsetzungsdatum
Stufe 1	ehem. Kleinstunternehmen werden von neuen Busunternehmen abgelöst; Einführung von wenigen neuen Bussen	27.08.2005	22.10.2005
Stufe 2	elektronische Bezahlkarte wird alternatives Zahlungsmittel in den Bussen	27.05.2006 (später Juni 2006)	10.02.2007
Stufe 3	alte Busstrecken werden durch integriertes System mit Troncales und Alimentadoras ersetzt; elektronische Bezahlkarte wird alleiniges Zahlungsmittel	26.08.2006 (später Oktober 2006)	10.02.2007

Quelle: eigene Zusammenstellung

Mit der ersten Stufe sollten am 27. August 2005 die ehemaligen Kleinstunternehmen von neuen Busunternehmen abgelöst und einige neue Busse eingesetzt werden, ohne dabei allerdings die bestehende Linienführung zu ändern. Mit der zweiten Stufe war geplant, das elektronische Zahlungsmittel in den Bussen als alternatives Zahlungsmittel einzuführen. Und ab der dritten Stufe sollten alle vormaligen Busstrecken durch das integrierte System mit Troncales und Alimentadoras ersetzt und die elektronische Bezahlkarte als alleiniges Zahlungsmittel dienen (vgl. Quijada u. a. 2007: 85).

Der Bau der geplanten Infrastrukturprojekte (wie die separaten Busstreifen und die Umsteigehaltestellen) sollten ursprünglich im August 2006 fertig gestellt sein, wurde aber immer wieder aufgeschoben. Muñoz und Gschwender (2008: 49) sprechen davon, dass die gesamten Planungen für die Umsetzung von Transantiago nach der Vergabe der Betriebslizenzen 2004 für die Busunternehmen nur schleppend vorankamen, aufgrund der Entscheidung des damaligen Verkehrsministers, die Planungen zu verlangsamen. Deshalb wurden wichtige Entscheidungen zu spät getroffen und insbesondere die Planungen über die genaue Ablösung der alten Busunternehmen (Stufe 1) und die Einführung des AFT (Stufe 2) verzögerten sich stark.

Dennoch wurde die Stufe 1 mit einem leichten Verzug von zwei Monaten am 22. Oktober 2005 umgesetzt. Diese unternehmerischen Veränderungen waren für die Bürger nur sichtbar, da gleichzeitig einige neue Busse eingesetzt wurden, deren Farbe (grün-weiß) sich deutlich von den anderen Bussen (gelb) absetzte. Dieser Schritt wird als ein Zeichen der Veränderung gedeutet, der bewusst vor den anstehenden Präsidentschaftswahlen im Dezember 2005 eingesetzt wurde, um die Wähler von der Modernisierungsabsicht der Regierung zu überzeugen:

„Ich glaube, sie dachten, wenn sie vor der Wahl noch ein paar neue Busse auf die Straßen schicken, dann würde das Wählerstimmen einbringen. [...] Der Präsident wollte vor seinem Abgang etwas vorzeigen, zumal es ja sein Projekt war"[96] (Interview S20 2006: 61).

Deshalb wurde die erste Stufe umgesetzt, ohne einen realisierbaren Zeitplan für die weiteren Stufen zu haben.

Große Probleme bereitete daraufhin die Einführung der Finanzverwaltung AFT, deren Lizenz erst 2005 ausgeschrieben wurde. Besonders die technische Ausstattung der Busse mit GPS-Geräten und den Entwertern für die elektronischen Bezahlkarten war sehr im Verzug, so dass die Umsetzung der Stufe 2 zuerst auf Juni 2006 und später auf den 10. Februar 2007 verschoben wurde. Ebenso war die Umsetzung der Stufe 3 im Verzug, wofür insbesondere Informationen für die Nutzer und zuverlässige GPS-Daten für eine funktionierende Leitstelle notwendig waren. Da aber weder der AFT seine technischen Probleme lösen, noch SIAUT seinen Pflichten nachkommen konnte, wurde auch die Stufe 3 auf den 10. Februar 2007 verschoben. Ein Interviewpartner schätzte 2006 allerdings den Zeitraum, der bis zur Implementierung im Februar 2007 blieb, als viel zu kurz ein, um die Probleme zu beheben:

„Es ist nicht möglich, das in sechs Monaten zu beheben. Die Lage ist komplex und sie muss richtig und ernsthaft angepackt werden"[97] (Interview S8 2006: 79).

Dieser Interviewpartner sollte mit seiner Einschätzung, dass die Schwierigkeiten nicht in so kurzer Zeit aus dem Weg geräumt werden können, Recht behalten, da im Februar 2007 immer noch erhebliche Defizite bestanden. So waren weder alle Busse mit der notwendigen Technik ausgestattet, noch waren die geplanten separaten Busstreifen und speziellen Haltestellen fertig gestellt. Auch fehlte es an ausreichenden Informationen für die Nutzer des ÖPNV über die Umsetzung von Transantiago. Innerhalb von CGTS gab es eine interne Diskussion, ob es für die Umsetzung überhaupt nötig wäre, dass alles fertig gestellt ist. Mit dieser Diskussion wird der Improvisationscharakter der Umsetzung von Transantiago verdeutlicht.

Obwohl also nicht alle Komponenten von Transantiago fertig gestellt waren und viele Probleme nicht oder nur unzureichend aus dem Weg geräumt waren, wurde die Reform Transantiago in der Ferienzeit am Samstag, den 10. Februar 2007 dennoch umgesetzt. D. h. dass das Streckennetz in der gesamten Stadt auf einen Schlag verändert wurde, so dass kein Bus mehr auf den alten Strecken fuhr und die Bezahlung des Fahrscheins seitdem theoretisch nur noch mit der elektronischen Karte möglich war.

---

96 „Yo creo que ellos pensaron que si podían poner algunos buses nuevos en las calles antes de las elecciones eso iba a generar votos. [...] El presidente dado que era su proyecto, antes de irse quería mostrar algo, al menos algo."
97 „No es posible arreglarlo en seis meses. Estas son cosas complejas y hay que hacerlas bien y seriamente."

Da die Veränderungen am 10. Februar 2007 für die Nutzer des ÖPNV-Systems durch die komplette Streckenänderung, die neue Bezahlweise und die dadurch insgesamt neue Art der ÖPNV Nutzung sehr gravierend waren, kann aus der Sicht der Nutzer von einer „Big-Bang"-Umsetzung gesprochen werden, da außer ein paar neuen Bussen vorher keine Veränderungen sichtbar waren. Diese Meinung wird von vielen Experten in Santiago geteilt (z. B. Gómez-Lobo 2007: 9, Mardones 2008b: 110, Quijada u. a. 2007: 83). Allerdings bestreitet die Regierung, dass das Projekt tatsächlich in einer „Big-Bang"-Manier umgesetzt wurde, da es zuvor eine Übergangsphase gegeben hätte, in der die Unternehmerstruktur verändert worden sei – so die beiden ehemaligen Verkehrsminister Javier Etcheberry und Sergio Espejo (Cámara de Diputados de Chile 2007: 256 ff.).

16.4.4 Auswirkungen von Transantiago und deren Evaluierung

Transantiago hat eine Vielzahl von Auswirkungen. Während der Evaluierungsphase, die im Prinzip direkt mit der Implementierung von Transantiago begann, wurden allerdings nicht nur die Auswirkungen von der Politik, von der Wissenschaft, den Medien und den Bürgern bewertet, sondern auch der Entstehungsprozess von Transantiago im Rahmen eines Untersuchungsausschusses durchleuchtet.

Mit dem Startschuss von Transantiago am 10. Februar 2007 versank der ÖPNV in Santiago im Chaos und wurde zu einem „*großen Trauma für die Bewohner*"[98] (Gloria Hutt, zitiert in Cámara de Diputados de Chile 2007: 264). Die Reise- und vor allem Wartezeiten verlängerten sich sehr stark, so dass sich große Menschentrauben an den Haltestellen bildeten und in machen Fällen auch eine Warteschlange, die sich um ganze Häuserblocks wand. Beim Ein- und Aussteigen spielten sich oftmals dramatische Szenen ab, da alle versuchten irgendwie in den Bus zu gelangen, der eigentlich schon stark überfüllt war. Aufgrund dieses Gedränges hatten allerdings körperlich eingeschränkte Personen und Kinder kaum eine Chance, das neue Bussystem überhaupt zu benutzen (vgl. ARD Tagesthemen 04.04.2007). Ebenso herrschte in der Metro, in die nun ohne nochmalige Zahlung umgestiegen werden konnte, ein ständiges Gedränge[99], so dass viele Stationen regelmäßig wegen Überfüllung geschlossen werden mussten.

Da die Abrechnungstechnologie nicht einsatzbereit war (es fehlte vor allem die technische Ausstattung in den Bussen), waren alle Fahrten in den ersten Tagen kostenlos, bis schließlich alle Busse nachgerüstet waren[100]. Somit fehlte die Anzahl der transportierten Passagiere als Abrechnungsgrundlage für die Busunternehmen, weshalb deren Einnahmen zu Beginn nach einer imaginären unveränder-

---

98 „...un trauma muy grand para las personas."
99 Die U-Bahnen waren mit bis zu sieben Personen pro Quadratmeter (vgl. Muñoz/Gschwender 2008: 50) völlig überfüllt.
100 Da die Busse allerdings stark überfüllt fuhren, war es praktisch nicht immer möglich, die elektronische Bezahlkarte an das Entwertungsgerät zu halten.

lichen Passagierzahl berechnet wurde. Damit hatten die Unternehmen feste Einnahmen, egal wie viele Busse eingesetzt wurden und schickten infolgedessen weniger Busse auf die Straße als vereinbart (vgl. Gómez-Lobo 2007: 9).

Diese massiven Mobilitätseinschränkungen führten zu vielen, teilweise gewalttätigen Protesten der Bevölkerung mit ausgebrannten und entführten Bussen (El Mercurio 13.02.2007). Dadurch wurde die Notwendigkeit eines gut funktionierenden ÖPNV für die zum großen Teil auf öffentliche Verkehrsmittel angewiesenen Bewohner Santiagos deutlich. In den Hauptnachrichten am Abend waren die Schwierigkeiten im ÖPNV das Topthema, täglich berichteten die Tageszeitungen über Transantiago und auch international haben verschiedene Medien das Thema aufgenommen (vgl. Time Magazin 14.12.07, The Economist 07.02.2008). Die als „*nightmare for commuters*" (ebd.) bezeichnete ÖPNV-Reform bestimmte monatelang den Alltag von Millionen von Menschen ebenso wie die Medien und die Politik. Die Schwierigkeiten und Proteste der ersten Monate führten die nationale Regierung in eine Krise, die sich letztendlich als eine ernste Regierungskrise für die Präsidentin Michelle Bachelet auswirkte, deren Umfragewerte aufgrund von Transantiago sanken. Daraufhin strukturierte Bachelet einen Monat nach Implementierung das Kabinett um, infolgedessen u. a. ein neuer Verkehrsminister berufen wurde.

Die Schwierigkeiten veranlassten die Abgeordnetenkammer des chilenischen Nationalkongresses Anfang Juni 2007 eine Untersuchungskommission einzusetzen, die den Planungs- und Implementierungsprozess von Transantiago durchleuchten und verantwortliche Personen ausfindig machen sollte. Dafür wurden in 47 Sitzungen insgesamt 63 Personen angehört, die direkt oder indirekt an dem Planungsprozess von Transantiago beteiligt waren, darunter mehrere (ehemalige) Transantiago-Koordinatoren, (ehemalige) Minister von MTT, MINVU und MOP sowie Verantwortliche von SECTA, Seremitt (MTT auf regionaler Ebene), privaten Verkehrsplanungsbüros und Busunternehmen. Im Dezember 2007 legte die Untersuchungskommission ihren Abschlussbericht vor, in dem ein Großteil der öffentlichen und privaten sowie individuellen und kollektiven Akteure[101], die im Planungs- und Umsetzungsprozess beteiligt waren, für die Probleme von Transantiago verantwortlich gemacht wurden (Cámara de Diputados de Chile 2007: 656 ff.). Die politische Verantwortung wird hauptsächlich dem ehemaligen Präsidenten Ricardo Lagos zugewiesen; die zum Zeitpunkt der Publikation des Untersuchungsberichts amtierende Präsidentin Michelle Bachelet trage allerdings eine Mitschuld für die Probleme (ebd.: 671). Insgesamt wird aus dem Bericht deutlich, dass die Planung und Implementierung unzureichend ausgeführt wurde. Außerdem weist er auf die Probleme hin, die in Verbindung mit der vorhandenen Governancestruktur stehen, wie eine fehlende Koordination, nicht existierende Kontrollmechanismen sowie ein mangelndes politisches Gegengewicht (Cámara

---

[101] Darunter z. B. viele ehemalige Verkehrsminister, die an Transantiago beteiligt waren, sowie weitere Minister anderer Ministerien, Transantiago-Koordinatoren, leitende Mitarbeiter von CGTS, Verkehrsberatungsbüros und Transantiago-Unternehmen.

de Diputados 2007: 644). Und ebenso wird die zentralisierte technokratische Planung kritisiert:

> „...Transantiago war eine zentralisierte Planungspolitik, die in der Erreichung ihrer Ziele scheiterte, da man sich bei der Definition des Modells und der Aufteilung der Zuständigkeiten auf die nationale Ebene konzentriert hat, ohne dabei die 30jährige Erfahrung des privaten Systems zu berücksichtigen"[102] (ebd.: 636)

und weiter

> „es zeigt sich ganz klar, dass Transantiago weit weg von den Menschen entworfen wurde. In Büros, in Form von Modellen, auf Computern; aber es wurde weder das tatsächliche Verhalten der Leute berücksichtigt, noch ihre Gewohnheiten und Gebräuche, und im Prinzip hat man die Meinung der Nutzer nicht in Betracht gezogen..."[103] (ebd.: 640).

Der Bericht zählt eine Vielzahl von weiteren technischen und planerischen Begründungen für die Probleme auf, die die Schussfolgerung zulassen, dass die Problemlage sehr komplex war und keine eindeutigen Begründungen für den Misserfolg zu finden sind. Insgesamt wird aus dem sehr umfangreichen Untersuchungsbericht deutlich, dass schon knapp ein Jahr nach der Implementierung im Februar 2007 die Schwierigkeiten des Planungs- und Umsetzungsprozesses intensiv untersucht und auf grundsätzliche Missstände hingewiesen wurde. Die Ergebnisse dienten als Grundlage für viele Re-Formulierungen von Transantiago.

Chilenische Wissenschaftler bewerteten Transantiago ebenfalls zumeist negativ, was sich schon in einigen Titeln der publizierten Texte widerspiegelt: *„Transantiago: Der Fall und Aufstieg einer radikalen ÖPNV-Intervention"* (Muñoz u. a. 2009), *„Transantiago: eine Pannenreform"* (Gómez-Lobo 2007) und *„Transantiago: ein Informationsproblem"* (Briones 2009). Viele Autoren sahen die Gründe für das Scheitern von Transantiago ebenso wie der Untersuchungsausschuss in grundsätzlichen Steuerungsproblemen wie einer unklaren Verteilung von Verantwortlichkeiten, einer fehlenden politischen Führungskraft, eine geringe institutionelle Einbindung, Koordinationsschwierigkeiten zwischen Entscheidungsebenen und Sektoren sowie einer zu starken „Top-down"-Planung (vgl. Figueroa/Orellana 2007, Jirón 2008, Briones 2009). Ebenso wird auf eine fehlende Partizipation der Bevölkerung und ein zu starkes Vertrauen in Verkehrsmodelle hingewiesen, die zur Missachtung der lokalen Mobilitätsmuster und *„lack of understanding of local cultural practices"* führten (Jirón 2008: 135). Aber die verschiedenen Autoren merken auch positive Auswirkungen an, wie die geringere Umweltbelastung, die Abschaffung der Wettrennen unter den Busfahrern sowie die verbesserten Ar-

---

102 „...el Transantiago fue una política pública de planificación centralizada que fracasó en el logro de sus objetivos, precisamente, por concentrar la definición del modelo y la asignación de atribuciones en el Estado, sin tomar en cuenta la experiencia que por más de 30 años había acumulado el sistema privado vigente."

103 „claro y evidente que el Transantiago fue diseñado lejos de la gente. En oficinas, en modelos de diseño, en computadores; pero no se consideró el real comportamiento de las personas, ni sus usos y costumbres, y principalmente, no se consideró la opinión de los usuarios..."

beitsbedingungen der Busfahrer (vgl. Gómez-Lobo 2007, Muñoz/Gschwender 2008, Muñoz/Ortuzar/Gschwender 2009).

Neben den direkten Reaktionen der Bevölkerung auf Transantiago, die sich in den Protesten sowie der insgesamt negativen Einstellung widerspiegeln, können auch Auswirkungen von Transantiago auf die Aktivitäten der Bewohner Santiagos, das Finanzierungssystem, die Umwelt und den Verkehr ausgemacht werden, die wie folgt in der Literatur bewertet werden. So zeigen Avellaneda und Lazo (2009) auf, dass gerade die peripheren Wohngebiete Santiagos mit einer hohen ÖPNV-Nachfrage schlechter an den ÖPNV angebunden sind als im vorherigen System (d. h. dass die Netzdichte und Taktung geringer sind), weshalb die Bewohner ihr Verkehrsverhalten dem neuen ÖPNV-Angebot anpassen mussten. Jouffe und Lazo meinen sogar: *„…das ÖPNV-System in Santiago de Chile erscheint ungeeignet für die Bedürfnisse der Bewohner in den sozial ausgegrenzten Gebieten"*[104] (Jouffe/Lazo 2010: 29).

Ebenso weisen Rodríguez und Rodríguez (2009: 18) daraufhin, dass Transantiago nur in bestimmten zentral gelegenen Stadtgebieten funktioniert, in denen das Angebot größer ist als in den peripheren Gebieten. Eine besondere Form der Beurteilung von Transantiago hat ein Mitarbeiter einer Kommunalverwaltung vorgenommen:

> „Es gehörte auch zu meinen Aufgaben, die Kommune morgens abzulaufen, um zu sehen wie viele Passagiere an den Haltestellen standen. Diese Beobachtungen ermöglichten mir auf gewisse Weise eine Quantifizierung der vorhandenen Schwächen"[105] (Interview S22 2009: 48).

Es scheint also, dass sich zu Beginn durch Transantiago gerade in den Gebieten, in denen die Bewohner bisher häufig den ÖPNV nutzten, die ÖPNV-Anbindung verschlechterte und dadurch das Verkehrsverhalten der Bewohner veränderte. Genauere Untersuchungen dazu stehen derzeit noch aus.[106]

Die ökonomischen Auswirkungen von Transantiago auf den chilenischen Staatshaushalt waren massiv, da aufgrund der mehrmaligen Aufschiebung der Implementierung von Transantiago die Busunternehmen in der Übergangzeit weniger als geplant einnahmen und deshalb staatliche Kompensationszahlungen an die Busbetreiber geleistet wurden. Der Betrieb von Transantiago ab Februar 2007 hat zusätzlich ein großes Finanzdefizit entstehen lassen, das Ende März 2009 insgesamt US$ 1.069,2 Mio. betrug (El Mercurio 23.04.2009 o. J.) und letztlich vom chilenischen Staat getragen wurde.

Über die Auswirkungen von Transantiago auf die Umwelt besteht derzeit noch Unklarheit: Zwar bemerken Muñoz und Gschwender (2008: 50), dass durch

---

104 „…el sistema de transporte de Santiago de Chile aparece como inadecuado a las necesidades de los habitantes de los territorios social y espacialmente marginados."
105 „Eso también ha sido tarea mía de salir a recorrer la comuna en la mañana, veo cuantos pasajeros hay en los paraderos. Y esa observación me permite, de alguna manera, cuantificar las debilidades que hay."
106 Ebenfalls fehlen bisher Untersuchungen zu den Auswirkungen von Transantiago auf die Bodenpreise.

den Einsatz von modernen, emissionsärmeren Bussen die Lärmbelastung zurückgegangen wäre, dass sich aber die Luftqualität nicht verbessert hätte. Im Gegensatz dazu stellt die Weltbank fest:

„The introduction of Transantiago alone had significant positive impacts on the air quality and reduced GHG [Anm. d. V.: Green House Gases] emissions" (Weltbank 2010: 13).

Durch die Nutzung besserer Kraftstoffe, die neue Motortechnologie und die Wartung der Busse konnten die Treibhausgase um 10,5 % im Vergleich zum Jahr 2006 verringert werden (ebd.). Ob dieser Rückgang auf eine Verkehrsverlagerung vom Pkw auf den ÖPNV zurückgeht, kann bisher nicht gesagt werden, da keine aktuelle und umfassende Studie über die Auswirkungen von Transantiago auf den Verkehr in Santiago vorhanden ist. Die Veröffentlichung der nächsten großen Quelle-Ziel-Verkehrsuntersuchung (*Encuesta Origen Destino – EOD*) ist von der Regierung für 2011 geplant.

Stattdessen sind aber die folgenden zwei Untersuchungen vorhanden, die sich im kleineren Rahmen als die EOD mit Facetten der Auswirkung von Transantiago auf den Verkehr beschäftigen: Erstens wurde vom privaten Forschungsinstitut *Libertad y Desarrollo* (das dem konservativen Politikspektrum zugeordnet werden kann) ab Oktober 2006 im halbjährigen Rhythmus viermal eine Telefonbefragung von 500 Personen vorgenommen, um die Qualität der Reform einzuschätzen. Dabei stellte sich heraus, dass die erhoffte Reisezeitverkürzung nicht nur ausgeblieben, sondern das Gegenteil eingetreten ist – die durchschnittliche Reisezeit im ÖPNV hat sich von 62 min. im vorherigen System auf 75 min. kurz nach der Einführung von Transantiago im März 2007 verlängert und hat sich seitdem kaum verändert (siehe Tabelle 7).

Tab. 7: Erhebung zu Auswirkungen von Transantiago auf den ÖPNV von LyD

	10/2006	03/2007	10/2007	03/2008
Umsteigerate	29 %	48 %	58 %	69 %
Metronutzung	40 %	59 %	68 %	65 %
Reisezeit	62 min.	75 min.	73 min.	72 min.
Ø Fahrtkosten pro Tag	$ 1060 (chil. Peso)	$ 1149	$ 984	$ 978

Quelle: Covarrubias 2008

Außerdem sind aufgrund des integrierten Systems die Umsteigerate und die Nutzung der Metro angestiegen, so dass die Metro oftmals an Kapazitätsgrenzen stößt. Positiv ist jedoch anzumerken, dass sich laut dieser Studie die durchschnittlichen Fahrtkosten im ÖPNV pro Tag verringert haben, obwohl der Fahrpreis der einzelnen Fahrt erhöht wurde. Dies ist ein Effekt des neuen Tarifverbunds, der ein Umsteigen ohne erneutes Zahlen ermöglicht.

Zweitens haben Verkehrswissenschaftler der *Universidad Católica de Chile* eine Panelerhebung mit vier Befragungswellen zwischen 2006 und 2008 mit jeweils ca. 300 befragten Personen durchgeführt, um vor allem die veränderte Verkehrsmittelwahl aufzuzeigen (Yañez u. a. 2010). Es stelle sich heraus, dass seit der Umsetzung von Transantiago insgesamt 55 % der Befragten andere Verkehrsmittel als vorher wählten. Dabei hat die Nutzung des ÖPNV insgesamt abgenommen (von 63,9 % zu 58,4 %) und die Nutzung des privaten Pkw leicht zugenommen (von 27,3 % zu 29,8 %). Insbesondere weisen die Autoren dieser Studie auf einen massiven Rückgang der alleinigen Busnutzung hin, während die kombinierte Nutzung von Metro und Bus deutlich angestiegen ist. Außerdem wird deutlich, dass auch das Fahrrad an Attraktivität gewonnen hat und die Nutzung deshalb leicht angestiegen ist. Interessanterweise haben allerdings 80 % der neuen Pkw-Nutzer zwischen den ersten beiden Erhebungswellen einen Pkw gekauft oder einen Führerschein erworben. Im Vergleich zum Hauptziel von Transantiago, den Modal Split mindestens zu erhalten, können diese Ergebnisse als negativ bewertet werden, da das Ziel nicht erreicht wurde.

16.4.5. Re-Definition

Die Re-Definition von Transantiago begann gleich nach der Implementierung am 10. Februar 2007, da die Proteste der Bevölkerung Druck auf die Regierung ausübten, Transantiago zu verändern. Für das MTT stand vor allem die Beschleunigung des Busverkehrs im Vordergrund, weshalb als erste Maßnahmen auf einigen Hauptverkehrsstraßen neue Busstreifen mit einem Farbstreifen im Straßenraum abgetrennt wurden (eigentlich waren Barrieren geplant, damit andere Verkehrsteilnehmer den Busbetrieb nicht behindern). Zusätzlich wurden ca. 100 „Prepaid-Bushaltestellen" eingerichtet, indem ein ca. 1m hoher Zaun um die Haltestelle gezogen wurde. Somit müssen die Passagiere beim Betreten der Haltestelle bezahlen und das Einsteigen verläuft schneller. Der Zaun ist allerdings sehr leicht zu überwinden, weshalb wiederum mehrere Personen das Bezahlen an der Haltestelle seitdem kontrollieren.

Von großer Bedeutung waren allerdings die Nachverhandlungen zwischen MTT und den Busunternehmen, die noch im Februar 2007 begannen, um die eingesetzte Busflotte von 4.500 auf 6.400 Busse zu vergrößern (vgl. Muñoz/Ortuzar/Gschwender 2009: 163). Dabei mussten die Verträge zwischen Parteien des Public-Private-Partnership, dem MTT und den Busunternehmen neu formuliert werden, da die Unternehmen bei allen Änderungen grundsätzlich ein Mitspracherecht haben und die Flottengröße in den Verträgen geregelt ist (vgl. Briones 2009: 62). Ebenso wurden die Einnahmegarantien für die Busunternehmen neu verhandelt, so dass die Einnahmen letztendlich nur noch zu 65 % statt 90 % garantiert wurden. Jedoch wurde dieses Abrechnungssystem um einen Vertragserfüllungsindex erweitert, um den Unternehmen trotz Einkommensgarantien Anreize für die Erfüllung ihrer Verträge zu bieten. „*Und damit fingen die Busbetreiber an,* [Anm. d. V.: mehr] *Busse auf die Straße zu schicken, und heute sind mehr oder weniger 6.100 Busse im Einsatz*"[107] (Interview S18 2009: 34). Mit der genauen Abrechnung pro Fahrgast konnte allerdings erst begonnen werden, als das GPS-System funktionsfähig war.

Kurz nach der Implementierung von Transantiago bereitete vor allem das Finanzdefizit der Regierung große Sorge, da schon Anfang Mai nicht mehr genug Finanzressourcen zur Verfügung standen, um den neuen ÖPNV-Betrieb ohne eine Fahrpreiserhöhung zu erhalten. Der damalige Verkehrsminister erklärte: „*Eine Tariferhöhung zu diesem Zeitpunkt wäre ein Akt der Ungerechtigkeit und Unvernunft zugleich gewesen*"[108] (Rene Cortázar zitiert in Cámara de Diputados de Chile 2007: 576). Deshalb hat die Regierung nach einer Lösung gesucht, bei der weder die ohnehin schon verärgerten ÖPNV-Nutzer eine Fahrpreiserhöhung hinnehmen mussten, noch die Unternehmen zur Rechenschaft gezogen wurden, für die der ÖPNV-Markt ansonsten nicht mehr profitabel und sie dadurch evtl. vom Konkurs bedroht gewesen wären. Abgesehen davon hatte die Regierung den Busunternehmen sowieso Einnahmegarantien gegeben, weshalb es in der Verantwortung des Staates lag, das Finanzdefizit auszugleichen (vgl. Interview S1 2009: 168). Somit wurden die Kosten übergangsweise durch die 2 % des chilenischen Finanzhaushalts bezahlt, die eigentlich für nationale Notfälle und Katastrophen, wie z. B. Erdbeben, vorgesehen sind. Diese Lösung bedurfte weder der Zustimmung des Kongresses noch der Opposition. Daraufhin musste sich der chilenische Staat jedoch aufgrund der hohen finanziellen Belastung Geld bei der Interamerikanischen Entwicklungsbank (BID) leihen. In Chile gab es zu diesem Zeitpunkt grundsätzlich keine staatlichen Subventionen, da

„…in den letzten 30 Jahren eine sehr subventionsfeindliche Politik [Anm. d. V.: verfolgt wurde], weil man davon ausging, […] dass subventionierte Systeme ineffizient sind"[109] (Interview S3 2009: 16).

Da allerdings die Finanzierung über die Finanzmittel für nationale Notfälle nur übergangsweise möglich war und das gesamte Finanzdefizit jeden Monat weiter anstieg, wurde im September 2009 das Gesetz 20378 für die Schaffung einer nationalen Subventionierung des ÖPNV verabschiedet. Durch diese, für Chile sehr innovative Lösung, kann seitdem nicht nur der ÖPNV in Santiago finanziell unterstützt werden, sondern ebenso der ÖPNV im restlichen Land.

Da die vielen Probleme der Implementationsphase auf die fehlende Leitstelle (CIG) zurückgeführt wurden (vgl. Correa in ebd.: 69), wurde Anfang 2009 eine

---

107 „Y con eso, los operadores empiezan a sacar los buses a la calle y hoy día tenemos operando más o menos 6.100 buses."

108 „Plantear en ese momento un aumento en la tarifa al público habría sido un acto de injusticia y de insensatez al mismo tiempo."

109 „…desde los últimos 30 años, una política muy antisubsidio, de considerar que […] los subsidios son sistemas de ineficiencia."

Abteilung zur Kontrolle des laufenden ÖPNV-Betriebs (*Unidad Control de Operación*) innerhalb von CGTS eingerichtet, da auch die GPS-Technik erst zu diesem Zeitpunkt funktionierte. In dieser Abteilung gibt es nun je Organisationseinheit (neun Alimentatoras und fünf Troncales) eine Person, die den Ablauf des ÖPNV in dem Gebiet kontrolliert. Dazu gehören die Kontrolle der Frequenzen und die Vermeidung von Unregelmäßigkeiten aufgrund von Verkehrsstaus, Unfällen oder Demonstrationen. Zur Überwachung des Ablaufs hat diese Abteilung nicht nur Zugriff auf die GPS-Daten, sondern kann auch auf die Überwachungskameras zugreifen, die vor allem für die Ampelschaltung genutzt werden. Bei Unregelmäßigkeiten wendet die Kontrollabteilung sich direkt an die Busunternehmen, um die Probleme schnellstmöglich zu lösen. Zukünftig sind Kameras an den Bushaltestellen geplant, damit ein ungefähres Bild über die aktuelle Nachfrage entsteht. Bisher ist es nicht möglich zu überprüfen, ob ein Bus überfüllt ist oder ob weitere Personen an der Haltestelle warten (Interview S17 2009: 159).

Aufgrund der großen Anfangsschwierigkeiten wurde das Streckennetz zu Beginn ständig verändert, d. h. es wurden viele dringend notwendige Veränderungen möglichst schnell umgesetzt. Heutzutage sind laut den Verträgen zwischen Busunternehmen und MTT Veränderungen alle drei Monate vorgesehen, so dass immer ein Paket von Veränderungen umgesetzt wird (vgl. Interview S17 2009: 69, Interview S16 2009: 55). Grundsätzlich kann aber gesagt werden, dass ein ÖPNV-System in einer Megastadt wie Santiago niemals „fertig" ist, da ein ÖPNV-System ständig auf die Dynamik der Stadtentwicklung reagieren muss. Veränderungen sind also dringend notwendig, um Transantiago an die aktuelle Nachfrage anzupassen.

Eine Veränderung ist auch im Umgang mit den Interessen und Meinungen der ÖPNV-Nutzer zu spüren. So gibt es seit einiger Zeit eine kostenlose Telefonhotline sowie eine Internetseite wo Meinungen, Ideen, Beschwerden und Lob über Transantiago geäußert werden können. Diese Informationen werden von SIAUT gesammelt (da diese die Internetseite sowie die Telefonhotline betreibt), sortiert und an CGTS weitergereicht. Ebenso sammeln einige Kommunalverwaltungen Kritik und Empfehlungen ihrer Bewohner ein und leiten diese Informationen an CGTS weiter. Allerdings haben nicht alle Kommunen dafür finanzielle und personelle Ressourcen (Interview S16 2009: 35). Was mit den Anregungen der Nutzer bei CGTS passiert, ist allerdings unklar. Dennoch kann diese Form der Einflussnahme als eine informelle Art von Partizipation gewertet werden. Sie hat im Juni 2011 dazu geführt, dass ein vom MTT geplanter Bau einer separaten, von dem restlichen Straßenraum abgetrennten Fahrspur für Busse in der Kommune *El Bosque* nicht gebaut wurde. Diese Entscheidung fiel aufgrund des großen Drucks durch den Bürgermeister sowie die Anwohner dieser Straße (vgl. El Mercurio 23.06.2011). Ende 2010 entstand eine offizielle Kampagne zur Partizipation, bei der das Verkehrsministerium innerhalb von sechs Wochen eine Million Vorschläge für die Verbesserung von Transantiago einsammeln wollte (vgl. El Mercurio 01.12.2010). Auch dieser Vorstoß kann als ein weiterer Schritt in Richtung auf mehr Mitspracherecht in der Politik gewertet werden.

Weitere Vorschläge zur Re-Definition von Transantiago sind in dem Bericht einer Expertengruppe zu finden, in der 12 vom Verkehrsminister ernannte Experten zusammenkamen, die an Universitäten, Stiftungen oder in privaten Verkehrsberatungsunternehmen arbeiten (Allard u. a. 2008). Dieses Dokument beinhaltet eine sehr detaillierte Aufzählung von verschiedensten kurzfristig, mittelfristig und langfristig umzusetzenden Maßnahmen. Interessanterweise, und das unterstreicht das gut funktionierende Netzwerk zwischen öffentlichen und privaten Akteuren in der chilenischen Verkehrspolitik, haben einige dieser Autoren seit Anfang 2010 in der konservativen Regierung Sebastian Piñeras wichtige Posten im Verkehrsministerium inne bzw. waren für die neue Regierung während des Wahlkampfes beratend tätig. Zudem ist auffällig, dass die beiden Professoren Joaquín de Cea und José Enrique Fernández, die zusammen das Verkehrsberatungsunternehmen Fernández & de Cea bilden, Teil dieser Expertengruppe sind, obwohl ihnen im Bericht des Untersuchungsausschusses (vgl. Cámara de Diputados de Chile 2007: 667) eine große Mitschuld an den Problemen von Transantiago gegeben wurde, da sie die umstrittenen Verkehrsszenarien entwickelten. Da aber die NGO „Transantiago Chile" auf ihrer Internetseite berichtete, dass José Enrique Fernandez ein enger Freund aus der Studienzeit des Verkehrsministers René Cortázar (der diese Expertengruppe einberufen hat) sei, (vgl. http://www.transantiagochile.com/consultora/fernandez-cea, 10.12.2010), wird deutlich, dass dieses Netzwerk zwischen Politik und Wissenschaft bzw. privaten Unternehmen sehr gut funktioniert. Ob damit objektiv alternative Vorschläge unterbreitet werden können, bei denen Fernández & de Cea ihre eigene Arbeit kritisieren müssten, ist sehr fragwürdig. Es ist zwar nicht bekannt, inwieweit diese Vorschläge von der aktuellen Verkehrspolitik überhaupt beachtet werden, aber dennoch kann davon ausgegangen werden, dass sie eine (vielleicht auch nur geringe) Rolle spielen, da die aktuelle Staatssekretärin für Verkehr, Gloria Hutt, Teil der Expertengruppe war.

Nach einer fast vierjährigen Re-Formulierungsphase (Stand Ende 2010) mit vielen Veränderungen seit Februar 2007, kann gesagt werden, dass sich Transantiago für die Nutzer insgesamt stark verbessert hat. Dementsprechend fasst ein Interviewpartner zusammen:

> „Zu Beginn hat man sich an überhaupt nichts gehalten. Heutzutage sieht das bedeutend besser aus. Das System hat sich seither entscheidend verbessert, aber es hat sich deshalb verbessert, weil wir heute anstelle von 4.500 Bussen über 6.000 verfügen. Das Streckennetz wird ausgeweitet werden, es wurde auch schon um mindestens 40 % erweitert. Die Zahl der gefahrenen Kilometer ist mindestens um 40 %, 50 % gestiegen. Ursprünglich sollte es 5.000 Bushaltestellen geben, heute sind es 8.000. Eine Bezahlung außerhalb der Busse wurde vorher

nicht in Erwägung gezogen, heute haben wir 100–130 ‚Zonas Pagas'[110] außerhalb der Busse. Wir haben das Problem im laufenden Betrieb korrigiert"[111] (Interview S18 2009: 57).

Wann diese Korrekturphase abgeschlossen sein wird, ist jedoch offen. Aber Peñalosa, ehemaliger Bürgermeister Bogotás, meint: *„Transantiago wird in 4 oder 5 Jahren das beste Bussystem in Lateinamerika sein"*[112] (http://www.plataformaurbana.cl/archive/tag/enrique-penalosa, 10.12.2010).

Seit ein paar Jahren wird in Santiago neben dem Ausbau des Metronetzes außerdem über Straßenbahnlinien diskutiert. Dabei ist jeweils eine Straßenbahnlinie zwischen den Kommunen Santiago und Quilicura, entlang des Flusses Mapocho sowie innerhalb der Kommune Las Condes angedacht. Von großer Bedeutung ist vor allem im Fall von Las Condes, dass die Kommunalregierung die Idee selbst entwickelt hat und das Projekt evtl. auch ohne finanzielle Unterstützung des nationalen Verkehrsministeriums umsetzen könnte. Fraglich ist dabei allerdings, ob ein kommunales Angebot parallel zu Transantiago überhaupt nach geltendem Recht entstehen dürfte und inwieweit die nationale Ebene ein Mitspracherecht hat.

Eben diese Frage nach einer für die Verkehrsplanung passenden Entscheidungsebene, wird auch in dem schon genannten Gesetzesentwurf zur Entstehung einer Verkehrsbehörde auf Ebene der Metropole (*Autoridad Metropolitana de Transporte – AMT*) von Mai 2007 angesprochen. Darin heißt es, dass die AMT vor allem zur Koordination der Akteure eingesetzt werden soll, aber auch den laufenden ÖPNV-Betrieb überwachen darf. Allerdings wird klar, dass die Absicht dieses Gesetzesentwurfs nicht die Dezentralisierung von Entscheidungskompetenzen ist, da alle Entscheidungen weiterhin am MTT hängen und die AMT eine (weitere) nationalstaatliche Institution sein soll. Dadurch würde sich die institutionell verworrene Struktur der Verkehrspolitik nicht vereinfachen. Bisher steht jedoch eine Diskussion über die AMT noch aus.

---

110 Mit „Zonas Pagas" sind Haltestellen gemeint, die durch einen Zaun räumlich abgetrennt vom Fußweg sind und bei deren Betretung der Fahrpreis zu entrichten ist. Da der Fahrpreis nicht erst im Bus entrichtet wird, geht das Ein- und Aussteigen schneller.
111 „Cuando se inicia no cumple de ninguna manera, hoy día lo cumple bastante más. O sea el sistema ha mejorado significativamente desde sus inicios, pero ha mejorado porque en vez de tener 4.500 buses hoy día tenemos 6.000. La malla de recorrido habrá aumentado su recorrido, ha aumentado su cobertura en al menos un 40%. Los kilómetros recorridos al menos en un 40 %, 50 %. Los paraderos que originalmente iban a ser 5.000 hoy día son 8.000. No estaba considerado un sistema de pago fuera del bus, hoy día tenemos 100–130 zonas pagas fuera del bus. De manera de que sobre la marcha hemos ido corrigiendo el problema."
112 „El Transantiago va a ser el mejor sistema de buses en América Latina en unos 4 o 5 años."

TEIL F: FALLSTUDIE BOGOTÁ

In diesem Abschnitt der Arbeit wird die Fallstudie Bogotá analysiert. Dabei wird zuerst auf Governance und die Entwicklung des ÖPNV in Bogotá in den verschiedenen Phasen der Geschichte eingegangen und daraufhin das Projekt Transmilenio und die Veränderungen im ÖPNV-System beschrieben. Im letzten Kapitel dieses Teils der Arbeit werden die Strukturen und Prozesse von Governance des Policy-Making von Transmilenio beschrieben, dessen Struktur sich an dem aufgestellten Analyserahmen orientiert.

17. GOVERNANCE UND ÖPNV IN BOGOTÁ

Der Wandel von Governance in Bogotás ÖPNV lässt sich, wie auch im Fall von Santiago, auf politische Veränderungen zurückführen. Für ein umfassendes Verständnis der Governanceprozesse von Transmilenio ist eine Untersuchung dieser Governancetrends erforderlich. Deshalb wird in diesem Kapitel auf den politischen Wandel Kolumbiens und den Dezentralisierungsprozess eingegangen, um die damit verbundenen Entwicklungen von Verkehrspolitik und Governance in Bogotá einordnen zu können.

Im Gegensatz zu Chile hatte die im Vergleich mit anderen lateinamerikanischen Ländern kurze und sehr frühe Militärdiktatur Kolumbiens (1953–1957) keinen entscheidenden Einfluss auf die Verkehrspolitik in Bogotá, weshalb nur die Verfassungsreform von 1991 als ein prägendes politisches Ereignis für ÖPNV-Governance gelten kann. Dementsprechend lassen sich also zwei Phasen voneinander abgrenzen: (1) die Phase der Konsolidierung des kolumbianischen Staates mit einer ökonomischen Liberalisierung des ÖPNV von Anfang des 20. Jahrhunderts bis 1991 und (2) die Phase der lokalpolitischen Autonomie ab 1991 mit einer Weiterführung des liberalisierten ÖPNV-Systems bis zur Einführung von Transmilenio im Jahr 2000.

17.1. Staatskonsolidierung und der Beginn des ÖPNV in Bogotá

Die Phase ab etwa Anfang des 20. Jahrhunderts (also ca. einhundert Jahre nach der Unabhängigkeit Kolumbiens) wird als Periode der staatlichen Konsolidierung eingestuft (vgl. König 1997: 111). Dieser langwierige Prozess der Suche nach mehr wirtschaftlicher und politischer Einigkeit hat auch im ÖPNV in Bogotá seine Spuren hinterlassen, wobei in diesem Fall ebenso auch Stadtentwicklungsprozesse einen Einfluss auf die ÖPNV-Entwicklung hatten.

Die Entwicklung des ÖPNV in Bogotá begann mit der Einführung der Straßenbahn im Jahr 1884, die zu Beginn von Maultieren gezogen, ab Anfang des 20. Jahrhunderts jedoch elektrifiziert wurde. Zu diesem Zeitpunkt besaß das zunächst private, nordamerikanische und später kommunale Straßenbahnunternehmen 30 Straßenbahnwagen sowie ein 20 km langes Streckennetz und war damit Anbieter des primären Transportmittels der 150.000 Einwohner Bogotás. Der Bau der ersten Straßenbahnlinien in Nord-Süd-Richtung bestimmte, neben der topografischen Situation, auch die Stadterweiterung mit, die noch heute eine starke Nord-Süd-Struktur aufweist. Da jedoch der Straßenbahnbau letztlich nicht mit der Geschwindigkeit der Stadtexpansion mithalten konnte, fuhren ab 1925 die ersten sechs privaten, kraftstoffbetriebenen Busse in die neuen Wohngebiete, was allerdings die Ausdehnung der Stadt in alle Richtungen noch beschleunigte (vgl. Parias 2002: 22). Auf Initiative von 77 Busunternehmen mit insgesamt 136 Bussen wurde 1934 die erste Busvereinigung gegründet, deren Anzahl an Unternehmen und Bussen kontinuierlich stieg (Gómez 2004: 13). Die zu dieser Zeit einsetzende Industrialisierung und die rasche Entwicklung des Kaffeeanbaus führten zu einem wirtschaftlichen Aufschwung und einem Wachstum der Städte. Als jedoch am 9. April 1948 der linksliberale Politiker Gaitán ermordet wurde, kam es in Bogotá zu gewalttätigen Auseinandersetzungen, dem sog. „*Bogotazo*" (vgl. König 1997: 128). Dabei wurden etwa 35 % der Straßenbahnen durch Feuer zerstört, was als Ausgangspunkt des Niedergangs der Straßenbahn gewertet wird, aber nicht alleiniger Anlass für das Verschwinden der Straßenbahn sein kann (vgl. Parias 2002: 24, Montezuma 2000: 54). Der „*Bogotazo*" mündete allerdings insbesondere in den ländlichen Gebieten Kolumbiens im Bürgerkrieg, der wiederum als die Wurzel der in Kolumbien operierenden Guerilla-Gruppen gilt. Somit ist der „*Bogotazo*" der Ursprung des bis heute andauernden bewaffneten Konflikts in Kolumbien.

Die schon vor dem „*Bogotazo*" begonnene Expansion von Bogotá setze sich insbesondere in den 1950er und 1970er Jahren fort. So erreichten die Wachstumsraten Höhen von bis zu 7,4 % pro Jahr zwischen 1951 und 1964, wodurch sich die Einwohnerzahl in dieser Zeitspanne von 636.000 auf 1,66 Mio. mehr als verdoppelte. Aber auch zwischen 1964 und 1973 lag die Wachstumsrate mit 6,65 % pro Jahr weiterhin auf einem sehr hohen Niveau, so dass Bogotá 1973 schon 2,5 Mio. Einwohner zählte. Erst ab Mitte der 1970er Jahre verringerte sich die Wachstumsrate Bogotás auf 3,25 % pro Jahr (vgl. Parias 2002: 27). Das Wachstum erfolgte hauptsächlich aufgrund des großen Zuzugs der Landbevölkerung, die allerdings nicht nur aus wirtschaftlichen Gründen nach Bogotá kam, sondern auch aufgrund der Gewalt des Bürgerkriegs bzw. bewaffneten Konflikts aus den ländlichen Regionen in die Hauptstadt floh (vgl. Gilbert/Dávila 2002:56). Diese oftmals als „*Desplazados*" (Verdrängten) bezeichneten Flüchtlinge errichteten vor allem im Süden Bogotás illegale Siedlungen ohne Infrastruktur und soziale Einrichtungen, so dass schließlich in den 1970er Jahren 40 % der bebauten Fläche Bogotas als Elendsviertel bezeichnet wurden (vgl. Pasotti 2010: 45). Dadurch setzte sich die schon in den 1930er Jahren begonnene Segregation zwischen einer einkommensstarken Bevölkerung im Norden der Stadt und einer einkommensschwachen im Zentrum und Süden der Stadt weiter fort, und hält bis heute an.

Das schnelle Wachstum der Stadt erforderte ein flexibles ÖPNV-Angebot, weshalb die Busse der schienengebundenen Straßenbahn vorgezogen wurden. Somit verschwand die Straßenbahn im Jahr 1952 schließlich endgültig aus dem Straßenbild und die Busse sollten bis zur Einführung von Transmilenio im Jahr 2000 das einzige öffentliche Verkehrsmittel in Bogotá bleiben. Auch die in den 1930er Jahren entstandene Unternehmerstruktur bestand weiter fort und ist grundsätzlich bis zur heutigen Zeit gültig (siehe Abbildung 9). Sie ist durch eine stark dezentrale Organisationsstruktur geprägt, in der extra für diesen Zweck geschaffene Unternehmen eine zeitlich unbegrenzte Berechtigung für bestimmte Routen vom nationalen Verkehrsministerium erhalten[113], das die konkrete Streckenführung und die technischen Vorschriften der Busse festlegt. Für das Recht, auf einer dieser Routen einen Busservice anzubieten, müssen Buseigentümer eine bestimmte Summe an den entsprechenden Lizenznehmer zahlen (vgl. Gómez 2004: 13). Der finanzielle Erfolg des Lizenznehmers (des Busunternehmens) hängt dabei von der Anzahl der verkauften Rechte für seine Strecken ab, die nicht limitiert ist. Deshalb haben die Lizenznehmer auch ein finanzielles Interesse an der Ausweitung der Stadt, wodurch sie Berechtigungen für neue Routen erhalten. Die Buseigentümer ihrerseits erzielen ihre Einnahmen aus dem Verkauf der Fahrscheine, so dass für die Buseigentümer viele Passagiere gleichzusetzen waren mit hohen Einnahmen. Somit kämpfen die Busfahrer, die entweder selbst Eigentümer der Busse sind oder prozentual an den Einnahmen beteiligt sind, um jeden einzelnen Fahrgast, indem sie versuchen mit gefährlichen Überholmanövern den nächsten winkenden Fahrgast am Straßenrand auflesen zu können. Dieser Kampf der einzelnen Busse um die Einnahmen wird in Kolumbien als „*guerra del centavo*" (Krieg um den Cent) bezeichnet und die gesamte Branche als sehr informell wirtschaftend eingestuft (vgl. Parias 2002: 31).

---

113 Hier liegt der große Unterschied zwischen den traditionellen Organisationsstrukturen vor deren Modernisierung in Bogotá und Santiago, denn in Santiago wurden zeitlich begrenzte Lizenzen im Rahmen eines Ausschreibungsprozess vergeben, während in Bogotá zeitlich unbegrenzte Berechtigungen ohne einen Ausschreibungsprozess ausgestellt wurden.

Abb. 9: Schematische Darstellung der Organisationsstruktur und der Hierarchien im öffentlichen Busverkehr in Bogotá vor Transmilenio

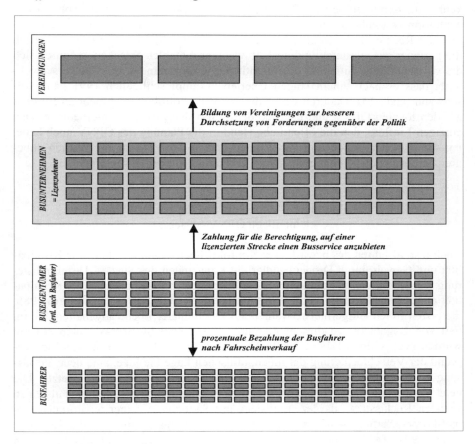

Quelle: eigene Darstellung

Durch das starke Stadtwachstum im 20. Jahrhundert wurde der Ausbau des ÖPNV notwendig, weshalb viele neue Busrouten geschaffen wurden, die zumeist periphere Wohnquartiere miteinander verbanden und dabei durch das Stadtzentrum von Bogotá fuhren. Während in den 1950er Jahren nur etwa 100 Busse von 10 Genossenschaften auf 20 Routen unterwegs waren, gab es 1973 schon 27 Unternehmen mit 6300 Fahrzeugen auf 229 Routen (vgl. Gómez 2004: 14 f.). Neben den privatwirtschaftlichen Busunternehmen bestand seit der Schließung der Straßenbahn 1952 zudem das öffentliche Busunternehmen „*Empresa Distrital de Transporte Urbano*". Zu Beginn arbeitete dieses Unternehmen hauptsächlich mit Trolleybussen und transportierte etwa ein Drittel des täglichen Fahrgastaufkommens der Stadt. Mit der Zeit verlor es allerdings an Fahrgästen, weil gerade die am meisten genutzten Routen im Zentrum an private Unternehmen abgegeben wurden. Besonders in den 1960er bis 1980er Jahren war das Zentrum deshalb stark von Verkehrsstaus durch Busse betroffen, weil diese Strecken, aufgrund der hohen Konzentration von Fahrgästen, besonders lukrativ waren und somit viele Buseigentümer die Rechte dieser Routen kauften. Das öffentliche Busunternehmen betrieb die geringer ausgelasteten und deshalb weniger rentablen Strecken, wodurch sich die wirtschaftliche Situation des öffentlichen Unternehmens so stark verschlechterte, dass es nach einem langen Überlebenskampf schließlich 1991 ganz verschwand (ebd.: 14). Dadurch verlor die nationale Politik einmal mehr an Einfluss auf den lokalen ÖPNV und überließ den Markt den privaten Unternehmen. Den einzigen Einfluss, den die öffentliche Hand in die Planung des ÖPNV noch hatte, lag somit in der Benennung von Routen und in der Vergabe der zeitlich unbegrenzten Angebotsberechtigungen an Vereinigungen oder Busunternehmen.

17.2. Lokalpolitische Autonomie und die Weiterführung des kleinteiligen ÖPNV-Systems

Nach fast 40 Jahren des bewaffneten Konflikts überstiegen die steigende Kriminalität und Gewalt durch Drogenhändler die Kapazitäten des Staates. Dezentralisierung wurde von vielen Politikern als ein Instrument zur Reduzierung der Kriminalität angesehen. Deshalb wurde 1988, nach einer ersten Verfassungsreform 1986, die ersten freien Bürgermeisterwahlen auf kommunaler Ebene abgehalten, die im Fall von Bogotá bis zu diesem Zeitpunkt direkt vom Staatspräsidenten ernannt wurden (vgl. Gilbert/Dávila 2002: 33, Pasotti 2010: 47). Ebenso entstand aufgrund der Verschlechterung der innenpolitischen Lage die Idee, eine neue Verfassung zu formulieren, für die sich 1990 eine Studentenbewegung einsetzte. Die neue Verfassung trat schließlich 1991 in Kraft und definierte Kolumbien als einen sozialen Rechtsstaat, als dezentralisiert, mit Autonomie seiner territorialen Gebietskörperschaften, sowie als demokratisch, partizipativ und pluralistisch (vgl. Heinz 1997: 141). Damit wurde zwar die bisherige Unterteilung des Landes in Regionen (*Departamentos*) nicht verändert, diese haben aber durch die Einführung der freien Wahl der Provinzgouverneure mehr Autonomie erhalten. Außerdem wird die Position der darunterliegenden Ebene, auf der indigene Territorien, Gemeinden und Distrikte gleichberechtigt nebeneinander existieren, seit der Verfassungsreform besonders hervorgehoben. Indigene Territorien sind dabei ehemalige Reservate der indigenen Bevölkerung, die durch die neue Verfassung einen eigenen Status als Gebietskörperschaft erhalten haben. Die Definition der Gemeinden ist unabhängig von der Bevölkerungszahl, so dass sehr kleine Gemeinden ebenso existieren wie sehr große. Einige wenige Gemeinden besitzen den Sonderstatus Distrikt, der sie zwar nicht über die anderen Gemeinden stellt, aber dennoch haben die Distrikte einen größeren Verantwortungsspielraum und erhalten höhere finanzielle Zuwendungen vom Staat (vgl. Eckhardt 1998: 107 ff.). Bogotá veränderte seinen Status mit der neuen Verfassung 1991 vom Spezialdistrikt zum Hauptstadtdistrikt, womit die Stadt erstens stärker administrativ von der Region Cundinamarca (in der Bogotá liegt) getrennt wurde, zweitens von nun an unabhängige Repräsentanten in den Nationalkongress schicken konnte, um die Anliegen der Stadt zu vertreten und drittens die Kontrolle über das eigene Budget verstärkte (vgl. Gilbert/Dávila 2002: 32).

Der städtische Verkehr war in den 1990er Jahren durch eine steigende Motorisierungsrate aufgrund von Importerleichterungen, die die gesamte Wirtschaft betrafen, geprägt. Dadurch wurden allerdings auch vermehrt Busse importiert, so dass die Zahl eingesetzter Busse anstieg. Dabei hatte sich die dezentrale Organisationsstruktur des ÖPNV über die Jahrzehnte kaum verändert, so dass 1995 insgesamt 67 sehr unterschiedlich große Busvereinigungen und -unternehmen vorhanden waren, die als Lizenznehmer das Recht, auf ihren Strecken einen Busservice anzubieten, viele Male verkauften, so dass schließlich knapp 22.000 Busse auf den Straßen unterwegs waren (vgl. Montezuma 1996: 151 f.). Grundsätzlich hatte sich also am Betrieb des ÖPNV seit Jahrzehnten nichts verändert.

Durch die administrative Dezentralisierung, die mit der neuen Verfassung erfolgte, veränderten sich allerdings die Zuständigkeiten für die Regulierung des ÖPNV. So war nun nicht mehr das nationale Verkehrsministerium für die Festlegung der Busstrecken in Bogotá sowie die Ausgabe der Betriebslizenzen zuständig. Stattdessen übernahm das lokale Verkehrssekretariat (*Secretaria de Transito y Transporte* – STT) diese Aufgaben. Das nationale Verkehrsministerium war aber weiterhin für den Erlass von technischen Vorschriften zuständig (und ist es immer noch). Zur besseren Organisation des Busverkehrs wurde Ende der 1980er Jahre auf der stark verkehrsbelasteten Avenida Caracas ein separater Busfahrstreifen eingerichtet. Das STT hat allerdings lange Zeit keine weiteren grundsätzlichen Veränderungen im ÖPNV vorgenommen, sondern das vorhandene Bussystem „verwaltet". Diese Situation wandelte sich erst mit der Einführung von Transmilenio.

Bogotá ist heutzutage mit seinen 6,8 Mio. Einwohnern (vgl. DANE 2005: 35) zwar keine Primatstadt wie z. B. Santiago de Chile, da nur etwa 16 % der Einwohner Kolumbiens in der Hauptstadt leben, aber dennoch konzentriert sich ein großer Teil der kolumbianischen Wirtschaftskraft in Bogotá. So ist etwa Bogotá der Schwerpunkt des Finanzsektors; 40 % der Studierenden des Landes studieren in Bogotá und ein Drittel des Binnenhandels konzentriert sich auf die Hauptstadt (vgl. Goueset 1997: 45f.). Bogotá ist deshalb wirtschaftlich und auch politisch für Kolumbien sehr bedeutend.

18. VERÄNDERUNGEN DES ÖPNV DURCH TRANSMILENIO

Transmilenio basiert wie Transantiago auf dem Konzept des Bus-Rapid-Transit (BRT) und ist stark von den Erfahrungen aus Curitiba (Brasilien) geprägt, wo ein solches System sehr erfolgreich in den 1970er Jahren umsetzt wurde. Ebenso wie auch bei Transantiago sind auch bei Transmilenio die charakteristischen Merkmale einer BRT-Infrastruktur, des Betriebs und der Geschäftsstruktur zu finden

Tab. 8: Überblick über die Veränderungen im ÖPNV mit Transmilenio

	Altes ÖPNV-System	Transmilenio *(auf einzelnen Korridoren)*
Technische Veränderungen		
ÖPNV-Netz	Kein integriertes System, sondern viele Buslinien, die nicht miteinander abgestimmt sind	Integriertes System mit *Troncales* (auf wenigen Korridoren) und *Alimentadoras* (nur am Ende der *Troncales*)
Infrastruktur	Separate Busspur nur auf der Hauptstraße im Zentrum (Av. Caracas)	Separate Busspuren auf den *Troncales* (meist zwei Spuren je Richtung)
Haltestellen	Haltestellen nur auf Av. Caracas, aber ein Ein- und Aussteigen ist überall möglich und nicht an eine Haltestelle gebunden	Ein- und Aussteigen ist nur noch an festen Haltestellen möglich, die in der Mitte der Straße liegen
Busse	Viele Busse mit hohen Schadstoffemissionen	Höhere Umweltstandards bei allen Bussen von Transmilenio, traditionelle Busse fahren weiterhin
Koordinierung der Busse	Keine Koordinierung der Busse	Zentrale Leitstelle mit GPS-gesteuerter Koordinierung des Transmilenio-Systems
Unternehmerische Veränderungen		
Unternehmensstruktur	67 Lizenznehmer und tausende von Kleinstunternehmen mit insg. etwa 22.000 Bussen	7 Unternehmen betreiben *Troncales*; 11 Unternehmen betreiben *Alimentadoras* (Phase 1+2)
Bezahlung der Busfahrer	Prozentsatz pro verkauftem Fahrschein; Wettbewerb um die Fahrgäste	Arbeitsverträge mit monatlicher Entlohnung, unabhängig von der Fahrgastanzahl
Beschäftigte	Vorwiegend männliche Busfahrer	Ausbildung und Einstellung von Busfahrerinnen
Qualifizierung der Busfahrer	Keine spezielle regelmäßige Schulung	Regelmäßige Schulung der Busfahrer
Finanzielle Veränderungen		
Tarifsystem	Bezahlung jeder einzelnen Fahrt; Bezahlung beim Umsteigen	Verbundsystem mit Möglichkeit zum Umsteigen ohne doppelte Bezahlung
Bezahlung des Fahrscheins	Bezahlung mit Münzen	Bargeldlose Bezahlung mit elektronischer Karte

Quelle: eigene Zusammenstellung

Die wesentlichen Veränderungen des traditionellen Bussystems in Bogotá durch Transmilenio (vgl. Gómez 2004, Valderrama 2010) lassen sich in technische, unternehmerische und finanzielle Veränderungen einteilen, die in Tabelle 8 zusammengestellt sowie im folgenden Abschnitt näher erläutert werden.

18.1. Technische Veränderungen: Re-Organisierung auf einzelnen Korridoren

Transmilenio beinhaltet eine Re-Organisierung des Bussystems auf wichtigen Hauptverkehrsstraßen in Bogotá, genannt *Troncales* (zur Erläuterung des neuen ÖPNV-Systems siehe Abbildung 10) sowie die Einführung von *Alimentadoras* (Zubringerlinien) jeweils am Ende der *Troncales*. An den Endpunkten jeder *Troncales* sind Bushöfe vorhanden, die ein Umsteigen zu den *Alimentadoras* erleichtern sollen.

Abb. 10. Schematische Abbildung des Transmilenio-Liniennetzes 2011

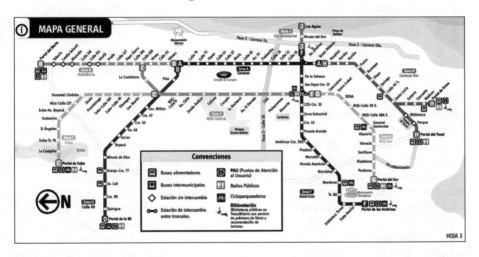

Quelle: Transmilenio S.A. a, 23.03.2011

Bisher wurden zwei von acht geplanten Phasen umgesetzt und die dritte Erweiterungsmaßnahme befindet sich derzeit im Bau, so dass bisher 84 km der *Troncales*-Strecken in Betrieb sind. (Stand März 2011). Auf den *Troncales* fahren Gelenkbusse (teilweise sogar mit zwei Gelenken) mit einem hohen Umweltstandart auf zwei Typen von Linien, die beide in einer Taktfrequenz von zwei bis drei Minuten fahren: Zum einen bestehen Linien, auf denen die Busse an jeder Haltestelle halten (sog. *Corrientes*) und zum anderen bestehen Expresslinien, auf denen die Busse nur an bestimmten Haltestellen halten (sog. *Expresos*). In beiden Fällen sind auf allen *Troncales* verschiedene Linien mit unterschiedlichen Endhaltestellen vorhanden, so dass jede Anfangshaltestelle mit jeder Endhaltestelle verbunden ist. Zusätzlich ist eine Vielzahl von verschiedenen Expresslinien vorhanden, die an unterschiedlichen Haltestellen der *Troncales* halten. Die Linien der *Alimentadoras* werden mit konventionellen Bussen betrieben. Exklusive Fahrstreifen sind auf diesen Linien nicht vorhanden, stattdessen fahren sie auf den normalen Straßen, die teilweise allerdings extra für diese Nutzung ausgebaut (verbreitert oder asphaltiert) werden mussten. Ein geordneter Ablauf des gesamten Betriebs wird von einer zentralen Leitstelle sichergestellt, die alle Busse per GPS leitet und im direkten Kontakt mit den Busfahrern steht, so dass Unregelmäßigkeiten möglichst schnell entgegengewirkt werden kann.

Insgesamt funktioniert das System nicht wie ein Metrosystem, sondern ist nach einem komplizierten Modell konzipiert, für das es unbedingt notwendig ist, dass sich die Busse gegenseitig überholen können. Deshalb sind pro Fahrtrichtung in der Mitte der Straße zwei exklusive Fahrstreifen für Busse vorhanden. Die abgeschlossenen und 70 cm erhöhten Haltestellen liegen ebenso in der Mitte der Straße, so dass sie von beiden Fahrtrichtungen genutzt werden können. Sie sind oftmals nur über Fußgängerbrücken zu erreichen. Dadurch sind auch spezielle Busse mit einem erhöhten Einstieg und Türen auf der linken Seite notwendig.

18.2. Unternehmerische Veränderungen: von einer kleinteiligen Unternehmerstruktur zu wenigen Großunternehmen

Die vorher überall in der Stadt vorhandene kleinteilige Unternehmerstruktur wurde zwar auf den *Troncales* aufgelöst, aber dennoch funktioniert das traditionelle Bussystem mit einer kleinteiligen Unternehmerstruktur auf allen anderen Straßen in Bogotá weiterhin. D. h. seit der Einführung der zweiten Phase von Transmilenio haben insgesamt sieben Unternehmen für den Betrieb auf den *Troncales* und 11 Unternehmen für den Betrieb auf den *Alimentadoras* übernommen. In diesen neuen Unternehmen sind die traditionellen Busunternehmen (Lizenznehmer und Kleinstunternehmen) involviert. Im Transmilenio-System fahren die Unternehmen der *Troncales* nicht nur auf bestimmten Linien, sondern alle Unternehmen operieren im gesamten System. Wie im traditionellen Bussystem auch wirtschaften die Unternehmen ohne finanzielle Unterstützung vom Staat. Die Busfahrer von Transmilenio erhalten nun Arbeitsverträge mit festen monatlichen Löhnen, die unabhängig von der Fahrgastanzahl ausgezahlt werden. Dadurch ist der Wettbewerb um die Fahrgäste mit gefährlichen Wettrennen zwischen den Bussen verschwunden. Die angestellten Busfahrer und Busfahrerinnen werden außerdem regelmäßig geschult, um z. B. die Qualität des Services zu verbessern.

18.3. Finanzielle Veränderungen: Einführung eines integrierten Tarifsystems

Mit Transmilenio wurde ein integriertes Tarifsystem eingeführt, mit dem ein Umsteigen zwischen den Buslinien der *Troncales* und *Alimentadoras* möglich ist. Das immer noch parallel vorhandene traditionelle Bussystem, das schon vor Transmilenio in der gesamten Stadt vorhanden war, ist allerdings nicht in das neue System integriert, so dass bei einem Umsteigen zwischen diesen zwei Systemen ein nochmaliges Zahlen erforderlich ist. Beim Betreten der Transmilenio-Haltestellen, die ähnlich wie manche Metrosysteme durch Drehkreuze abgetrennt sind, ist eine bargeldlose Bezahlung mit der elektronischen Karte erforderlich. Da keine zeitlich begrenzten Tarife (Wochen- oder Monatstarif) erhältlich sind, ist zwar jede Fahrt einzeln zu bezahlen, aber diese Fahrt ist zeitlich nicht begrenzt, so lange das geschlossene System aus Buslinien und Haltestellen nicht verlassen wird. Die Einführung eines integrierten Tarifs erforderte zudem auch die Einrichtung einer gemeinsamen Finanzverwaltung, die die Einnahmen zunächst einsammelt und diese entsprechend der Leistungen an die Busunternehmen verteilt.

18.4. Flankierende Verkehrsmaßnahmen

Transmilenio wurde nicht als einzelne Verkehrsmaßnahme umgesetzt, sondern wird von verschiedenen flankierenden Verkehrsmaßnahmen begleitet, so dass von einem integrierten Konzept gesprochen werden kann. Peñalosa (2004: 96) versteht Transmilenio als Teil eines Programms zu Revitalisierung und Aufwertung von Bogotá. Dazu gehört erstens eine Restriktion des motorisierten Individualverkehrs, die als „Pico y Placa" (was mit „Spitze und Nummernschild" übersetzt werden kann) 1998 eingeführt wurde. Damit sollen an Werktagen in der Hauptverkehrszeit zwischen 6 und 20 Uhr[114] die Verkehrsstaus und -emissionen verringert werden. Die täglich wechselnden Fahrverbote sind abhängig von den Endziffern des Nummernschilds und treffen jedes Fahrzeug zweimal pro Woche – auch traditionelle Busse und Taxis, aber keine Transmilenio-Busse. Dadurch zirkulieren tagsüber etwa ein Drittel weniger Fahrzeuge auf den Straßen, was zum einen zu einer Erhöhung der Reisegeschwindigkeit um 58 % sowie einer verringerten Unfallrate um 28 % führte und zum anderen zu einer verstärkten Nutzung des ÖPNV (vgl. Moavenzadeh/Markow 2007: 173).

Eine zweite restriktive Maßnahme für den motorisierten Individualverkehr ist die Einführung eines jährlichen autofreien Tages, der am 24. Februar 2000 das erste Mal stattfand und ein Novum für Lateinamerika war. An diesem Sonntag blieben für 13 Stunden über 800.000 private Fahrzeuge stehen, wodurch sich die Schadstoffemissionen an diesem Tag drastisch verringerten. Die Maßnahme wurde insgesamt sehr positiv von den Bewohnern aufgenommen, so dass sie in einem späteren Referendum für eine jährliche Wiederholung und sogar ab 2015 für eine täglich autofreie Stadt stimmten (vgl. Wright 2001: 125). Ob diese Maßnahme aber tatsächlich ungesetzt wird, ist sehr fragwürdig.

Zu den flankierenden Verkehrsmaßnahmen zur Revitalisierung und Aufwertung der Stadt gehört drittens der Bau von 250 km Fahrradwegen. Damit hat Bo-

---

114 Zu Beginn waren nur die Zeiten morgens zwischen 7 und 9 Uhr sowie abends zwischen 17:30 und 19:30 Uhr beschränkt.

gotá heute das umfassendste Fahrradwegenetz eines Entwicklungslands weltweit. Zusätzlich werden jeden Sonntag viele Hauptverkehrsstraßen für den motorisierten Verkehr gesperrt und für Fußgänger und Radfahrer freigegeben. Mit den neuen Fahrradwegen und dem Bau der Transmilenio-Korridore wurde außerdem der gesamte öffentliche Raum in diesen Straßenzügen umgestaltet. Dafür mussten viele Parkplätze weichen, um Fußwege und Plätze anlegen zu können. Durch diese Maßnahmen wird heute der öffentliche Raum verstärkt genutzt, was zu einer positiven Entwicklung der Sicherheitslage in diesen Gebieten führt (vgl. Wright/Montezuma 2004: 4).

19. GOVERNANCE DES POLICY MAKING VON TRANSMILENIO

In diesem Kapitel werden anhand des aufgestellten Analyserahmens die Governanceprozesse der Umsetzung von Transmilenio untersucht. Dem Analyserahmen folgend werden erstens verschiedene Aspekte von Metagovernance beleuchtet, zweitens der institutionelle Rahmen verdeutlicht, drittens die Akteure analysiert und viertens der Prozess des Policy Making von Transmilenio nachgezeichnet.

19.1. Metagovernance

19.1.1. Strukturell-politischer Kontext: Bogotá im dezentralisierten politischen System

Mit der Umsetzung der neuen Verfassung wurden in Kolumbien die Dezentralisierungsbemühungen verstärkt, um damit neue Lösungen für Kriminalität und Stadtentwicklungsprobleme zu finden.

> „Decentralization in Colombia was partly a response to the ineffectiveness of the state to deal with issues of violence and urban development and also partly a reflection of changing ideas about what level government could be most effective" (Berney 2010: 544).

Diese Dezentralisierung, die administrative, politische sowie fiskalische Elemente beinhaltet, führte dazu, dass Bogotás Stadtregierung einen größeren Handlungsspielraum für die Entwicklung der Stadt erhielt. Seitdem ist die Stadt administrativ eine Kommune, die in 20 *Localidades* unterteilt ist. Diese sollen der besseren Verwaltung der Stadt dienen, so dass in diesem Fall von einer administrativen Dezentralisierung auf lokaler Ebene gesprochen werden kann. Für jede *Localidad* ernennt der Bürgermeister von Bogotá einen Lokalbürgermeister. Demokratisch gewählt werden auf dieser Ebene nur die sieben bis elf Mitglieder des lokalen Verwaltungsrats (*Junta Administradora Local* – JAL). Dessen Aufgaben reichen von der Beaufsichtigung und Überwachung des öffentlichen Dienstleistungsangebots über die Präsentation von eigenen Investitionsvorschlägen gegenüber der nationalen Ebene oder der Stadt Bogotá bis hin zum Schutz des öffentlichen Raumes und seiner gleichzeitigen Nutzung für kulturelle oder sportliche Aktivitäten. Dennoch kann gesagt werden, dass die *Localidades* für die Verkehrsplanung kaum relevant sind, da die Entscheidungen über den Stadtverkehr letztlich auf der gesamtstädtischen Ebene von Bogotá gefällt werden.

Abb. 11: Chronologie der Bürgermeister und Präsidenten

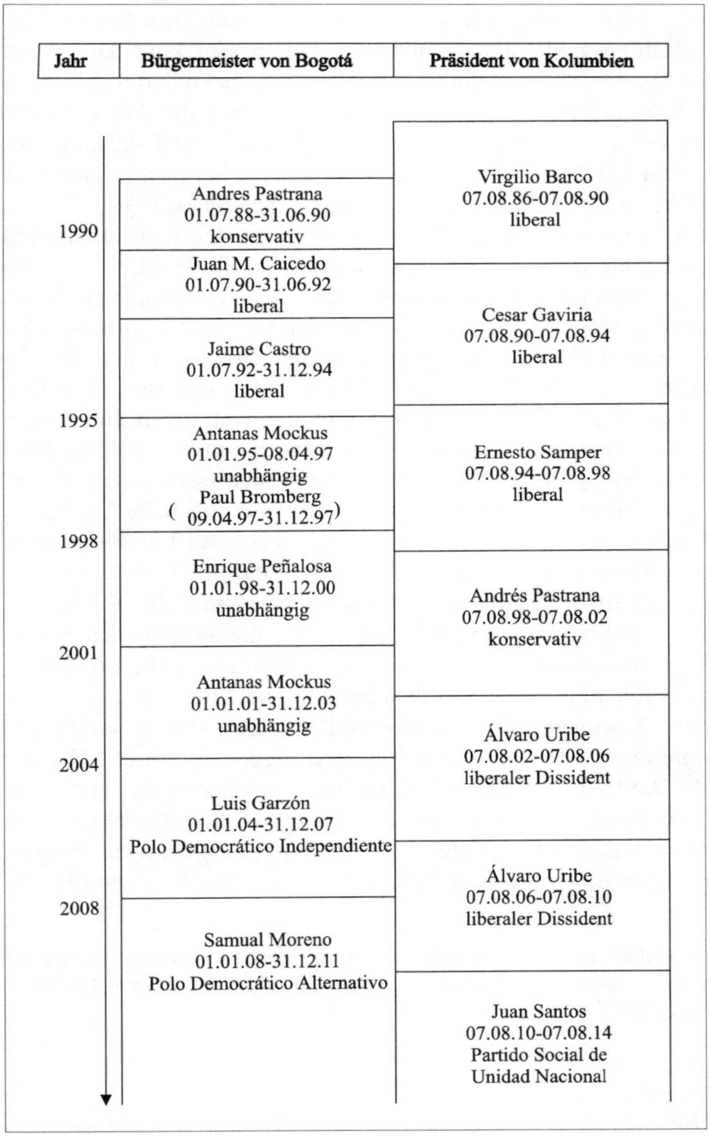

Jahr	Bürgermeister von Bogotá	Präsident von Kolumbien
1990	Andres Pastrana 01.07.88-31.06.90 konservativ	Virgilio Barco 07.08.86-07.08.90 liberal
	Juan M. Caicedo 01.07.90-31.06.92 liberal	Cesar Gaviria 07.08.90-07.08.94 liberal
1995	Jaime Castro 01.07.92-31.12.94 liberal	
	Antanas Mockus 01.01.95-08.04.97 unabhängig	Ernesto Samper 07.08.94-07.08.98 liberal
1998	(Paul Bromberg 09.04.97-31.12.97)	
	Enrique Peñalosa 01.01.98-31.12.00 unabhängig	Andrés Pastrana 07.08.98-07.08.02 konservativ
2001		
	Antanas Mockus 01.01.01-31.12.03 unabhängig	Álvaro Uribe 07.08.02-07.08.06 liberaler Dissident
2004		
	Luis Garzón 01.01.04-31.12.07 Polo Democrático Independiente	Álvaro Uribe 07.08.06-07.08.10 liberaler Dissident
2008		
	Samual Moreno 01.01.08-31.12.11 Polo Democrático Alternativo	Juan Santos 07.08.10-07.08.14 Partido Social de Unidad Nacional

Quelle: Ardila-Gómez 2004: 210 mit eigenen Ergänzungen

Bogotá ist seit der neuen Verfassung als Hauptstadtdistrikt anerkannt, und ist dabei nicht nur die Hauptstadt Kolumbiens, sondern auch Hauptstadt der Region Cundinamarca, in der die Stadt liegt. Allerdings dürfen die Einwohner Bogotás sich nicht an der Wahl der Provinzregierung beteiligen. Der Bürgermeisterposten von Bogotá wurde durch diese doppelte Hauptstadtfunktion und die Einführung von freien Bürgermeisterwahlen zum zweitwichtigsten politischen Posten nach dem Präsidentschaftsposten. Jedoch war die Amtszeit der ersten zwei frei gewählten Bürgermeister Pastrana und Caidedo mit zwei Jahren sehr kurz. Der damit verbundene häufige Austausch von Entscheidungsträgern behinderte eine konstante Politik (vgl. Gilbert/Dávila 2002: 37). Daraufhin wurde die Amtszeit von Castro zunächst auf zweieinhalb Jahre, danach mit Mockus[115] und Peñalosa auf drei Jahre und ab 2004 mit Garzón und Moreno auf vier Jahre ausgeweitet (zur Übersicht über die Chronologie der Bürgermeister siehe Abbildung 11).

Bis 1993 bestand keine eindeutige Trennung zwischen den legislativen und den administrativen Funktionen der Kommune Bogotá. So übten die Gemeinderatsmitglieder oftmals administrative Funktionen bei der Besetzung von freien Posten, der Etatplanung oder der Vergabe von öffentlichen Aufträgen aus, weshalb Korruption und Klientelismus weit verbreitet waren. Erst unter dem Bürgermeister Jaime Castro wurde 1993 mit dem Dekret 1412, das sog. „Estatuto Orgánico", eine Trennung zwischen legislativen und administrativen Funktionen eingeführt, so dass der Gemeinderat legislative Aufgaben erfüllte und der Bürgermeister die Verantwortung über die administrativen Funktionen erhielt. Durch diese Umstrukturierung von Verantwortlichkeiten wurde die politische Macht des Bürgermeisters erweitert und der Einfluss des Gemeinderats auf Entscheidungen des Bürgermeisters schrumpfte (vgl. Gilbert 2006: 403 f., Pasotti 2010: 53 f.).

Die Einführung der freien Bürgermeisterwahlen, bei denen die Kandidatur nicht mit einer Parteizugehörigkeit verbunden ist, sowie die ausgeweitete politische Macht des Bürgermeisters durch das „Estatuto Orgánico" hatte zur Folge, dass heutzutage im Wahlkampf die politischen Programme eines jeden Kandidaten besonders in den Mittelpunkt der Aufmerksamkeit treten. Pasotti spricht davon, dass sich dadurch mit jedem Bürgermeister eine eigene „politische Marke" herausbildet, die die Amtszeit der verschiedenen Bürgermeister prägt und letztendlich für eine Zustimmung unter den Wählern sorgt (ebd.: 181). Im Werben um die Gunst der Wähler wurde insbesondere für die parteiunabhängigen Bürgermeisterkandidaten (wie z. B. Mockus und Peñalosa) das Prägen ihrer „politischen Marke" wichtig.

> „In this context, candidates need to create a brand that can coexist with voters' perceptions and still be persuasive – and the brand's slogan becomes [...] the most important aspect of campaign strategizing" (ebd.: 83).

---

115 Mockus ist allerdings frühzeitig in seiner ersten Amtszeit zurückgetreten, um bei den nationalen Wahlen um das Präsidentschaftsamt zu kandidieren. Bromberg hat daraufhin gewissermaßen als Vertretung die letzten neun Monate der Amtszeit von Mockus übernommen.

So lautete der Slogan von Bürgermeisterkandidat Peñalosa 1997 „*Für das Bogotá das wir wollen*"[116], von Luis Eduardo Garzón 2003 „*Bogotá ohne Indifferenz*"[117] und von Samuel Moreno 2007 „*positives Bogotá*"[118].

Durch das „Estatuto Orgánico" sowie die administrative und politische Dezentralisierung der neuen Verfassung hat die lokale Regierung der Stadt zudem verstärkt die Möglichkeit, die Stadt- und Verkehrsentwicklung zu beeinflussen und zu planen. Diese neuen Verantwortungsbereiche wurden von den Bürgermeistern in die Wahlprogramme aufgenommen, so dass städtische Themen wie sozialer Wohnungsbau und Mobilität alsbald auf der lokalpolitischen Agenda standen. Schon der erste demokratisch gewählte Bürgermeister Andrés Pastrana (1988–1990) richtete deshalb Ende der 1980er Jahre einen separaten Busfahrstreifen auf der Avenida Caracas ein, mit dem der Busbetrieb organisiert werden sollte und der als Vorläufer des Transmilenio-Systems gilt. Dadurch konnte zwar der ÖPNV auf der Avenida Caracas beschleunigt werden, aber neue Probleme im Betriebsablauf entstanden, sodass eine grundlegende Verbesserung des ÖPNV damit nicht erreicht werden konnte (vgl. Gómez 2004: 24, Interview B4 2009: 139, Interview B1 2009: 10).

19.1.2. Wirtschaftsmodell: Marktorientierte Verkehrspolitik mit privatwirtschaftlichen Akteuren

Nachdem schon viele Länder in Lateinamerika eine marktorientierte Politik umgesetzt hatten und die Bestrebungen nach einer verstärkten Privatisierung öffentlicher Angelegenheiten z. B. in Chile weit fortgeschritten waren, schwappte gegen Ende der 1980er Jahre die Privatisierungswelle auch nach Kolumbien. Präsident Gaviria versuchte ab 1990, mit seiner neoliberalen Politik das Wirtschaftssystem effizienter zu gestalten, den staatlichen Einfluss zu verringern, den Handel zu liberalisieren und damit das Land für internationale Investitionen attraktiver zu gestalten (vgl. Gilbert/Dávila 2002: 55, Gilbert 2006: 402). Aber dennoch ist Kolumbien kein typisches Beispiel für die Umsetzung einer neoliberalen Politik. „*...Colombia does not fit the Latin American economic reform pattern...*" (Gilbert/Dávila 2002: 55). Denn gerade in Bogotá sind die Bemühungen um eine verstärkte Privatisierung bisher nur schwach ausgeprägt, so dass die öffentliche Hand weiterhin z. B. das Telefonunternehmen, die Wasserver- und entsorgung sowie den Straßenbau betreibt (ebd.: 37). Der ÖPNV ist allerdings eine Ausnahme, da er historisch geprägt schon immer von privaten Unternehmen betrieben wurde. Dennoch bestand – nachdem es seit 1954 möglich war, unabhängige öffentliche Unternehmen zu schaffen – zusätzlich das öffentliche Busunternehmen „*Empresa Distrital de Transporte Urbano*". Dieses war allerdings wenig erfolgreich, da es

---

116 „Por la Bogotá que queremos"
117 „Bogotá Sin Indiferencia"
118 „Bogota positiva"

nur die nicht lukrativen Strecken bediente, so dass es schließlich im Zuge der Privatisierungsbemühungen 1991 geschlossen und der Markt gänzlich den privaten Busunternehmen überlassen wurde.

Diese traditionellen Busunternehmen sind das „Herzstück" des Busbetriebs und sind damit das wichtigste Element für die tägliche Mobilität der Einwohner Bogotás, die mehrheitlich keinen privaten Pkw zur Verfügung haben. Deshalb spielen die Busunternehmen eine besondere Rolle für das gesamte wirtschaftliche und soziale Leben der Stadt. In dieser besonderen Position haben sie die Möglichkeit, den Verkehrsablauf durch Streiks entscheidend zu stören. Seit Jahrzehnten schon streiken sie immer dann, wenn sie mit den Planungen der lokalen und nationalen Politikebene nicht zufrieden waren. Die traditionellen Busunternehmen unterliegen zwar auf der einen Seite grundsätzlich den Regelungen der lokalen und nationalen Politik, aber auf der anderen Seite üben sie einen indirekten Einfluss auf die Planungen aus, da sie eng mit der Politik verwoben sind. Deshalb haben sie es über die Jahrzehnte hinweg geschafft, ihren Einfluss bei der Ausgestaltung und Veränderung von der sie betreffenden formellen Institutionen der nationalen oder lokalen Ebene zu nutzen. So waren sie vor der Umstrukturierung der öffentlichen Verwaltung in Bogotá eng mit dem Sekretariat für Verkehr und Transport verbunden, um über die Veränderung und Neueinrichtung von einzelnen Strecken mitzubestimmen und haben außerdem den Bürgermeisterwahlkampf finanziell unterstützt. Man kann also durchaus von einem engen Netzwerk zwischen der lokalen Verkehrsbehörde, dem Bürgermeister und den traditionellen Busunternehmen sprechen. Problematisch daran war allerdings der in Bogotá weit verbreitete politische Klientelismus (vgl. Pasotti 2010: 48, Silva Nigrinis u. a. 2009: 25) und die damit zusammenhängende alltägliche Korruption (vgl. Silva Nigrinis u. a. 2009: 27, Interview B1 2009: 20, Interview B3 2009: 14, Interview B18 2009: 27), die das Image der traditionellen Busunternehmen bei der Bevölkerung negativ beeinflussten.

Heutzutage spielt bei Transmilenio die Wirtschaftlichkeit des neuen Systems eine sehr große Rolle, da der ÖPNV grundsätzlich ohne Subventionen auskommen soll. Diese negative Einstellung gegenüber Subventionen resultiert aus den schlechten Erfahrungen mit dem Betrieb des öffentlichen Busunternehmens, weshalb weder für den traditionellen Busverkehr noch für Transmilenio Subventionen in Frage kommen (vgl. Interview B4 2009: 98, Interview B16 2009: 151 ff.). Die traditionellen Busunternehmen spielen heute bei Transmilenio eine wichtige Rolle und sollten deshalb unbedingt für das neue Projekt gewonnen werden, damit sie nicht regelmäßig den restlichen Busverkehr, der parallel zu Transmilenio weiterhin existiert, durch Streiks lahm legen würden. Zudem waren ihre detaillierten Erfahrungen über den Betrieb des Busverkehrs für die Planung und Durchführung von Transmilenio notwendig, da sie kein anderer Akteur einbringen konnte. Deshalb kann man in Bogotá von einer marktorientierten Verkehrspolitik sprechen, in der die lokale Regierung zusammen mit den privaten Akteuren agiert.

19.1.3. Symbolik: Transmilenio als Symbol für Wandel

Das Image von Bogotá war in den 1990er Jahren vor allem von einer hohen Kriminalitätsrate, die Bogotá zu einem der gefährlichsten Orte weltweit machte, einem sehr chaotisch organisierten Verkehr und einem kaum nutzbaren öffentlichen Raum (außer für den motorisierten Verkehr) geprägt. Die Stadtpolitik der Bürgermeister Antanas Mockus und Enrique Peñalosa setzte deshalb genau an der Lösung dieser dringendsten Probleme an. Dahinter stand aber nicht nur die Absicht, die Lebensqualität in der Stadt zu verbessern, sondern auch das Kalkül, die Stadt attraktiver für Investoren zu machen. Bogotá steht dabei vor allem in einem Wettbewerb um Investoren mit anderen Städten Kolumbiens wie Medellin, Cali oder Pereira. Durch den vollzogenen Wandel des Bussystems mit Transmilenio sowie des öffentlichen Raumes ist Bogotá nun ein Vorbild für andere Städte geworden.

> „Sogar Städten wie Cali und Medellin, auf die die Bewohner Bogotás mit Bewunderung und einem gewissen Neid wegen ihres Gemeinsinns und ihrer Infrastruktur geschaut haben, kann Bogotá heute Einiges zeigen"[119] (Semana 17.09.2001).

In dieser Aussage aus einem Zeitungsartikel mit dem Titel „*Bogotá ist in Mode*" (ebd.) schwingt ein gewisser Stolz auf die erreichten Verbesserungen und ein gesteigertes Selbstwertgefühl der Bewohner mit. Solche Medienberichte über den Wandel von Bogotá prägen das Image der Stadt (vgl. Pizano 2003: 15), sowohl aus der Außen- als auch der Innensicht.

Ein wichtiges Element der Veränderung von Bogotá ist die Transformation des öffentlichen Raumes, der nun von vielen Bewohnern erstmals als Bewegungsraum wahrgenommen wird. Aber das wichtigste Element des Wandels ist eindeutig die Einführung von Transmilenio, der mit seinen roten neuen Bussen im alltäglichen Verkehrschaos sauber, geordnet und zivilisiert wirkt. Dessen Einführung war sehr einschneidend für die Geschichte der Stadt, weshalb Transmilenio stark mit einem Wandel verbunden wird.

> „Aber ohne Zweifel, das Juwel des neuen Bogotás ist Transmilenio, ein Massentransportsystem, das die Geschichte der Hauptstadt in ein Vorher und ein Nachher teilt"[120] (Semana 17.09.2001).

Dementsprechend wird von der „*Roten Revolution*" (Volkery o.J.) gesprochen oder Transmilenio als Mittel zur Humanisierung dargestellt:

> „Transmilenio gehört zu den besten Dingen, die uns, den Bewohnern von Bogotá, passiert sind. Es hat enorm zur Humanisierung der Stadt beigetragen"[121] (Semana 20.03.2005).

---

119 „Aun a ciudades como Cali y Medellín, a las que los bogotanos miraban con admiración y cierta envidia por su civismo e infraestructura, Bogotá puede ahora enseñarles un par de cosas."
120 „Pero, sin lugar a dudas, la joya de la corona de la nueva Bogotá es Transmilenio, un sistema de transporte masivo que marca un antes y un después en la historia de la capital."

Diese positive Haltung gegenüber Transmilenio ist vor allem mit der Einführung der ersten Phase entstanden, und war zur schnellen Umsetzung der zweiten Phase sehr hilfreich. Dennoch gibt es in der letzten Zeit Kritik an Transmilenio vor allem aufgrund von überfüllten Bussen. Deshalb nimmt insgesamt die Zufriedenheit mit dem System und auch mit der Stadtpolitik der letzten Jahre ab (vgl. Ipsos 2010). Der Umgang mit dieser Situation wird in der Evaluation und Re-Definition von Transmilenio dargestellt.

19.2. Institutioneller Rahmen

19.2.1. Informelle Institutionen

Die informellen Institutionen haben gemeinsam mit den formellen Institutionen einen großen Einfluss auf die Entscheidungen der Akteure. Im Fall von Transmilenio können verschiedene **„ungeschriebene Gesetze"** des Bürgermeisteramts ausgemacht werden. Dazu gehört erstens eine kritische Haltung der nationalen Politikebene gegenüber der lokalen Politikebene von Bogotá. So meinen Gilbert und Dávila (2002: 40), dass Bogotá von der nationalen Regierung nur unterstützt wird, wenn die Probleme der Stadt für den Präsidenten zu kritisch werden, d. h. wenn die Probleme von Bogotá sich negativ auf die Umfragewerte seiner Partei niederschlagen. Dies ist im Fall eines Abkommens über die Unterstützung eines Massentransportmittels in Bogotá zwischen der nationale Regierung und der Stadtregierung von Bogotá geschehen, da die Verkehrsprobleme unbedingt gelöst werden mussten, damit die politische Stimmung nicht umschlägt. Diese kritische Haltung der nationalen Ebene gegenüber Bogotá äußert sich zudem in der geringen Unterstützung der Senatoren, die seit der neuen Verfassung Anfang der 1990er Jahre für Bogotá im Nationalkongress sitzen. Vorher war die Unterstützung allerdings noch viel geringer, da kein Senator für Bogotá im Kongress saß (ebd.:41).

Zweitens gehören zu den „ungeschriebenen Gesetzen" des Bürgermeisteramts die oftmals hinderlichen Diskussionen im Stadtrat. Der Stadtrat ist nicht nur das Karrieresprungbrett für das Bürgermeisteramt von Bogotá, sondern auch für das Präsidentenamt Kolumbiens. Deshalb versuchen sich viele Ratsmitglieder in den Diskussionen zu profilieren, wodurch Beschlüsse oftmals sehr lange dauern. Probleme bereiten außerdem die gegensätzlichen Parteimitgliedschaften des überwiegenden Teils der Ratsmitglieder und die des Bürgermeisters (ebd.: 43). Das führt oftmals zur Blockade von Projekten und kann den Bürgermeister handlungsunfähig machen, so dass Gilbert und Dávila meinen: „*...it is in the interest of many councilors to give the mayor a hard time*" (ebd.: 43 f.). Diese Problematik sollte eigentlich durch das „Estatuto Organico" behoben werden, indem eine Trennung

---

121 „El TransMilenio es una de las mejores cosas que nos ha pasado a los que vivimos en Bogotá, y ha contribuido enormemente a la humanización de la ciudad."

zwischen administrativen und legislativen Verantwortlichkeiten vollzogen wurde, aber dennoch hatten Mockus und Peñalosa große Probleme mit dem Stadtrat (ebd.: 44).

Drittens gehört zu den „ungeschriebenen Gesetzen" des Bürgermeisteramts ein politisches Handeln, das stark von „brand politics" (vgl. Pasotti 2010: 236 ff.) geprägt ist, womit das politische Handeln vor dem Hintergrund einer politischen Marke gemeint ist. Als politische Marke ist dabei das Bild zu verstehen, das der Bürgermeister über seine Vision einer besseren Stadt entstehen lässt und mit dem sich die Bürger identifizieren können. Eine politische Marke verbindet die persönlichen Charakteristika der Bürgermeister mit deren Werten, Regierungsvisionen und Erzählungen und setzt auf Symbole und Metaphern, die die Wählerschaft ansprechen. Letztendlich soll damit eine starke politische Marke eines Bürgermeisters geprägt werden, um eine Wiederwahl zu ermöglichen.

„Brands matter because they create associations in the consumer's (or the voter's) mind about a product (or a politician), which affect recall and evaluation" (ebd.: 14).

Die politische Marke eines Bürgermeisters wird aber nicht nur im Wahlkampf genutzt, sondern muss auch während der Regierungszeit gepflegt werden, damit sie sich bei den Wählern einprägt. Eine politische Marke lässt sich besonders gut durch Veränderungen im öffentlichen Raum (Neugestaltung von Parks, Plätzen und Fußwegen), Verbesserungen des ÖPNV-Angebots sowie kulturelle Veranstaltungen prägen, da dadurch das Erscheinungsbild und Image einer Stadt verändert werden kann (ebd.: 5 ff.). Dies ist im Fall von Bogotá geschehen. „*They* [Anm. d. V.: Projekte des öffentlichen Raumes] *were thus ideally suited to reflect the competency of politically independent mayors*" (Berney 2011: 17). Die Umgestaltung des öffentlichen Raumes in Bogotá wurde zu einer der wichtigsten Aufgaben der Bürgermeister, da dadurch die Gerechtigkeit der Verteilung von öffentlichen Ressourcen gesteigert werden kann. Daher wurde die Umgestaltung des öffentlichen Raumes zum Symbol einer umfassenden Lösung der Probleme Bogotás (ebd.: 17). Pasotti (2010: 231 f.) weist darauf hin, dass zur Ausgestaltung und erfolgreichen Nutzung einer politischen Marke direkte Bürgermeisterwahlen, ein geringer Einfluss von Parteien sowie genügend finanzielle Ressourcen notwendig sind. In Bogotá waren alle drei Punkte in den letzten Jahren gegeben, so dass erfolgreich politische Marken entwickelt wurden. Diese werden in Bogotá vor allem im kommunalen Entwicklungsplan offensichtlich, der jeweils den Slogan der Wahlkampfkampagne des Bürgermeisters trägt, wie z. B. „Für das Bogotá das wir wollen"[122] (von Enrique Peñalosa) oder „*Bogotá ohne Gleichgültigkeit*"[123] (von Luis Eduardo Garzón) sowie in dem zugehörigen Logo, das öffentliche Veranstaltungen kennzeichnet. Die politische Marke von Peñalosa wurde sehr von den Themen öffentlicher Raum und Verkehr geprägt. Damit hat er aber nicht nur die Wahlen gewonnen, sondern seine politische Marke ermöglichte auch große und

---

122 „Por el Bogotá que queremos"
123 „Bogotá Sin Indiferencia"

möglicherweise kontroverse Veränderungen in der Stadtentwicklungsplanung, der Finanzpolitik sowie den Transfer von politischer Verantwortlichkeiten vom Stadtrat zum Bürgermeisteramt (ebd.: 181).

19.2.2. Formelle Institutionen

Mit der Analyse der formellen Institutionen wird untersucht, aufgrund welcher Gesetze und Verordnungen die Akteure handeln, welche Regelungen die ÖPNV-Reform Transmilenio ermöglicht haben und welche institutionellen Veränderungen dafür notwendig waren.

Mit der Verfassungsreform von 1986 wurden schon vor der Umsetzung der neuen Verfassung 1991 die Dezentralisierungsbemühungen verstärkt. In Folge dessen wurde 1987 vor der ersten freien Bürgermeisterwahl in Bogotá des Jahres 1988 vom Präsidenten das Dekret 80 erlassen, das den Kommunen und somit auch Bogotá die Regulierung des ÖPNV zuweist. Dazu gehören vor allem die Ausgabe und die Modifizierung der Lizenzen für den Busbetrieb sowie die Festlegung der einzelnen Routen. Die grundsätzliche Funktionsweise des ÖPNV sowie die technischen Normen legt bis heute weiterhin das nationale Verkehrsministerium für das gesamte Land z. B. im Gesetz 336 von 1996 fest. Diese Teilung von Verantwortlichkeiten wurde 1993 im Artikel 3 Nr. 6 des Gesetzes 105 konkretisiert:

> „Die nationale Regierung, vertreten durch das Verkehrsministerium bzw. dessen zugehörige Körperschaften, reglementiert die technischen und operativen Konditionen für die Bereitstellung der Dienstleistung, basierend auf Studien zur potentiellen Nachfrage, und die Transportkapazität"[124].

Außerdem ist in diesem Gesetz im Artikel 44 festgelegt, dass die kommunalen Pläne für Verkehr und Infrastruktur in die kommunalen Entwicklungspläne zu integrieren sind. Grundsätzlich sind also die Kommunen für die genaue Ausgestaltung des traditionellen ÖPNV-Systems in ihrem Territorium zuständig. Sie können dabei aber nur innerhalb des von der nationalen Regierung vorgegebenen technischen und operativen Rahmens handeln. Ein Interviewpartner fasst die Verteilung von Verantwortlichkeiten folgendermaßen zusammen:

> „Die Nation legt die generelle Linie und die allgemeinen Spielregeln fest. Die Gemeinden dagegen gestalten den internen Betrieb, die Strecken, die Verwaltung, sagen wir die internen Abläufe. [...] Die Nation autorisiert keine Routenverläufe, das machen die lokalen Verwaltungen"[125] (Interview B7 2009: 67).

---

124 „El Gobierno Nacional a través del Ministerio de Transporte o sus organismos adscritos reglamentará las condiciones de carácter técnico u operativo para la prestación del servicio, con base en estudios de demanda potencial y capacidad transportadora."
125 „La nación da las líneas generales y las reglas generales del juego. Los municipios lo que hacen es, que definen su operación interna, sus recorridos, su administración de equipos,

Diese Autorisierungen für den Busbetrieb einer bestimmten Strecke werden in Bogotá auf unbestimmte Zeit vergeben, was die Anpassung des Bussystems an die tatsächliche Stadtentwicklung erschwert.

> „Die Städte haben sich enorm verändert, und theoretisch fahren wir immer noch die gleichen Routen wie vor 30 Jahren. Die einmal genehmigten Routen wurden niemals angepasst. Es gibt also einen großen Unterschied zwischen den genehmigten Routen und denen, die wir wirklich fahren"[126] (Interview B3 2009: 17).

Massentransportsysteme in Form eines schienengebundenen ÖPNV oder eines BRT-System waren bis zum Bau der ersten Metro Kolumbiens in den 1990er Jahre in Medellin im gesamten Land nicht vorhanden und somit auch nicht rechtlich geregelt. Erst große finanzielle Schwierigkeiten beim Bau der Metro in Medellin (bei dem der Staat letztendlich einen großen Teil der Kosten übernehmen musste) veranlasste die nationale Regierung 1996 mit dem Gesetz 310 dem sog. *„Ley de Metro"* (Gesetz der Metro, die Einführung von integrierten Massentransportsystemen zu regulieren. Besonders die finanzielle Beteiligung des Staates steht in diesem Gesetz im Vordergrund, bei dem der Artikel 2 besagt, dass der Staat zwischen 40 % und 70 % der Investitionen übernimmt. Dafür muss das Konzept allerdings vom Nationalrat für Wirtschafts- und Sozialpolitik *(Consejo Nacional de Política Económica y Social* – CONPES) überprüft werden und mit dem kommunalen Entwicklungsplan abgestimmt sein.

Für die Umsetzung von Transmilenio wurde beschlossen, diese Maßnahme nicht als Reform des Bussystems zu bezeichnen sondern als Einführung eines neuen Massentransportsystems. Dadurch mussten die formellen Institutionen, die das traditionelle Bussystem betreffen, nicht beachtet werden.

> „Für Transmilenio wurde ein sehr interessanter juristischer Ausweg gefunden. Man hat behauptet: Transmilenio sei kein traditioneller ÖPNV, sondern ein Massentransportsystem. Es gibt fast keine Normen für Massentransportmittel, bzw. gab es damals fast keine Normen"[127] (Interview B 4 2009: 23).

Damit wird deutlich, dass mit Transmilenio die bisher unklare Gesetzeslage für die Umsetzung eines Massentransportsystems ausgenutzt wurde, um die Reform durch weniger gesetzliche Vorgaben flexibler gestalten zu können.

> „Wir haben damals gesagt, dass das Ganze wie eine Metro aussehen soll, hinter dieses Argument haben wir uns zurückgezogen. Damit musste dann keines der Gesetze des traditionellen Busverkehrs reformiert werden. Sagen wir, es ist einfach eine Frage des juristischen Ge-

---

digamos que su funcionamiento interno. [...] La nación no autoriza una ruta por dónde circula. La que la autoriza es la autoridad local."

126 „Es que las ciudades han cambiado enormemente, y en el papel seguimos con las mismas rutas de hace 30 años. La ruta legal jamás ha sido modificada. Entonces, hay una diferencia muy grande entre lo legal y lo que realmente opera."

127 „Con Transmilenio, hubo una salida jurídica muy interesante que fue decir, 'Transmilenio no es transporte colectivo, es transporte masivo'. Entonces en transporte masivo casi no hay normas, o casi no había normas en ese momento."

schicks, hier doch einen Ausweg zu finden, nämlich, indem wir uns als Massentransportsystem einstufen"[128] (Interview B19 2009: 13).

Die Einstufung von Transmilenio als Massentransportsystem wurde 1998 durch das Abkommen 06 vorgenommen (in dem der kommunale Entwicklungsplan des damaligen Bürgermeisters Enrique Peñalosa vorgestellt wurde) sowie durch das CONPES Dokument 2999. Zwar wurde in beiden Dokumenten davon ausgegangen, dass parallel eine erste Metrolinie gebaut werden würde, aber dennoch sollte das ÖPNV-Angebot mit Bussen das wichtigste Element bleiben (vgl. Abkommen 06 von 1998: Artikel 18a).

Die genauen Regelungen des Betriebs von Transmilenio wurden in den Verträgen des Public-Private-Partnerships zwischen dem öffentlichen Unternehmen Transmilenio S.A. (das für den Betrieb gegründet wurde) und dem jeweiligen Busunternehmen definiert. Dort wurden letztendlich die Aspekte der genaue Ausgestaltung des Systems definiert, für die es bisher keine gesetzliche Regelung gab. So sind z. B. in dem sehr umfassenden Konzessionsvertrag Nr. 41/2000 die Rechten und Pflichten der Vertragspartner geregelt, wozu u. a. folgende Punkte gehören:
– Übernahme der Überwachung und Steuerung des Betriebs mit GPS-Technik durch Transmilenio S.A.,
– Einhaltung detaillierter technischer Vorschriften für die neuen Busse, die Instandhaltung und Versicherung der Fahrzeuge sowie für den Betrieb (Definition von Pünktlichkeit und Einhaltung von Frequenzen)
– Klarstellung von finanziellen Aspekten, wie die Selbstfinanzierung des Systems, die Abrechnungsmodalitäten sowie die Höhe des Bußgelds für bestimmte Vergehen.

Diese PPP-Verträge sind die eigentlichen Regulierungen des Systems, da in der Implementationsphase von Transmilenio nur sehr wenige formelle Gesetze für Massentransportsysteme existierten. Sie sind außerdem im Gegensatz zu formellen Gesetzen sehr flexibel und können schnell verändert werden, was in der ersten Umsetzungsphase von Transmilenio wichtig war, wie ein Interviewpartner erläutert:

„Es gibt nur sehr wenige kommunale oder nationale Normen, die mit dieser Regelung interferieren, fast keine, so dass in der ersten Etappe die Regelungen, die sich das System selbst gegeben hat, gelten. Die sind umfangreich, aber flexibel, sie können jeder Zeit verändert werden"[129] (Interview B19 2009: 23).

---

128 „Entonces nosotros dijimos 'yo me quiero parecer es a un metro, yo me voy a amparar en ese lado. Y no me toca entonces reformar nada de las leyes de transporte colectivo'. Digamos, es un tema simplemente de habilidad jurídica, de encontrar que por acá, sí hay una salida si nos clasificamos como transporte masivo."
129 „Y son muy poquitas las normas a nivel distrital o a nivel nacional que interfieren esa reglamentación, es casi nada. De tal manera que en esta primera etapa, lo que rige al sistema

Grundsätzlich kann man sagen, dass die nationale Regierung und das nationale Verkehrsministerium einen großen Einfluss auf die technischen und operativen Vorgaben für den traditionellen ÖPNV haben. Durch die verstärkte Dezentralisierung seit der Umsetzung der Verfassungsreform haben jedoch auf der lokalen Ebene die Kommunen Kompetenzen hinzu gewonnen und sind seitdem für die Ausgestaltung des Systems vor Ort und die genaue Streckenplanung zuständig. Die gänzlich neue Idee, mit Transmilenio ein BRT-System einzuführen, war Ende der 1990er Jahr in Kolumbien nicht vorgesehen. Deshalb wurde die Gesetzeslücke der Massentransportmittel, deren Einführung nur auf wenigen formellen Institutionen basierte, genutzt. Dabei hatte die nationale Regierung nur Einfluss auf die Finanzierung des Systems, sofern eine staatliche Ko-Finanzierung überhaupt notwendig war. Alle weiteren Entscheidungen über die genaue Ausgestaltung von Transmilenio konnte die Stadtregierung eigenständig fällen. Ein Interviewpartner fasst diese Strategie wie folgt zusammen:

> „Sagen wir mal so, das ist eine sehr interessante Möglichkeit, sich von allzu restriktiven Vorschriften im Transport-System zu lösen und sie in einen Vertrag zu überführen"[130] (Interview B4 2009: 30).

Nur die Definition von Transmilenio als Massentransportsystem anstatt als Reform des traditionellen ÖPNV ermöglichte also die autonome Planung und Implementierung auf lokaler Ebene. Welche Diskussionen über die Verteilung von Verantwortlichkeiten zwischen nationaler und lokaler Ebene dennoch bestanden, wird in der Analyse des Policy-Making-Prozesses näher beleuchtet.

Grundsätzlich wird die Partizipation der Bürger zwar laut Verfassung als notwendig erachtet, jedoch wird in den verschiedenen Gesetzen zur Regelung des ÖPNV in Bogotá darauf nicht eingegangen. Dennoch hat die Beteiligung der Bürger in den letzten Jahren einen hohen Stellenwert erlangt (vgl. Berney 2010: 546). Sie kommt allerdings erst in einer Beteiligung an verschiedenen Planungen zum Tragen, wie im nächsten Kapitel dargestellt wird.

19.2.3. Verkehrsentwicklungsplanung – formelle und informelle Planungsinstrumente

Der für die Verkehrsentwicklungsplanung in Bogotá wichtige Masterplan für Mobilität (*Plan Maestro de Movilidad*) ist in eine Hierarchie von verschiedenen formellen Planungsinstrumenten eingebunden, die auf der nationalen Ebene mit dem Nationalen Entwicklungsplan *(Plan Nacional de Desarrollo)* beginnen. Dieser gilt als Grundlage für die Politik der jeweiligen Legislaturperiode und umreißt die

---

son las propias regulaciones que el sistema se ha dado y que son grandes, pero que son flexibles, se pueden cambiar en cualquier momento."
130 „Entonces, digamos, esa es una manera muy interesante de quitarse de encima unas normas muy restrictivas que hay sobre sistema de transporte y pasarlas a un contrato."

grundsätzliche Strategie der Regierung. Er muss laut Gesetz 152 (von 1994) innerhalb von sechs Monaten nach Amtsübernahme von der Regierung in Zusammenarbeit mit dem Nationalen Planungsdezernat (*Departamento Nacional de Planeación* –DNP) und dem CONPES sowie in Abstimmung mit den Körperschaften der subnationalen Ebenen (Regionen und Kommunen) erarbeitet und schließlich vom Nationalkongress legitimiert werden. In diesem Plan wird u. a. die Strategie der Regierung für den städtischen Verkehr aufgezeigt, wie etwa die Unterstützung bei der Einführung von Massentransportsystemen oder dem Bau einer Metro. Auf der Ebene der Regionen und der Kommunen sind laut Gesetz 152 (von 1994) ebenso Entwicklungspläne (*Plan Departamental de Desarrollo* und *Plan de Desarrollo Municipal*) zu erstellen, die vom Regional- bzw. Kommunalrat durch ein formelles Abkommen legitimiert werden. Sie spiegeln die angestrebte Entwicklung der lokalen Regierung für die jeweilige Legislaturperiode wider und gehen auch auf die zukünftige Entwicklung des Verkehrs ein.

Während diese Entwicklungspläne (des Staates sowie der Regionen und Kommunen) nur für eine vierjährige Legislaturperiode gelten, geht der territoriale Entwicklungsplan von Bogotá (*Plan Ordenamiento Territorial* – POT, ähnlich einem Flächennutzungsplan) auf eine längerfristige Entwicklung ein. Seit dem Erlass des Gesetzes 388 von 1997 ist es notwendig, dass alle Kommunen in Kolumbien einen POT entwickeln. Deshalb wurde in Bogotá der erste POT im Jahr 2000 veröffentlicht und schon 2004 das erste Mal überarbeitet, da im Prinzip jeder Bürgermeister den Plan modifizieren kann (Interview B5 2009: 201). Bei der Aufstellung des Plans soll eine Beteiligung der Bürger ermöglicht werden, wobei dieser Prozess bisher als nicht sehr erfolgreich eingestuft wird (vgl. Lulle u. a. 2007: 381). Ziel des POT ist es

> „…die physischen, ökonomischen und sozialen Potenziale der Stadt zu identifizieren und passende Strategien für eine Umwandlung dieser Potenziale in reelle Wettbewerbsvorteile zu definieren"[131] (ebd.: 380).

Hauptsächlich wird in dem Plan die zukünftige Nutzung von Flächen geregelt und eine räumliche Entwicklungsgrenze festgelegt, womit gleichzeitig eine Innen- einer Außenentwicklung vorgezogen werden soll. Allerdings wird immer wieder auf Schwierigkeiten in der Zusammenarbeit mit den an Bogotá angrenzenden Kommunen in Cundinamarca hingewiesen, so dass eine gemeinsame Raumentwicklung mit einer Eingrenzung von Suburbanisierungstendenzen schwerfällt (ebd.: 381). Für die zukünftige Entwicklung von Massentransportsystemen legt der POT bestimmte Korridore fest, die für den Bau einer Metro oder für die zukünftige Ausweitung des Transmilenio-Systems freigehalten werden (Interview B16 2009: 90, Interview B5 2009: 105).

---

131 „…identificar las potencialidades físicas, económicas y sociales de la ciudad y definir las estrategias adecuadas para transformar estas potencialidades en verdaderas ventajas competitivas."

Aus dem POT wurden in Bogotá 17 verschiedene sektorale Pläne entwickelt[132], darunter auch der Masterplan für Mobilität (*Plan Maestro de Movilidad*), der auch die Vorhaben zum Thema Mobilität des kommunalen Entwicklungsplans der Bürgermeister einbezieht (vgl. Interview B9: 85, Duarte 2006: 27). Allerdings wird dieser nicht mit jedem Bürgermeister verändert, sondern steht für eine längerfristige Planung. Insofern ist es fraglich, inwieweit die jeweiligen kommunalen Entwicklungspläne integriert werden können.

Der Masterplan für Mobilität besteht zum einen aus der eigentlichen Planung, einem Dokument mit ca. 1.500 Seiten, das von einem Konsortium aus mehreren privaten Beratungsunternehmen erarbeitet und danach vom Sekretariat für Verkehr und Transport (später in Mobilität umbenannt) zusammen mit dem Sekretariat für Planung leicht modifiziert wurde. Zum anderen wurde dieser Plan mit dem Dekret 319 von 2006 formell beschlossen, das den zweiten Teil des Masterplans darstellt. In der Planungsphase arbeitete das Konsortium mit verschiedenen lokalen, öffentlichen Körperschaften zusammen, wie Transmilenio S.A. oder dem lokalen Stadtentwicklungsinstitut (*Instituto de Desarrollo Urbano* – IDU). Anschließend wurde der Plan den Bürgern präsentiert und zur Diskussion gestellt (vgl. ebd.: 29). Inwieweit allerdings dieser Diskussionsprozess als Partizipation verstanden werden kann, ist unklar. Für die Umsetzung der ersten Phase von Transmilenio ist der Masterplan für Mobilität zwar irrelevant, weil diese im Jahr 1999 erfolgte, aber für die weiteren Phasen von Transmilenio und die zukünftige Entwicklung des Verkehrs in Bogota ist er durchaus von großer Bedeutung.

Der Plan gilt als Steuerungsinstrument für die Entwicklung des Stadtverkehrs (vgl. Interview B10 2009: 13, Interview B12 2009: 17). Im Dekret 319 sind als Ziele der Verkehrspolitik u. a. genannt:

– eine verbesserte Anbindung von peripheren Gebieten,
– eine Priorisierung von ÖPNV und nicht motorisierten Verkehrsmitteln,
– eine Rationalisierung des motorisierten Individualverkehrs,
– eine Abstimmung zwischen Flächennutzungs- und Verkehrsplanung,
– eine verbesserte Zusammenarbeit zwischen Planungs-, Betriebs- und Kontrollinstitutionen sowie
– eine Beteiligung von verschiedenen Institutionen und der Zivilgesellschaft.

Als wichtigster Vorschlag wird die Einführung eines integrierten Bussystems bei gleichzeitig weiterem Ausbau von Transmilenio genannt. Dafür werden die Korridore für die nächsten Erweiterungen von Transmilenio vorgeschlagen sowie Details der Integration des traditionellen Bussystems mit Transmilenio dargestellt (Alcadía Mayor de Bogotá 2006: 69 ff.). Insgesamt wird am Masterplan für Mobilität kritisiert, dass zwar viele Maßnahmen genannt werden, ohne jedoch einen Zeitplan festzulegen (vgl. Ardila Gomez 2006: 94). Außerdem wird auf die Ver-

---

132 Die Masterpläne gibt es nur in Bogotá, nicht aber in den anderen Kommunen Kolumbiens (vgl. Interview B5 2009: 103).

nachlässigung des motorisierten Individualverkehrs im Masterplan hingewiesen (vgl. Lleras 2006: 107).

Für die Ausweitung des Transmilenio-Systems existiert ein weiterer Plan – der Rahmenplan von Transmilenio (*Plan Marco de Transmilenio*)[133]. Er wird von Transmilenio S.A. erarbeitet und kann im Gegensatz zu den anderen Planungen als eine informelle Institution eingestuft werden, da er nicht formell legitimiert ist. Er beinhaltet die zukünftigen Entwicklungsmöglichkeiten im Rahmen der formellen Planungen und definiert die Expansion des Transmilenio-Systems anhand von konkreten Korridoren. Dabei wird auf die Höhe der Nachfrage sowie auf die erwarteten Baukosten eingegangen. Zeitlich wurde die erste Version des Rahmenplans von Transmilenio 2003, also nach der Erstellung des POT, aber noch vor der Veröffentlichung des Masterplans für Mobilität erarbeitet. Dadurch musste der Rahmenplan zwar nur innerhalb der Vorgaben des POT bleiben, konnte aber durch die konkrete Bestimmung der Ausweitung die Vorschläge im später erarbeiteten Masterplan für Mobilität beeinflussen, auch wenn dieser nicht an die Ausweitungsvorschläge des Rahmenplans gebunden ist.

Grundsätzlich ist aber nicht nur eine Abstimmung zwischen den drei Plänen (dem POT, dem Masterplan für Mobilität und dem Rahmenplan von Transmilenio) vorhanden, sondern ebenso zwischen dem nationalen und dem kommunalen Entwicklungsplan sowie zwischen dem Masterplan für Mobilität und dem kommunalen Entwicklungsplan (siehe Abbildung 12). Des Weiteren ist auffällig, dass außer dem Rahmenplan von Transmilenio alle Planungen immer durch Gesetze oder Dekrete legitimiert sind und als formelle Planungsinstrumente gelten.

---

[133] Eine erste Version dieses Plans wurde 2003 veröffentlicht und eine zweite im Jahr 2007.

Abb. 12: Relevante Planungsinstrumente in Bogotá

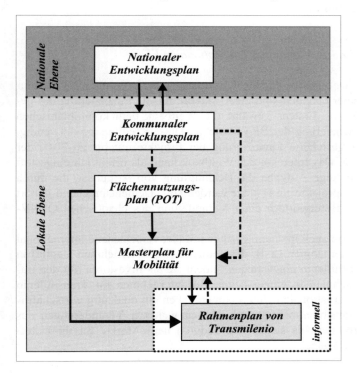

Quelle: eigene Darstellung (die durchgezogenen Pfeile stellen die Abstimmung zwischen den Planungsinstrumenten dar und die gestrichelten Pfeile verdeutlichen unklare Abstimmungsmechanismen)

19.3. Akteure

In diesem Kapitel wird ein Überblick über die für die ÖPNV-Planung in Bogotá und die für die Umsetzung von Transmilenio relevanten Akteure gegeben. Damit Wiederholungen vermieden werden, ist das Kapitel nicht in die Aspekte des Analyserasters (Konstellationen, Interessen sowie Kooperationen und Koalitionen) unterteilt, sondern in die internationale, nationale, regionale und lokale Ebene auf der die Akteure handeln. Innerhalb dieser Unterkapitel wird auf die Konstellation der Akteure, deren Interessen sowie Kooperationen und Koalitionen untereinander eingegangen und die Ergebnisse in Abbildung 13 zusammengefasst. Der Schwerpunkt der Akteursanalyse liegt dabei auf den öffentlichen Akteuren, da diese das Policy-Making im Verkehr stark beeinflussen. Sie haben zumeist ein öffentliches Interesse an der Umsetzung von Transmilenio, wobei manche eher an einer Änderung interessiert sind und andere eher an der Beibehaltung des Status quo. Dieses Interesse an einer Veränderung des ÖPNV-Systems, sei es vor oder nach der Einführung der ersten Phase von Transmilenio, wird genauer betrachtet, da dadurch die Veränderungskoalitionen erkennbar werden.

19.3.1. Akteure der internationalen Ebene

Die internationale Ebene spielte für die Umsetzung von Transmilenio zwar nur eine geringe Rolle, aber dennoch sind zwei Akteure für die Finanzierung des gesamten Projekts relevant. Erstens gewährt die Weltbank dem kolumbianischen Staat Kredite zur Finanzierung der BRT-Projekte. Diese Kredite sind notwendig, um die vom Staat zugesicherte Finanzierung der Projekte mit bis zu 70 % der Kosten sicherzustellen. Das Interesse der Weltbank kann als öffentlich eingestuft werden, da ihre vorrangige Aufgabe die Bekämpfung von Armut ist, die durch verschiedene Verkehrsprojekte unterstützt werden soll. Dementsprechend gehört die Weltbank zu den Befürwortern einer Veränderung des chaotischen ÖPNV-Systems in Bogotá.

Zweitens sind, wenn auch in einem geringen Maße, verschiedene international agierende Verkehrsunternehmen (z. B. das französische Unternehmen Veolia) in den Betrieb von Transmilenio eingestiegen, indem sie als Investoren mit den traditionellen Busunternehmen in einem neuen Busunternehmen für Transmilenio kooperieren. Diese internationalen Unternehmen haben ein eindeutig wirtschaftliches Interesse an Transmilenio und sind sehr an weiteren Veränderungen des ÖPNV-Systems interessiert, da sie hoffen, dadurch neue Märkte für ihr Unternehmen erschließen zu können.

19.3.2. Akteure der nationalen Ebene

Auf der nationalen Ebene sind die Gewalten in Kolumbien ebenso geteilt wie in Chile, so dass die Exekutive vom Staatspräsidenten und seiner Regierung, die Legislative vom Nationalkongress (mit zwei Kammern) und die Judikative vom obersten Gericht ausgeübt werden. Auf dieser Ebene sind für den Verkehr und den ÖPNV insbesondere das Verkehrsministerium (*Ministerio de Transporte*) sowie das Nationale Planungsdezernat (DNP) relevant. Das Verkehrsministerium ist für die nationale Verkehrs- und Infrastrukturpolitik verantwortlich und hat ein öffentliches Interesse an der Umsetzung der nationalen Politik in diesem Bereich. Es erlässt Gesetze von nationaler Bedeutung für den Verkehr im gesamten Land und reguliert damit auch den Verkehr und ÖPNV auf lokaler Ebene. „*…die gesetzlichen Regelungen haben auch Einfluss auf die Vorgänge im Distrito* [Anm. d. V.: Bogotá]"[134] (Interview B16 2009: 73).

Zum Verkehrsministerium gehören außerdem noch das Institut für Nationale Straßen (*Instituto de Vias Nacionales* – INVIAS), das für den Bau von öffentlich

---

134 „…los reglamentos de la ley también le dan forma a lo que se hace en el distrito."

finanzierten nationalen Straßen zuständig ist sowie das Nationale Institut für Konzessionen (*Instituto Nacional de Concesiones* – INCO), das für die Konzessionsvergabe zum Bau von privatfinanzierten nationalen Straßen verantwortlich ist. Innerhalb des Verkehrsministeriums ist zudem die sog. Koordinationsabteilung für Massentransportmittel (*Unidad Coordinadora de Transporte Masivo*) vorhanden, die für die Planung von Transmilenio-ähnlichen BRT-Projekten in anderen Großstädten in Kolumbien zuständig ist. Diese sind bisher schon in Pereira und Cali in Betrieb sowie für Bucaramanga, Barranquilla, Cartagena, Medellín und Soacha (als Erweiterung von Transmilenio in eine Nachbarkommune) in Planung. Die Einrichtung dieser Koordinationsabteilung wurde von der Weltbank angeregt (Interview B6 2009: 8). Durch diese hohe Beteiligung von staatlicher Seite spielt der Staat eine wichtige Rolle bei der Umsetzung der BRT-Projekte.

> „Die nationale Regierung spielt eine große Rolle bei der Festlegung der Finanzierung. Mit der Festlegung der Finanzierung bestimmt sie, was umgesetzt wird und was nicht"[135] (Interview B16 2009: 68).

Grundsätzlich ist für alle strategischen Fragen der Entwicklung des Landes außerdem das Nationale Planungsdezernat (DNP) von Bedeutung, das die technische Beratung des Präsidenten übernimmt. Das DNP

> „…steuert, formuliert, überwacht, evaluiert und verfolgt die politischen Prozesse, Pläne, Programme und Projekte, die zur ökonomischen und sozialen Entwicklung sowie zur Umweltentwicklung des Landes beitragen"[136] (DNP a, 18.07.2011).

Innerhalb des DNP existiert eine Arbeitsgruppe, die sich mit Verkehrs- und Infrastrukturpolitik beschäftigt. Diese fungiert bei verkehrsplanerischen Entscheidungen als Gegengewicht zum Verkehrsministerium und erarbeitet Vorstudien zur Finanzierung von Planungen. Zwar sind inhaltliche Überschneidungen zwischen dem DNP und dem Verkehrsministerium vorhanden, aber das Verkehrsministerium ist für die Ausführung und das DNP für die Planung zuständig:

> „Sie [Anm. d. V.: das Verkehrsministerium] sind eher die Ausführenden und wir sind eher die Planer. In vielen Angelegenheiten gibt es zwar Gemeinsamkeiten, jedoch unterscheiden wir uns ziemlich"[137] (Interview B7 2009: 105).

Innerhalb des DNP existiert das Sekretariat des sog. Nationalrats für Wirtschafts- und Sozialpolitik (CONPES), der wichtige Entscheidungen über Wirtschafts- und Sozialpolitik innerhalb der nationalen Regierung trifft. Er wird vom Staatspräsidenten angeführt und beinhaltet für ökonomische Fragen die Minister der Ministerien für Außenpolitik, Finanzen, Landwirtschaft, Entwicklung, Arbeit, Verkehr, Außenhandel, Umwelt und Kultur sowie den Direktor des DNP, den Leiter der

---

135 „El gobierno nacional tiene un papel importante en la definición de la financiación. Al definir la financiación define que se hace y que no se hace."
136 „…orienta, formula, monitorea, evalúa y hace seguimiento a políticas, planes, programas y proyectos que contribuyen al desarrollo económico, social y ambiental del país."
137 „Ellos son mucho más ejecutores, y nosotros somos mucho más planeadores. Tenemos cosas similares en muchas cosas, pero somos bien diferentes."

Staatsbank, den Nationalverband der Kaffeebauern, den Direktor für die Belange der schwarzen Gemeinde sowie den Direktor für die Gleichberechtigung der Frauen. Für soziale Fragen wird der Rat ebenso vom Staatspräsidenten angeführt und besteht aus den Ministern der Ministerien für Finanzen, Gesundheit, Bildung, Arbeit, Landwirtschaft, Verkehr, Entwicklung sowie dem Staatssekretär und dem Direktor des DNP (vgl. DNP b, 18.07.2011). Der CONPES veröffentlicht seine Entscheidungen in Dokumenten, die den Namen CONPES tragen und wie formelle Gesetze angewendet werden. Garay fasst den Prozess der Entstehung von Entscheidungen in drei Schritten zusammen (vgl. Garay 2004): Im ersten Schritt definieren der Präsident und das DNP das zu entscheidende Thema. Im zweiten Schritt erarbeitet das DNP in Absprache mit den betreffenden Ministerien einen Vorschlag über den Umgang mit dem entsprechenden Thema und einen Entwurf des CONPES-Dokuments, und im dritten Schritt wird das vorgeschlagene CONPES-Dokument innerhalb des CONPES diskutiert und die weitere Vorgehensweise entschieden. Auf diese Weise garantiert der CONPES eine Koordinierung der wirtschafts- und sozialpolitischen Planungen der nationalen Regierung und verhindert, dass jedes Ministerium unabhängig eigene Planungen entwickelt.

Zur nationalen Ebene gehört außerdem noch der Präsident von Kolumbien, der letztendlich für das Verkehrsministerium und das DNP verantwortlich ist. Sein Interesse ist allerdings nicht nur öffentlich, sondern kann ebenso als politisch-individuell bezeichnet werden, da er als Politiker möglichst erfolgreich sein möchte. Prestigeprojekte, die mit seinem Namen verbunden werden, unterstützt er sehr (wie den Bau einer Metro in Bogotá). Deshalb ist er an großen Veränderungen im ÖPNV-System zwar grundsätzlich interessiert, aber dennoch ändert sich das Interesse an einer Erweiterung von Transmilenio mit den verschiedenen Präsidenten (wahrscheinlich vor allem aufgrund von finanziellen Ressourcen), so dass von einem mäßigen Veränderungsinteresse gesprochen werden kann. Das Interesse des Verkehrsministeriums und des DNP ist ebenso nur mäßig, da sie stark von den Entscheidungen des Präsidenten abhängig sind.

19.3.3. Akteure der regionalen Ebene

Auf regionaler Ebene existieren keine für den ÖPNV in Bogotá relevanten Akteure. Bogotá liegt zwar inmitten der Region Cundinamarca und ist dessen Hauptstadt, aber dennoch ist Bogotá administrativ und politisch unabhängig von Cundinamarca, was sich in Bogotás Bezeichnung als Hauptstadtdistrikt widerspiegelt. Deshalb ist diese administrative Ebene für den ÖPNV in Bogotá erst einmal unbedeutend, auch wenn die Umlandkommunen um Bogotá (die alle in Cundinamarca liegen) durch die Erweiterung der Stadt und somit durch Verkehrsströme, die sich nicht an administrative Grenzen halten, immer wichtiger werden. Die Kooperation mit den Nachbargemeinden und der Region Cundinamarca wird für die Stadtregierung Bogotás zwar in Zukunft, mit der Einführung eines integrierten ÖPNV-Systems relevant werden, das mit den Nachbargemeinden verbunden ist.

Dieses Problem wird aber in der vorliegenden Arbeit nicht behandelt, da das Transmilenio-System bisher nur auf dem Territorium von Bogotá betrieben wird.

19.3.4. Akteure der lokalen Ebene

Auf lokaler Ebene sind eine Reihe öffentlicher Akteure für das ÖPNV-System in Bogotá relevant. Zu allererst ist der Bürgermeister zu nennen, der an der Spitze der Stadtregierung und der Stadtverwaltung steht. Seine Entscheidungen müssen jedoch vom Stadtrat genehmigt werden, so dass der Stadtrat ein Gegengewicht zur Stadtregierung bildet. Sein Interesse ist, ebenso wie das Interesse des Staatspräsidenten, öffentlich und zugleich politisch-individuell, da auch er mit einer erfolgreichen Politik verbunden werden möchte, obwohl eine direkte Wiederwahl ausgeschlossen ist. Deshalb ist er an prestigereichen ÖPNV-Projekten, die seine politische Marke prägen, sehr interessiert. Der Wille von Bürgermeister Peñalosa zur Umsetzung eines solchen Projekts war ausschlaggebend für die Umsetzung der ersten Phase von Transmilenio.

Seit der Verwaltungsreform 2007 ist die Stadtverwaltung in 12 Sektoren aufgeteilt, die jeweils von einem Sekretariat angeführt werden[138]. Bis zu diesem Zeitpunkt bestand in der Hierarchie unterhalb des Bürgermeisters eine unübersichtliche Anzahl von etwa 50 Akteuren, die alle auf der gleichen Hierarchieebene angesiedelt waren und somit prinzipiell alle gleichbedeutend waren (Interview B9 2009: 11). Seitdem ist für Stadtplanungsthemen das Sekretariat für Planung (*Secretaria Distrital de Planeación* – SDP) zuständig, das jedoch durch die Verwaltungsreform nicht nur eine Namensänderung erfuhr, sondern mehr Zuständigkeiten erhielt. Es hat ein öffentliches Interesse am ÖPNV und ist durch traditionelle Bündnisse innerhalb der Verwaltung nur mittelmäßig an großen Veränderungen im ÖPNV-System interessiert. Heute ist das SDP für die integrierte Entwicklungsplanung des Territoriums der Stadt Bogotá sowie für die Erstellung des formellen Flächennutzungsplans (*Plan Ordenamiento Territorial* – POT) zuständig. Dafür arbeitet es mit den Sekretariaten der anderen Sektoren zusammen, wozu für eine integrierte Planung auch das Sekretariat für Mobilität (*Secretaria Distrital de Movilidad* – SDM) als die für Verkehrsthemen zuständige Verwaltung gehört. Mit der Verwaltungsreform wurde das frühere Sekretariat für Verkehr und Transport (*Secretaria de Tránsito y Transporte* – STT) zum Sekretariat für Mobilität und außerdem zur leitenden Verwaltungseinheit des neu gegründeten Sektors Mobilität. Dieser hat die Aufgabe

---

138 Schon 1989 wurde versucht, die verschiedenen Akteure an einen Tisch zu bringen und das damalige Departamento Administrativo de Tránsito y Transportes zur leitenden Institution des Sektors umzubauen. Aber diese institutionelle Reform ist, außer einer Namensänderung in Secretaria de Tránsito y Transporte, gescheitert (Interview B4 2009: 38).

„...die Planung, Steuerung und Regelung sowie die *harmonische und nachhaltige Entwicklung der Stadt in den Bereichen Verkehr,* Transport, *Sicherheit* sowie Verkehrs- und Transportinfrastruktur zu gewährleisten"[139] (Abkommen 257 von 2006: Artikel 104).

Zu diesem Sektor gehören verschiedene Körperschaften (vgl. Abkommen 257, 2006: Artikel 107), die vor der Reform auf der gleichen Hierarchieebene standen, wie das damalige Sekretariat für Verkehr und Transport. Zum einen sind dies verschiedene als „dazugehörig" bezeichnete Körperschaften (*entidades adscritas*), wozu das Stadtentwicklungsinstitut (*Instituto de Desarrollo Urbano* – IDU) gehört, das für den Bau der Straßeninfrastruktur und die Umgestaltung des öffentlichen Raumes verantwortlich ist. Das Interesse des IDU kann als öffentlich und mittelmäßig veränderungsorientiert bezeichnet werden, da hier im Prinzip weder ein Grund für die Unterstützung noch für die Ablehnung großer Veränderungen vorhanden ist. Zum anderen sind zwei als „nahe stehend" bezeichnete Körperschaften (*entidades vinculadas*) involviert, wozu auch das öffentliche Unternehmen Transmilenio S.A. (*Empresa de Transporte del Tercer Milenio – Transmilenio S.A.*) gehört. Dieses hat als öffentliches Unternehmen ein öffentliches und gleichzeitig ein wirtschaftliches Interesse, da das gesamte System ohne Subventionen auskommen muss und somit die Wirtschaftlichkeit des Systems sehr wichtig ist. Außerdem hat es ein stark veränderungsorientiertes Interesse an einer Ausweitung von Transmilenio, da dadurch die Anzahl der zahlenden Fahrgäste steigen würde. Alle „dazugehörigen" und „nahestehenden" Körperschaften agieren seit der Verwaltungsreform unterhalb der Hierarchieebene des SDM, wobei die *entidades vinculadas* eigenständiger handeln können als die *entidades adscritas*, weil sie als Unternehmen über andere finanzielle Ressourcen verfügen, die nicht vom SDM stammen (Interview B9 2009: 7, Interview B8 2009: 8).

Für das Transmilenio-System ist insbesondere das öffentliche Unternehmen Transmilenio S.A. (*sociedad anónima* – Aktiengesellschaft) von Bedeutung, dessen Gesellschafter ausschließlich öffentliche Körperschaften der lokalen Ebene sind. Zu nennen sind insbesondere das Bürgermeisteramt von Bogotá, das mit 70 % der Anteile der größte Gesellschafter ist, der Fond für Verkehrserziehung und -sicherheit (*Fondo de Educación y Seguridad Vial* – FONDATT) und das IDU. Diese bilden gemeinsam den Vorstand, der über das Unternehmen entscheidet. Transmilenio S.A. wird als steuernde Körperschaft (*ente gestor*) bezeichnet und beschäftigt ca. 180 Mitarbeiter (Interview B14 2009: 130). Das Unternehmen ist für die *„Planung, Leitung und Implementierung des Massentransportservices mit Bussen hoher Kapazität"* (Transmilenio S.A. b, 10.03.2011) zuständig und erstellt kurzfristige Planungen (die sich oftmals aus dem politischen Programm des Bürgermeisters ableiten), mittelfristige Planungen sowie langfristige Planungen (die im Flächennutzungsplan POT wieder zu finden sind) (Interview B12 2009: 7 ff.). Ein Interviewpartner fasst zusammen:

---

[139] „....garantizar la planeación, gestión, ordenamiento, desarrollo armónico y sostenible de la ciudad en los aspectos de tránsito, transporte, seguridad e infraestructura víal y de transporte."

„…Transmilenio S.A. ist die konzessionsgebende Behörde. Sie eröffnet den Ausschreibungsprozess, erhält die Bewerbungen, wählt den Sieger aus und unterschreibt den Vertrag, und überwacht dann die Einhaltung der Verträge"[140] (Interview B16 2009: 144).

Auf lokaler Ebene gibt es horizontale Kooperationen zwischen den Akteuren in Form von Komitees. Wichtige Themen der Verkehrspolitik und das weitere Vorgehen neuer Projekte werden im sektoralen Komitee für Mobilität und technische Themen im technischen Komitee für Mobilität diskutiert. Beide Komitees werden vom Sekretär für Mobilität angeleitet und beinhalten außerdem alle relevanten Akteure des Sektors, wie z. B. Transmilenio S.A. und das IDU (Interview B12 2009: 39, Interview B13 2009: 108).

Grundsätzlich hat die Verwaltungsreform die Verantwortlichkeiten und Autoritäten der Akteure stark verändert, so dass ein Interviewpartner von „institutionellen Umwälzungen"[141] (Interview B9 2009: 4) spricht. Auch für die lange und phasenweise Implementierungsphase von Transmilenio (bis 2031) haben sich dadurch Verantwortlichkeiten der involvierten Akteure verändert. So war bis 2006 das Sekretariat für Verkehr und Transport vor allem für den reibungslosen Ablauf des Verkehrs, die Vergabe der Bus-Lizenzen und für kurzfristige Planungen zuständig, aber nicht für die Umsetzung von Verkehrspolitik oder die längerfristige Planung (Interview B16 2009: 41, Interview B12 2009: 35). Aber

> „…das Sekretariat für Verkehr und Transport – theoretisch die einzige Behörde des Distrikts für die Regulierung des Transports – [Anm. d. V.: hat] den Transport in der Stadt nie geplant, organisiert oder kontrolliert"[142] (Gómez 2004: 23).

Eine langfristige Perspektive für den Verkehr in Bogotá sowie eine langfristige Planung der Verkehrsentwicklung waren bis zur Verwaltungsreform kaum vorhanden. Außerdem wird oftmals davon gesprochen, dass Korruption im Sekretariat für Verkehr und Transport tief verwurzelt war, und dass insbesondere der Vergabeprozess von Lizenzen für den Betrieb von Busrouten davon betroffen war, so dass das Sekretariat in der öffentlichen Wahrnehmung einen schlechten Ruf hatte (Interview B6 2009: 65, Interview B1 2009: 20). Durch die Verwaltungsreform wurde letztendlich nicht nur der Name des Sekretariats geändert (ab 2007 Sekretariat für Mobilität), sondern auch die Rolle des Sekretariats gestärkt und die Autonomie aller dazugehörigen Institutionen geschwächt. Dabei hat das Sekretariat zusätzlich zu den schon vorhandenen Aufgaben mit der Leitung des gesamten Sektors eine erweiterte Funktion übernommen und setzt letztlich die gewünschte Verkehrspolitik der Stadtregierung Bogotás um. Auch Transmilenio S.A. hat

---

140 „…Transmilenio S.A. es la autoridad concedente. Entonces es la que la que abre la licitación, la que recibe las propuestas, la que selecciona el ganador y la que firma el contrato, y luego controla el cumplimiento del contrato"

141 „revolcón institucional"

142 „…la Secretaría de Tránsito y Transporte –teóricamente, la única autoridad distrital en materia de regulación de transporte – que nunca planeó, organizó y controló el transporte urbano en la ciudad."

dadurch an Autonomie verloren, so dass ein Interviewpartner die Politisierung von Transmilenio S.A. kritisiert:

> „Eines der Opfer dieser Reform war Transmilenio. [...] Die Politiker sehen das als Fortschritt an. Sie betrachten das ein bisschen als ihre Beute. Denn sie haben mehr Macht"[143] (Interview B19 2009: 95).

Allerdings wird auch geäußert, dass diejenigen, die die finanziellen Ressourcen haben (wie Transmilenio S.A. und IDU), auch einen größeren Einfluss gegenüber dem Sekretariat geltend machen können als die Körperschaften, die über geringe finanzielle Mittel verfügen (Interview B4 2009: 45). Grundsätzlich scheint die Abgrenzung von Kompetenzen zwischen dem Sekretariat und Transmilenio S.A. immer noch unklar zu sein, was ein Interviewpartner des Sekretariats für Mobilität offen anspricht und auch auf Abstimmungsschwierigkeiten bei der Einrichtung von Alimentadoras hinweist:

> „Wir betreiben diese Umformung [Anm. d. V.: die Verwaltungsreform] nun schon seit zweieinhalb Jahren und es sind immer noch Schwierigkeiten vorhanden, bei denen man nicht weiß, wie man die angehen soll, wie z. B. die Alimentadoras"[144] (Interview B8 2009: 65).

Und obwohl zur Aufgabe des Sekretariats inzwischen auch eine etwas längerfristige Planung gehört, scheint dennoch die Entwicklungsperspektive des ÖPNV unklar zu sein, da derzeit über viele verschiedene Projekte (Metro, Nahverkehrszug und integriertes Bussystem) diskutiert wird (vgl. Interview B1 2009: 60). Grundsätzlich kann das Interesse des SDM als öffentlich bezeichnet werden. Da es die Planung des traditionellen Busbetriebs vornimmt und eng mit den traditionellen Busunternehmen verbunden ist, kann das Interesse als status-quo-interessiert eingestuft werden, weil Veränderungen des ÖPNV-Systems diese lang gehegten Beziehungen und Zuständigkeiten umformen würden.

Im Prinzip bestehen in der Hierarchie unterhalb der lokalen Ebene der Kommune Bogotá 20 *Localidades*, mit jeweils einem frei gewählten lokalen Verwaltungsrat (JAL) sowie einem ernannten Lokalbürgermeister. Allerdings ist die Verkehrsplanung auf gesamtstädtischer Ebene sehr zentralisiert, so dass die Ebene der *Localidades* keine Möglichkeiten hat, Einfluss zu nehmen, was von mehreren Interviewpartnern betont wird (vgl. Interview B3 2009: 62, Interview B5 2009: 124).

Auf lokaler Ebene sind neben den genannten öffentlichen Akteuren auch eine Reihe privater Akteure für das ÖPNV-System relevant. Dazu zählt das gesamte Spektrum der traditionellen Busunternehmen, zu denen neben den lizenznehmenden Busunternehmen auch die Buseigentümer und Busfahrer gehören[145]. Sie sind in Unternehmensvereinigungen organisiert, um ihre Forderungen gegenüber der

---

143 „Una de las víctimas de esa reforma fue Transmilenio. [...] Los políticos lo ven como un progreso. Van a acordar un poco más de botín. Tienen más poder."
144 „Llevamos 2 años y medio de conformados y todavía hay cositas que uno no sabe como entrar, por ejemplo las alimentadoras."
145 Genaue Erläuterung der Organisationsstruktur siehe Abbildung 9.

lokalen Politik besser durchsetzen zu können. Dafür sind sie außerdem, wie schon erwähnt, eng mit dem SDM verbunden. Sie haben ein privatwirtschaftliches Interesse am ÖPNV und sind status-quo-interessiert, da sie befürchten, durch große Veränderungen ihre Arbeitsgrundlage zu verlieren. Dennoch muss angemerkt werden, dass sich ihre Einstellung gegenüber der Veränderung des ÖPNV-Systems mit Transmilenio etwas geändert hat, da viele von ihnen seit der Umsetzung der ersten beiden Phasen erfolgreich im Transmilenio-System arbeiten. Des Weiteren sind die neuen Busunternehmen von Transmilenio, in denen verschiedene traditionelle Busunternehmen und Vereinigungen miteinander kooperieren, für die weitere Entwicklung von Transmilenio bedeutend. Sie haben ebenfalls ein privatwirtschaftliches Interesse am ÖPNV, da sie ihre Einnahmen ausschließlich aus dem ÖPNV-Betrieb erzielen. Sie sind mäßig veränderungsorientiert, da sie zwar wirtschaftlich sehr von Transmilenio profitieren, aber dennoch aus den status-quo-interessierten traditionellen Busunternehmen bestehen. Außerdem würden mit dem Ausbau des gesamten Netzes neue Unternehmen auf dem Markt erscheinen und sich evtl. die Fahrgastzahlen auf den einzelnen Strecken verringern.

Eine zivilgesellschaftliche Akteursgruppe der lokalen Ebene sind die Nutzer des ÖPNV. Diese sind allerdings nicht organisiert; ein Fahrgastverband oder Ähnliches existiert nicht. Dennoch kann davon gesprochen werden, dass die Nutzer im Prinzip die wichtigsten Akteure sind, da der ÖPNV für sie betrieben wird. Denn ein ÖPNV-Unternehmen hat ohne Fahrgäste keine Daseinsberechtigung. Das Interesse der Nutzer kann eindeutig als privat-individuell bezeichnet werden, da sie an einem für sie bestmöglichen ÖPNV interessiert sind. Da das Bussystem in Bogotá vor allem vor der Einführung von Transmilenio sehr schlecht war, sind die Nutzer relativ stark veränderungsorientiert, obwohl dadurch eingespielte Routinen in der Nutzung des ÖPNV durchbrochen werden.

19.3.5. Zusammenfassende Betrachtung der Akteure

Bei einer zusammenfassenden Betrachtung der öffentlichen Akteure des ÖPNV-Systems wird deutlich, dass die administrative und politische Dezentralisierung der neuen Verfassung von 1991 auch im Verkehrssektor vollzogen wurde. So werden auf nationaler Ebene vom Verkehrsministerium und vom DNP zwar Gesetze erlassen, die für den lokalen ÖPNV von Bedeutung sind, aber durch diese Gesetze werden nur generelle Standards für Verkehrssicherheit oder Umweltschutz festgelegt sowie das grundsätzliche Vorgehen geregelt. Für die lokale Situation des ÖPNV, wie die Vergabe von Lizenzen oder die Einführung von neuen Verkehrsmitteln des ÖPNV (wie z. B. eine Metro), ist allein die kommunale Ebene zuständig, womit im Fall von Bogotá der gesamte Hauptstadtdistrikt gemeint ist. Allerdings muss angemerkt werden, dass eine hundertprozentige Autonomie der kommunalen Ebene in der Verkehrsplanung nur besteht, wenn der Lokalregierung eigene finanzielle Mittel zur Verfügung stehen. Da im Fall von Kolumbien die Kommunen aber nur über eingeschränkte Finanzmittel verfügen, finanziert der Staat bis zu 70 % der geplanten Maßnahmen, wodurch er einen gewissen Einfluss auf die Entscheidungen geltend machen kann. Wie groß dieser Einfluss allerdings ist und wie genau dementsprechend die Verantwortlichkeiten zwischen der nationalen und lokalen Ebene aufgeteilt sind, bleibt jedoch unklar:

> „...die Politik wird von der Nationalregierung bestimmt und von der Lokalregierung umgesetzt. Aber es ist nicht klar, bis wohin der Einfluss des einen reicht und wo der Einfluss der anderen anfängt. Da gibt es eine Grauzone"[146] (Interview B4 2009: 19).

Wie letztendlich bei den Entscheidungen über Transmilenio mit dieser Grauzone umgegangen wurde, wird in den nachfolgenden Kapiteln näher beleuchtet.

Abb. 13: Interesse und Kooperationen der Akteure in Bogotá

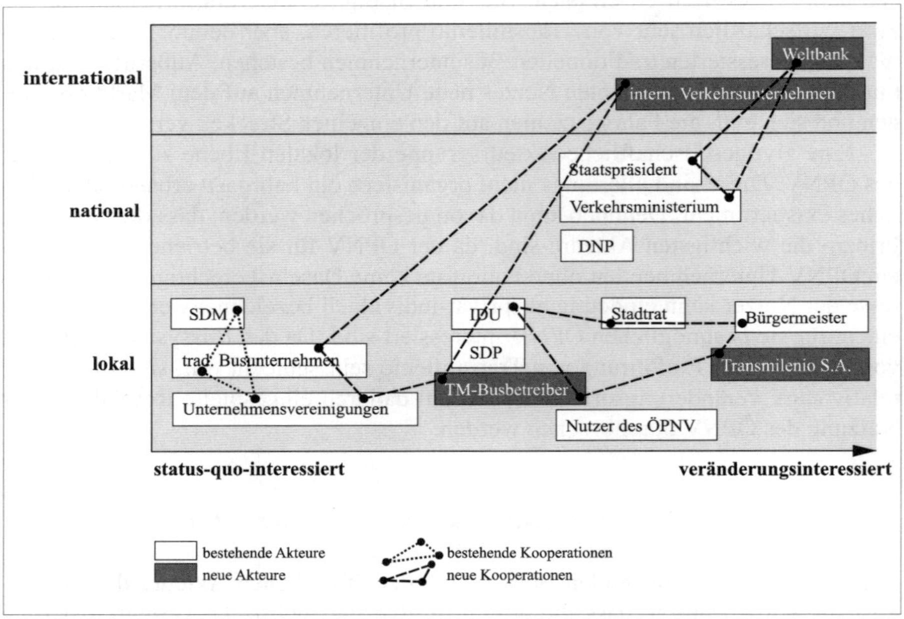

Quelle: eigene Abbildung

Abbildung 13 verdeutlicht das Interesse der Akteure von verschiedenen politisch-administrativen Ebenen an Veränderungen des ÖPNV-Systems durch Transmilenio. Dabei wird aufgezeigt, dass die traditionellen Busunternehmen und das SDM sehr status-quo-interessiert und der Bürgermeister, Transmilenio S.A., die Weltbank sowie die internationalen Verkehrsunternehmen sehr an einer Veränderung interessiert sind. Außerdem wird deutlich, dass neue Akteure auf lokaler und

---

146 „...la política la define el gobierno nacional y la aplica el gobierno local. Pero no es claro, hasta dónde llega uno y comienza el otro. Hay una zona gris."

internationaler Ebene auftreten. Bei der Untersuchung der wichtigsten Kooperationen fällt auf, dass die traditionellen Unternehmen und Unternehmensvereinigungen verschiedene Kooperationen mit lokalen und internationalen Akteuren eingehen. Zum einen besteht die schon vorher vorhandene Kooperation zwischen traditionellen Unternehmen, den Unternehmensvereinigungen sowie dem SDM (früher STT) im traditionellen Bussystem weiter fort. Zum anderen gehen die traditionellen Busunternehmen und deren Vereinigungen in den neuen Transmilenio-Busunternehmen eine Kooperation mit den internationalen Verkehrsunternehmen ein. Zur Finanzierung des gesamten Projekts kooperieren außerdem der Staatspräsident sowie das Verkehrsministerium mit der Weltbank. Und auf der lokalen Ebene geht der Bürgermeister zur Umsetzung des Projekts mit dem Stadtrat, IDU, den neuen Busunternehmen von Transmilenio sowie Transmilenio S.A. eine veränderungsorientierte Koalition ein.

19.4. Policy Making Prozess

19.4.1. Wahrnehmung und Agenda-Setting von Transmilenio

In den 1980er und 1990er Jahren wurde Bogotá von seinen Bewohnern sehr negativ wahrgenommen, so dass sie darauf hinwiesen, dass die Stadt „*...ein chaotischer und unregierbarer Ort* [Ergänzung d. V.: ist], *an dem das Leben immer schwieriger wird*"[147] (Silva Nigrinis u. a. 2009: 18).

Es wird vermutet, dass diese Wahrnehmung stark von der Vergangenheit vieler Bewohner geprägt war, die Bogotá nicht in dem Maße als ihre Heimat anerkannten, wie die ländlichen Regionen, aus der sie aufgrund des bewaffneten Konflikts flüchten mussten. Heutzutage scheint sich diese Wahrnehmung aber zu ändern (vgl. Gilbert/Dávila 2002: 58). Zu dem negativen Image der Stadt führte auch die schlechte Sicherheitslage, die durch eine hohe Mordrate mit jährlich 80 Morden pro 100.000 Einwohner geprägt war (ca. 4000 Morde im Jahr 1993) und Bogotá in den 1990er Jahren zu einem der gefährlichsten Orte der Welt machte[148]. Ebenso hatte sich die chaotische Situation im öffentlichen Raum auf die negative Wahrnehmung der Stadt bei den Bewohnern niedergeschlagen, da die Bürgersteige und Plätze der Stadt durch die Nutzung als Parkplatz oder als informelle Marktfläche kaum Aufenthaltsqualität aufwiesen (vgl. Silva Nigrinis u. a. 2009: 22). Dieser chaotische Eindruck wurde von dem traditionellen und unorganisierten Bussystem noch verstärkt. Ende der 1990er Jahre fuhren ca. 20.000 offizielle Busse unterschiedlicher Größe von 67 Vereinigungen und Unternehmen auf 638

---

147 „...un lugar caótico e ingobernable, en el que se hacía cada vez más difícil vivir."
148 Aber die Mordrate von Bogotá lag noch unterhalb der Mordrate von Medellin, Zentrum des kolumbianischen Drogenkartells, mit jährlich 380 Morden pro 100.000 Einwohner (ca. 6000 Morde im Jahr 1991). Damit wies Medellin zu dieser Zeit weltweit eine der höchsten Mordraten auf (vgl. Silva Nigrinis u. a. 2009: 22).

offiziellen Routen durch die Stadt, sowie 10.000 illegale Busse auf nicht festgelegten Strecken, die oftmals besonders die armen Stadtviertel im Süden der Stadt bedienten (vgl. Gómez 2004: 17 ff.). Zu den negativen Effekten dieses ÖPNV-Angebots gehörten vermehrte Verkehrsstaus aufgrund der hohen Anzahl von Bussen, gravierende Lärm- und Schadstoffemissionen, ein unkomfortabler Service sowie ein unsicherer Straßenverkehr mit vielen Verkehrstoten. Aufgrund dieser Effekte sowie aufgrund der zurückgehenden Nutzerzahlen des ÖPNV wurde Ende der 1990er Jahre in Bogotá von einer Krise des öffentlichen Nahverkehrs gesprochen[149]. Gómez (ebd.: 17) argumentiert, dass diese sinkenden Fahrgastzahlen nicht nur das Resultat einer gestiegenen Motorisierungsrate waren, sondern auch aufgrund des qualitativ schlechten Angebots zurückgingen.

Mitte der 1990er Jahre, war der ÖPNV das wichtigste Transportmittel in der Megastadt, dessen Anteil bei 72 % aller Fahrten lag, wohingegen nur 19 % aller Fahrten mit dem Pkw zurückgelegt wurden (siehe Abbildung 14).

Abb. 14: Modal Split 1995

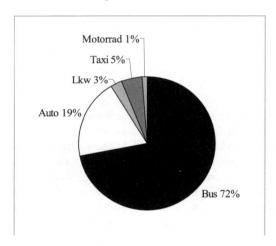

Quelle: JICA 1996: 6

Nur wenige Haushalte konnten sich damals einen privaten Pkw leisten, weshalb die Motorisierungsrate 1995 bei etwa 83 Pkw pro 1000 Einwohner lag (JICA 1996: 12), aber stetig anstieg. Die Anzahl der Pkw in Bogotá wuchs um bis zu 60.000 Fahrzeuge jährlich (Gómez 2004: 24), so dass sie auf knapp 12.000 Fahrzeuge im Jahr 1950 (Parias 2002: 27) und auf ca. 500.000 Fahrzeuge 1995 (JICA

---

149 Figueroa (2005: 42) bezeichnet diese problematische Situation, die auch in anderen lateinamerikanischen Städten vorhanden ist, sogar als Krise im gesamten lateinamerikanischen ÖPNV.

1996: 6) anstieg. Allerdings wohnten damals wie heute Pkw-Eigentümer hauptsächlich im reichen Norden. Dies spiegelte die Segregation zwischen dem armen Süden und dem reichen Norden besonders stark wider. So verfügten z. B. 1995 im nördlichen Stadtviertel *Usaquén* 71 % der Haushalte über einen Pkw, während dieser Anteil im südlichen Viertel *Ciudad Bolivar* nur bei 6,5 % lag (Parias 2002: 41). Insgesamt wird die Situation des städtischen Verkehrs Mitte der 1990er Jahr beschrieben mit:

„…fast permanente Verkehrsstaus auf den Straßen; steigende Kontamination; teurer, unkomfortabler und unsicherer ÖPNV, etc."[150] (Lulle u. a. 2007: 390).

Die Verbesserung dieser Verkehrssituation wurde seit der ersten freien Bürgermeisterwahl 1988 von mehreren Bürgermeistern angegangen. So richtete der erste frei gewählte Bürgermeister von Bogotá, Andrés Pastrana, den schon erwähnten separaten Busfahrstreifen auf der *Avenida Caracas* Ende der 1980er Jahre ein, der als Vorgänger von Transmilenio gilt. Dazu merkte ein Interviewpartner an: „*Damals, als man Transmilenio ins Gespräch brachte, war das nicht mehr exotisch, sondern sehr konsolidiert*"[151] (Interview B4 2009: 139).

Dadurch hatten die Bewohner Bogotás bei der Entscheidung für Transmilenio schon eine Vorstellung davon, wie das neue System aussehen könnte. Gleichzeitig gab es schon seit den 1940er Jahren immer wieder Pläne zum Bau einer Metro (vgl. Wright/Hook 2007: 64), die auch in den 1990er Jahren von verschiedenen Präsidenten und Bürgermeistern bevorzugt wurde. Allerdings ließ sich Jaime Castro, Bogotás Bürgermeister von 1992–1994, von der Studie einer Planungsgruppe überzeugen, die sich aufgrund zu hoher Kosten gegen eine Metro aussprach. Stattdessen überzeugte die Planungsgruppe den Bürgermeister von der Idee, ein BRT-System wie in Curitiba (Brasilien) einzuführen, mit separaten Busstreifen, speziellen Bussen und Haltestellen. Dazu wurde ein Ausschreibungsprozess eröffnet, den das Unternehmen Metrobús, ein Konsortium aus internationalen und lokalen Organisationen mit einer geringen Beteiligung der traditionellen Busunternehmen, gewann. Schließlich begannen noch während der Amtszeit von Castro die Verhandlungen zwischen Metrobús und der Stadtregierung. Diese scheiterten jedoch letztendlich in der Regierungszeit des nachfolgenden Bürgermeisters Antanas Mockus (1995–1997) am Widerstand der lokalen Busunternehmen, die sich nicht genug in das neue System einbezogen fühlten (vgl. Ardila Gómez 2004: 241 ff.). Somit wurde die Idee zum Bau eines BRT-Systems, wie es später mit Transmilenio eingeführt wurde, aufgrund des Widerstands der traditionellen Busunternehmen erst einmal wieder fallen gelassen.

Auf nationaler Politikebene wurde vom damaligen Präsidenten Ernesto Samper (1994–1998) ohnehin der Bau einer Metro weiterhin befürwortet, für die der

---

150 „…congestión casi permanente de las vías; creciente contaminación; precio alto, incomonidad e inseguridad en los transporte colectivos, etc."
151 „Entonces cuando se propuso Transmilenio, no era una cosa exótica sino una cosa muy consolidada."

Staat einen großen Teil der benötigten finanziellen Mittel bereitstellen wollte. Antanas Mockus sprach sich allerdings gegen den Bau einer Metro aus, da er kein politisches Prestigeprojekt des Präsidenten unterstützen wollte, das sich nicht ausreichend technisch begründen ließ (ebd.: 266). Stattdessen stellte er mit seinem kommunalen Entwicklungsprogramm „Stadt bilden"[152] die Verbesserung der zivilgesellschaftlichen Kultur in den Vordergrund seines Handelns. Dabei sollte durch verstärkte Partizipationsmöglichkeiten ein Zugehörigkeitsgefühl der Bewohner zu ihrer Stadt geschaffen werden und gleichzeitig das Verhalten der Bürger im öffentlichen Raum verändert werden, wozu auch verschiedene Mittel der Verkehrserziehung eingesetzt wurden (vgl. Gilbert/Dávila 2002: 54, Silva Nigrinis u. a. 2009: 83).

> „The goal of Bogotá's Citizen Culture agenda was to stimulate an inclusive sense of belonging and responsibility and a new cultural internalization of the law" (Pasotti 2010: 120).

In der Amtszeit von Mockus wurde außerdem 1996 von der japanischen Entwicklungszusammenarbeitsagentur JICA (Japan International Cooperation Agency) ein Masterplan für Verkehr in Bogotá erstellt (vgl. JICA 1996). In diesem wurden der Bau von mehrstöckigen Stadtautobahnen sowie die Einführung von weiteren ÖPNV-Korridoren, wie schon auf der *Avenida Caracas* vorhanden, und eine Metrolinie vorgeschlagen. Über den Plan wurde in der Stadtregierung unter der Leitung von Mockus lange diskutiert und schließlich einzelne Maßnahmen (wie die Einführung von weiteren ÖPNV-Korridoren) als notwendig herausgestellt und andere (wie der Bau von mehrstöckigen Stadtautobahnen und einer ersten Metrolinie) vernachlässigt. Daraufhin wurde von der nationalen Regierung eine weitere Verkehrsstudie in Auftrag gegeben, um die Planungen für den Bau der ersten Metrolinie in Bogotá – das Lieblingsprojekt des Präsidenten Samper – gegen den Willen des Bürgermeisters Mockus voranzutreiben. Die Studie wurde vom Ingenieurbüro Ingetec-Bechtel-Systra (IBS) ab 1996 durchgeführt und 1997 eine erste Teilstudie veröffentlicht, die sich inhaltlich allerdings nur wenig von den schon vorhandenen Vorschlägen zum Bau einer neuen Metro in Bogotá unterschied. Mockus (der acht Monate vor Ende seiner Amtszeit für die Präsidentschaft kandidierte und deshalb als Bürgermeister zurücktrat), und auch Bromberg (der für diese acht Monate eingesetzte Nachfolger Mockus) sprachen sich dennoch für eine Umstrukturierung des Bussystems[153] statt den Bau einer Metro aus und wiesen außerdem darauf hin, dass das Gesetz 310 (1996) von einem integrierten Massentransportsystem spricht und nicht nur von einer Metro. Daraufhin verhandelten Samper und Bromberg intensiv über eine Lösung des Konflikts. Am Ende der Legislaturperiode Mockus-Bromberg stand immerhin die Übereinkunft, dass nicht eine Metro allein das Verkehrsproblem lösen könnte, sondern ein integriertes Sys-

---

152 „Formar ciudad"
153 Ardila-Gómez (2004: 277) stellt heraus, dass Mockus an ein BRT-System gedacht hat, wenn er von separaten Busspuren und einer Umstrukturierung des Bussystems sprach. Aber erst Peñalosa hatte eine klare Vision, wie dieses neue Bussystem gestaltet sein müsste.

tem aus Buskorridoren und Metro. Allerdings bestand weder eine Einigkeit in der Reihenfolge der Umsetzung noch in der Finanzierung (vgl. Ardila Gómez 2004: 261 ff.).

Als Enrique Peñalosa 1997 zum dritten Mal für das Bürgermeisteramt antrat (er war bisher 1994 und 1997 gescheitert), war die Idee eines BRT-Systems also nicht gänzlich neu. Für ihn war deshalb die Einführung eines Massentransportmittels, sei es das von ihm bevorzugte Bus- oder das vom Präsidenten bevorzugte Metrosystem, eines der wichtigsten Wahlversprechen. Peñalosa beschäftigte sich schon lange mit städtischen Bussystemen, da schon sein Vater, als Mitarbeiter von UN-Habitat, den Sinn und Zweck von Metros als Lösung von Verkehrsproblemen in Entwicklungsländern aufgrund der hohen Kosten in Frage stellte (vgl. Peñalosa 2004: 81). Als Peñalosa schließlich das Bussystem von Curitiba in Brasilien kennenlernte, war für ihn klar, dass damit auch die Verkehrsprobleme in Bogotá angegangen werden könnten. „*...die Umsetzung von etwas Ähnlichem in Bogotá wurde für mich fast zu einer obsessiven Vorstellung. Dies würde eines der Ziele meiner politischen Arbeit sein*"[154] (ebd: 83).

Schon Mitte der 1980er Jahre hatte er in der kolumbianischen Tageszeitung „El Espectador" geschrieben, dass das Bussystem reorganisiert werden müsste und die Metro keine Lösung darstellen würde. Zusätzlich sei außerdem eine administrative Umstrukturierung notwendig (Peñalosa zitiert in Gómez 2004: 25). Zwar hatten die Einwohner Bogotás bisher jedem Vorschlag eines Massentransportmittels auf Busbasis misstraut, aber dennoch war Peñalosa davon überzeugt, dass eine ausreichende räumliche Abdeckung nur durch Busse zu schaffen sei (vgl. Peñalosa 2004: 83). Die Vorstellung von einem verbesserten ÖPNV-System wurde schließlich eines der wichtigsten Themen seines politischen Programms mit dem er 1998 seine dreijährige Amtszeit als Bürgermeister von Bogotá antrat.

Zusammenfassend kann gesagt werden, dass aufgrund der gravierenden Probleme des gesamten Verkehrs und insbesondere des ÖPNV der Ruf nach einer Problemlösung in Form eines geordneten ÖPNV und eines neuen Massentransportmittels auf die politische Agenda gesetzt wurde. Dieser Prozess dauerte jedoch sehr lange und war vor allem geprägt durch die Einführung der separaten Busspur auf der *Avenida Caracas*, den Vorschlag der Ausweitung dieser separaten Busspuren aus der JICA-Studie sowie den Widerstand gegen eine Metro und die Befürwortung eines Bussystems von Mockus und Bromberg. Zudem verfestigte sich mit Peñalosa der Vorschlag einer Reform des Bussystems auf der politischen Agenda, da er von der Notwendigkeit eines BRT-Systems wie in Curitiba fest überzeugt war. Dabei verhalf die schon lange anhaltende und sehr intensive Diskussion über eine Lösung der Verkehrsprobleme in Bogotá dem Bürgermeisterkandidaten Peñalosa im Wahlkampf, den Themen Mobilität und Verkehr eine große Priorität zu verleihen und nach seiner Wahl seine Ideen schnell auf die politische Agenda zu setzen. Peñalosa nutzte also die Gunst der Stunde, um seine

---

154 „...implantar algo similar en Bogotá se me convirtió en una ilusión casi obsesiva. Este sería uno de los objetivos de mi trabajo político."

Ideen für eine Lösung der Verkehrsprobleme zu formulieren. Dabei war es vor allem wichtig, Transmilenio nicht als traditionelles Bussystem einzustufen, da es sonst zu Schwierigkeiten bei der Umsetzung gekommen wäre.

> „Hätte Transmilenio auf den bestehenden Regelungen der nationalen Ebene basieren müssen, dann wäre es niemals umgesetzt worden. Transmilenio musste sich eine parallele Regelung erschaffen"[155] (Interview B4 2009: 72).

Stattdessen musste Transmilenio, wie schon erwähnt, als Massentransportmittel eingestuft werden, um damit die Lücke im institutionellen Rahmen zu nutzen, die die Verantwortlichkeit der lokalen Regierung bei der Formulierung von dementsprechenden Verkehrsmaßnahmen stärkt. Wie Transmilenio konkret formuliert wurde, wird im nächsten Kapitel beschrieben.

19.4.2. Formulierung des Projekts Transmilenio

Peñalosa kündigte gleich nach der gewonnenen Bürgermeisterwahl und noch vor Beginn seiner Amtszeit überraschenderweise an, zwei Planungsinitiativen zu gründen: eine für den Bau einer Metro und eine zweite für eine Reform des Bussystems, um mit beiden Komponenten ein integriertes Massentransportsystem zu bilden. Mit dieser Position, die durchaus nach einem Kompromiss aussah, verfolgte er allerdings letztendlich nur eine Strategie, um doch noch das von ihm eigentlich favorisierte BRT-System umzusetzen. Entweder würden Metro und BRT gebaut werden, was ihm durchaus entgegengekommen wäre. Oder aber aufgrund von finanziellen Schwierigkeiten des Staats (und Kolumbien befand sich gerade in einer Rezession) würden die finanziellen Mittel für diese Planung mit dem nächsten Präsidenten (und die nächste Präsidentschaftswahl stand unmittelbar bevor) verringert werden, so dass letztlich ein Metrobau nicht mehr hätte finanziert werden können (vgl. Ardila Gómez 2004: 295 ff.).

Da das Risiko relativ gering war, dass sein bevorzugtes BRT-Projekt nicht umsetzbar sein könnte, unterzeichnete Peñalosa das zwischen ihm und Präsident Samper im Februar 1998 ausgehandelte Abkommen[156]. Dieses sah den Bau von drei Metrolinien mit insgesamt etwa 30 km Länge und ein dazugehöriges Bussystem mit knapp 30 km BRT-Korridoren und ein System aus Alimentadoras vor. Dabei würde der Staat 70 % der entstehenden Kosten tragen und Bogotá die verbleibenden 30 % (vgl. CONPES 2999 von 1998).

Dieses Abkommen wurde in den kommunalen Entwicklungsplan von Peñalosa mit dem Namen „Für das Bogotá das wir wollen"[157] einbezogen. Dieser wurde Ende Mai 1998 mit der Abstimmung im Stadtrat beschlossen und beinhaltete fünf

---

155 „Si Transmilenio se hubiera tenido que basar en la regulación que existía a nivel nacional, jamás se hubiera hecho. Transmilenio tuvo que generarse [...] una regulación paralela."
156 Dieses Abkommen wurde erst im April 1998 unter dem Namen CONPES 2999 veröffentlicht.
157 „Por la Bogotá que queremos"

sog. vorrangige Megaprojekte (vgl. Abkommen 06 von 1998): die Einführung eines integrierten Massentransportsystems, der Bau und die Instandsetzung von Straßen, die Umsetzung von Maßnahmen zur Finanzierung von Sozialwohnungen, der Aufbau eines Grünflächennetzes sowie die Einführung eines städtisches Bibliothekssystem.

Mit dem ersten Projekt, der Einführung eines integrierten Massentransportsystems, nahm der Entwicklungsplan also die Ziele des Abkommens zwischen Staat und dem Distrikt Bogotá auf. Das integrierte Massentransportsystem bestand demzufolge aus zwei Komponenten: erstens der Restrukturierung des gesamten Bussystems, wozu auch die Einführung eines BRT-Systems gehörte, das auf fünf Korridoren umgesetzt werden sollte und zweitens dem Bau einer ersten Metrolinie, deren Baukosten zu 70 % vom Staat getragen werden sollten. Es wird allerdings auch Folgendes klargestellt: *„...die Busse sind und bleiben das Hauptelement des Massentransportsystems der Stadt, selbst nach dem Bau der Metro..."*[158] (Abkommen 06 von 1998: Artikel 18a). Mit dieser Klarstellung sowie mit der Kürze der Ausführungen über den Metrobau im Gegensatz zur relativ langen Darstellung eines neuen Bussystems im kommunalen Entwicklungsplan (Abkommen 06 von 1998) wird Peñalosas Präferenz für die Umsetzung eines neuen Bussystems jedoch deutlich.

Der kommunale Entwicklungsplan von Peñalosa gilt als Planungsgrundlage für Transmilenio, in dem allerdings kaum konkrete Ziele für die Verkehrsentwicklung benannt werden. So wird allgemein zum Thema Mobilität definiert:

„Es sind Transportsysteme einzurichten, die eine Verringerung der Reisezeiten und einen angemessenen, komfortablen und effizienten Service gewährleisten, mit Rücksicht auf die städtische Umgebung und die Umwelt"[159] (Abkommen 06 von 1998: Artikel 16).

Und speziell zum integrierten Massentransportsystem wird Folgendes definiert:

„Bogotá benötigt ein modernes, integriertes Massentransportsystem, mit dem das Stauproblem, verursacht durch die enge Bebauung der Stadt, die unzureichenden Straßen und das rasche Bevölkerungswachstum, gelöst werden kann. Die einzig praktikable Lösung ist die Restrukturierung des Nahverkehrssystems und infolgedessen ein geringerer Anreiz zur privaten Pkw-Nutzung"[160] (Abkommen 06 von 1998: Artikel 18 a).

Aus diesen Definitionen lassen sich zwar Ziele für die Verkehrsentwicklung ableiten, sie werden aber nicht eindeutig benannt. Stattdessen werden in dem Plan

---

158 „...los buses son y seguirán siendo el eje principal del sistema de transporte masivo de la ciudad, aún después de la construcción del Metro..."
159 „Establecer sistemas de transporte que aseguren una disminución en los tiempos de viaje y proporcionen un servicio digno, confortable y eficiente, con respeto por el entorno urbano y el ambiente."
160 „Bogotá requiere un sistema integrado de transporte masivo moderno que permita superar la congestión vehicular, originada en la densidad de la ciudad, la insuficiencia de vías y el acelerado crecimiento de la población. La única solución viable es la reestructuración del sistema de transporte masivo y, como consecuencia, el desestímulo del uso del vehículo privado."

konkrete Maßnahmen, wie die Einrichtung von 70 km Troncales, die Umsetzung einer ersten Metrostrecke und der Bau von 80 km Fahrradwegen als zu erreichende Ziele benannt (vgl. Abkommen 06 von 1998: Artikel 19).

19.4.3. Implementierung der Reform

Die Implementierung von Transmilenio besteht zum einen aus der Konkretisierung der Projektidee und zum anderen aus der Durchführung einer schrittweisen Umsetzung. Gleichzeitig mit der Konkretisierung von Transmilenio wurde in Bogotá zudem der Bau der ersten Metrolinie konkretisiert, der letztendlich aber nicht umgesetzt wurde. Das Scheitern des Metrobaus war jedoch für die Finanzierung und somit auch für die Umsetzung von Transmilenio entscheidend, weshalb zu Beginn dieses Kapitels darauf eingegangen wird.

a) Scheitern der Metro und die Finanzierung von Transmilenio
Die Planung zur Implementierung der vom Präsidenten bevorzugten Metro in Bogotá wurde parallel zur Idee eines BRT-Systems, später als Transmilenio bezeichnet, begonnen. Dafür wurde eine eigene Planungsgruppe gebildet, die Details vorbereiten sollte. Allerdings war die Finanzierung des Projekts bisher weitgehend ungeklärt. Weder von staatlicher Seite war der Kostenanteil von 70 % gesichert, noch konnte Bogotá konkrete Zusagen über die Finanzierung der restlichen 30 % machen. Diese schwierige Finanzsituation resultierte vor allem aus der nationalen Wirtschaftskrise Ende der 1990er Jahre, weshalb nicht nur die staatlichen, sondern auch die städtische Steuereinnahmen drastisch sanken (vgl. Silva Nigrinis u. a. 2009: 115). Deshalb wurde in Bogotá schon vor der Amtsübernahme von Peñalosa der Antrag auf eine Erhöhung der kommunalen Kraftstoffsteuer auf 20 % (der höchstmögliche Satz in Kolumbien) zur Abstimmung in den Gemeinderat gebracht. Zu Beginn der Amtszeit von Peñalosa wurde eine Erhöhung der Kraftstoffsteuer von 15 % auf 20 % durchgesetzt, und die Hälfte dieser Erhöhung zur Finanzierung eines neuen Massentransportmittels genutzt werden sollte (vgl. Peñalosa 2004: 84). Zwar sollten diese neuen Finanzeinnahmen zu Beginn den Bau der Metro voranbringen, aber im Dezember 1999 stimmte der Stadtrat einer flexibleren Nutzung der Gelder für Metro oder Transmilenio zu. Dadurch rückte eine mögliche Finanzierung eines Massentransportmittels ein Stück näher. Allerdings war die Finanzierung von staatlicher Seite aufgrund der Wirtschaftskrise weiterhin unklar. Dennoch wurde mit dem Bau der ersten Phase von Transmilenio begonnen, die vor allem aus den Mitteln der erhöhten Kraftstoffsteuer finanziert wurde. Währenddessen setzte sich Peñalosa beständig für eine staatliche Ko-Finanzierung von Transmilenio ein. Ende 1999, also während des Baus der ersten Phase von Transmilenio, gewährte der Staat geringe Finanzmittel für Transmilenio, da dadurch in der Wirtschaftskrise schneller dringend benötigte Arbeitsplätze geschaffen werden konnten als durch den noch nicht begonnenen Bau der Metro.

Von staatlicher Seite war die Skepsis gegenüber Transmilenio sehr groß. Dennoch überwogen letztlich die finanziellen Schwierigkeiten des Staates, so dass der Bau einer Metro nicht mehr finanziert werden konnte, sehr wohl aber das sehr viel günstigere BRT-System Transmilenio. Dieses kostete pro Kilometer nur 5 % der Bausumme der geplanten Metro. Die Entscheidung über eine Umwidmung der finanziellen Mittel der Metro für Transmilenio fiel erst ein paar Tage vor der Eröffnung von Transmilenio im Dezember 2000. Deshalb wurde die erste Bauphase von Transmilenio allein von Bogotá finanziert; seit der zweiten Phase übernimmt der Staat 70 % der Kosten (vgl. Ardila Gómez 2004: 316 ff). Peñalosa meint:

> Das Positive an der Weiterverfolgung des Metroprojekts ist, dass man sich damit nationale Mittel für das Massentransportsystem in Bogotá gesichert hat"[161] (Peñalosa 2004: 58).

Die Strategie von Peñalosa, auf den Bau von Transmilenio und Metro gleichzeitig zu setzen, um vor allem Transmilenio umzusetzen, ging also auf. Im Interview wies ein Interviewpartner außerdem auf die geringen Einflussmöglichkeiten der nationalen Regierung bei den Entscheidungen der lokalen Politik hin:

> „Wenn die nationale Regierung die Metro möchte, dann bauen wir die Metro, sie geben ja das Geld. [...] Aber was Planung und Entscheidungen betrifft, da hat sich die nationale Regierung komplett herausgehalten. Wenn wir die Metro gewollt hätten, dann hätten wir die Metro gebaut. Wenn wir nichts gewollt hätten, hätten wir nichts gemacht. Die nationale Regierung hat keine Möglichkeit zur Einmischung. Sie bezahlen allerdings per Gesetz 70 % dessen, was wir tun"[162] (Interview B15 2009: 9).

Das Scheitern einer ersten Metrolinie in Bogotá scheint also vordergründig mit der Wirtschaftskrise Kolumbiens und der dadurch schlechten finanziellen Ausstattung der öffentlichen Haushalte zusammenzuhängen. Aber zusätzlich fehlte dem Projekt eine starke Lobby vor allem auf der lokalen Politikebene, die das Projekt gegenüber der Lokalregierung hätte vertreten können (vgl. Ardila Gómez 2004: 283). Vielmehr waren auch die privaten Busunternehmen des traditionellen Bussystems in Bogotá gegen die Metro, bei der sie kaum hätten partizipieren können. Für sie war Transmilenio im Prinzip das kleinere Übel, da sie dadurch zwar große Veränderungen hinnehmen mussten, aber dennoch am neuen System teilhaben und teilnehmen konnten. Dieser dennoch schwierige und lange Prozess der Konkretisierung von Transmilenio wird im nächsten Abschnitt dargestellt.

---

161 „Lo positivo del trabajo que se hizo para sacar el metro adelante es que permitió asegurar recursos nacionales para transporte masivo en Bogotá."
162 „Si el gobierno nacional quiere hacer el metro, pues hagamos el metro, lo van a pagar y eso. [...] Es decir, que en cuanto a la planeación y decisión, el gobierno nacional no hizo absolutamente nada. Si nosotros hubiéramos querido hacer el metro, hubiéramos hecho el metro. Si nosotros no hubiéramos querido hacer nada, no hubiéramos hecho nada. El gobierno nacional no tiene ninguna injerencia. Lo único es que por ley, paga el 70% de lo que nosotros hagamos."

b) Konkretisierung von Transmilenio

Mit dem Beginn der Amtszeit von Peñalosa wurde gleichzeitig mit dem Aufbau der Planungsgruppe für den Bau der Metro ebenso eine Planungsgruppe für die Einführung von Transmilenio gegründet. Dieses Planungsteam wurde zu Beginn von Carlos Emilio Gómez und später von Ignacio de Guzmán geleitet, die Peñalosa beide schon lange kannte. Sie schlugen sehr schnell die Durchführung von fünf Studien zu den folgenden Themen vor (ebd.: 330):

- Modellierung des Streckennetzes (z. B. Busspuren, Haltestellen, Frequenzen)
- Konkretisierung des Unternehmens Transmilenio S.A. (für die Umsetzung hilfreich)
- Design der Busse, Haltestellen und Busspuren
- Finanzielle Aspekte (zur Sicherstellung, dass das neue System profitabel ist)
- Juristische Aspekte (z. B. PPP-Verträge mit traditionellen Busunternehmen)

Für diese Studien wurden verschiedene private Beratungsunternehmen in das Planungsteam involviert, anstatt auf das vorhandene Wissen des Sekretariats für Verkehr und Transport (STT) zurückzugreifen. So haben z. B. von *Steer Davies Gleave* (ein international tätiges Verkehrsberatungsunternehmen) die Verkehrsplanung und von *McKinsey* (eine international tätige Unternehmensberatung) die Organisation und den Aufbau des öffentlichen Unternehmens Transmilenio S.A. übernommen. Peñalosa wollte nicht das STT mit der Planung betrauen, da es stark mit dem traditionellen Bussystem verwoben und offensichtlich von Korruption betroffen war. Außerdem traute niemand dem STT zu, neue Ideen zu entwickeln, die für Transmilenio unbedingt notwendig waren. Deshalb wurden viele junge Akademiker in das Planungsteam eingeschlossen, die sehr frei und ohne eigene Interessen an die Probleme herangehen konnten (vgl. Interview B19 2009: 97). Allerdings wird auch von einem Interviewpartner bemängelt, dass diese für diese große Aufgabe zu wenig Erfahrung hätten: „*Ich sage nicht, dass sie* [Anm. d. V.: die Planer] *schlecht wären, aber sie sind unerfahren*"[163] (Interview B4 2009: 71).

Die Beratungsunternehmen wurden in diesem Fall aber nicht beauftragt, um eine Idee für die zukünftige Entwicklung zu erarbeiten, sondern um die schon vorhandene Idee zu konkretisieren und umzusetzen. Diese sollten vor allem nicht nebeneinander arbeiten, sondern miteinander kooperieren (vgl. Interview B18 2009: 94). Dafür haben die Berater und das schon vorhandene Planungsteam von Transmilenio im selben Büro gearbeitet. Durch die räumliche Nähe konnten Absprachen direkter erfolgen und Planungen wurden konkreter ausgearbeitet (vgl. Ardila Gómez 2004: 357 f.).

Grundsätzlich wurden für eine schnelle Umsetzung von Transmilenio alle Hebel in Bewegung gesetzt, um die juristischen und institutionellen Probleme der ersten Phase zu klären. Allerdings war es aufgrund der zeitlichen Restriktion[164]

---

163 „En Transmilenio no digo yo que sean malos, pero son inexpertos."
164 Peñalosa wollte das Projekt unbedingt in seiner dreijährigen Amtszeit umsetzen.

kaum möglich, auf die Änderung von Gesetzen zu warten (vgl. Interview B19 2009: 11).

Die **Entscheidungen über technische Veränderungen** wurden vom Transmilenio-Planungsteam getroffen, und zwar auf Grundlage der Studie zur Modellierung des Streckennetzes mit einer Konkretisierung der Strecken, Busspuren, Haltestellen, Frequenzen und Busse, die vom Verkehrsberatungsunternehmen *Steer Davies Gleave* erstellt wurde. Die Modellierungen basieren auf Verkehrsdaten des Masterplans für Verkehr von JICA aus dem Jahr 1996[165]. Die Entscheidungen über die technischen Veränderungen unterlagen immer einer Wirtschaftlichkeit, da die Kosten für die Einführung von Transmilenio möglichst gering gehalten werden sollten. So war ursprünglich geplant, Busse mit zwei Gelenken für die Hauptverkehrszeiten sowie Busse mit nur einem Gelenk für die nicht so stark ausgelasteten Nebenzeiten einzusetzen. Letztendlich wurde aber die Entscheidung für den eingelenkigen Bus getroffen, der günstiger in der Anschaffung als der zweigelenkige Bus war, der weltweit nur selten hergestellt wurde. Die weiteren Entscheidungen über die Busse wurden strategisch getroffen, da die traditionellen Busunternehmen unbedingt von den Transmilenio-Korridoren verdrängt werden sollten, um die Wirtschaftlichkeit des Systems nicht zu gefährden. Dafür wurden die Busse zum einen mit einer extra hohen Plattform ausgestattet, so dass der Ein- und Ausstieg auf ca. 80 cm Höhe liegt und zum anderen die Türen auf der linken Seite angeordnet. Dadurch mussten auch die Haltestellen in der Mitte der Straße angeordnet werden (wodurch zusätzlich Kosten eingespart werden konnten) und diese auf die Höhe der Buseinstiege angehoben wurden. Durch diese einfachen konstruktiven Lösungen haben die traditionellen Busunternehmen keine Möglichkeit die Transmilenio-Infrastruktur zu nutzen, da diese sehr unterschiedlichen Busse einen niedrigeren Einstieg und die Türen auf der rechten Seite haben (vgl. Ardila Gómez 2004: 361). Bei den Entscheidungen über den Bau der Infrastruktur wurde außerdem mit IDU zusammengearbeitet, das als öffentliche Institution für den Bau von Verkehrsinfrastruktur zuständig ist. Damit allerdings die Idee von Transmilenio schon vorher bei IDU positiv bewertet wurde, hat Peñalosa den Planungsteamleiter Guzmán im Vorstand des IDU eingesetzt.

Die größten Herausforderungen der Konkretisierungsphase bestanden allerdings nicht in den Entscheidungen über technische Lösungen, sondern in den **Entscheidungen über die unternehmerischen Veränderungen**. Eine große Hürde war die Gründung des öffentlichen Unternehmens Transmilenio S.A., da dazu die Zustimmung des Stadtrats notwendig war. Die Ratsmitglieder waren teilweise selbst mit einem Busunternehmen verbunden, weshalb der traditionelle ÖPNV schon seit Jahrzehnten vom Stadtrat gestützt wurde. Die Zustimmung des Stadtrats war aber nicht nur aus juristischen Gründen notwendig, sondern hat auch die politische Unterstützung für Transmilenio in Schwung gebracht, wie Ardila

---

165 2005 wurde eine nächste Verkehrsstudie vom kolumbianischen Statistikamt durchgeführt, die aber wenig konsistent mit den Daten von 1995 ist. Deshalb ist es fraglich, ob Transmilenio mit den richtigen Daten arbeitet (Interview B4 2009: 75 ff.).

Gómez (ebd.: 340) meint. Peñalosa und Guzmán entschieden, dass ein Mitglied des Planungsteams ständig im Stadtrat anwesend sein soll, so dass alle Fragen der Ratsmitglieder schnellstmöglich geklärt werden und sie dadurch von der Notwendigkeit von Transmilenio überzeugt werden. Zwar wurden dadurch die Diskussionen intensiviert, aber dennoch wurde in drei Abstimmungen gegen die Gründung von Transmilenio S.A. gestimmt. Erst als verschiedene Zugeständnisse in den Entwurf des Abkommens aufgenommen wurden (wie die Festlegung, dass das lokale Wissen der traditionellen Busunternehmen wichtiger ist als internationale Erfahrungen), stimmte der Stadtrat für die Gründung von Transmilenio S.A. und unterzeichnete im Februar 1999 das Abkommen 04. Damit war ein große Hürde genommen und fortan war Transmilenio S.A. für Leitung, Management und Planung des neuen BRT-Systems zuständig (ebd.: 340 ff.).

Eine weitere große Hürde, die eng mit diesen Verhandlungen zusammenhing und im Prinzip gleichzeitig genommen werden musste, war die Einbeziehung der traditionellen Unternehmen in das neue BRT-System.

> „Among the tasks needed to implement TransMilenio one was critical. It was to negotiate with the bus operators, convince them of investing in the new buses, and finding ways to finance the then under-capitalized bus companies and bus owners" (ebd.: 336).

Der Widerstand der traditionellen Busunternehmen gegen eine Modifizierung ihrer Arbeitsgrundlage entstand schon Anfang der 1990er Jahre, als der damalige Bürgermeister Castro mit Metrobús ein BRT-System umsetzen wollte, ohne die traditionellen Busunternehmen umfangreich einzubeziehen. Deshalb standen die Busunternehmen einem neuen Anlauf zur Umsetzung eines BRT-Systems grundsätzlich negativ gegenüber.

Peñalosa und Guzmán waren überzeugt, dass Transmilenio nur mit der Einbeziehung der traditionellen Unternehmen politisch möglich war (weil das Abkommen mit dem Stadtrat sonst nicht zustande gekommen wäre).

> „Wir haben viele, viele Stunden damit verbracht, zu analysieren, wie wir die negativen Auswirkungen des Projekts auf die traditionellen Busunternehmen minimieren und die Einbindung dieser Unternehmen ermöglichen können"[166] (Peñalosa 2004: 93).

Bisher waren aber die hinter den Busunternehmen, -eigentümern und -fahrern stehenden Personen und deren Interessen kaum bekannt. Das Planungsteam war aber davon überzeugt, dass es unbedingt notwendig sei, zu wissen, mit wem verhandelt wird und was die Probleme der Busunternehmen sind.

> „…[Ergänzung d. V. wir müssen] verstehen, was das Problem der Busunternehmen ist, und die Priorität des ÖPNV begreifen. Die Technologie, das Wissen der Profis nützt so gut wie gar nichts, um nicht zu sagen überhaupt nichts. Man braucht die tagtägliche Erfahrung und

---

[166] „Pasamos muchas, muchas horas analizando cómo minimizar el impacto negativo del proyecto sobre los transportadores tradicionales y cómo facilitar su vinculación al mismo."

die Kenntnisse der Leute, um das theoretische Wissen und die Technologie der Profis gut umsetzen zu können"[167] (Interview B19 2009: 82).

Deshalb wurden Psychologen und Soziologen in das Planungsteam einbezogen, die sich mit den verschiedenen Unternehmenstypen, den dahinter stehenden Familienunternehmen und deren Interessen beschäftigte, so dass die Entscheidungen der Unternehmen nachvollziehbarer wurden (vgl. Interview B18 2009: 45, Interview B19 2009: 77). Dabei stellte sich heraus, dass die Hauptakteure und damit die wichtigsten Ansprechpartner die 64 Busunternehmen waren, die die Lizenzen zum Betrieb der Strecken besaßen, denen aber selbst keine Busse gehörten. Die Buseigentümer und Busfahrer wurden somit aus den Verhandlungen ausgeklammert. Aus dieser übersichtlichen Akteursgruppe wurden daraufhin die inoffiziellen Diskussionsleiter identifiziert, deren Entscheidungen von anderen Unternehmen mitgetragen wurden. Manche dieser Unternehmen wurden schon in der zweiten oder dritten Generation als Familienunternehmen geführt. Allerdings waren die aktuellen Geschäftsleiter wenig Stolz auf das Unternehmen, was sich mit dem Einstieg in Transmilenio ändern sollte (vgl. Ardila Gómez 2004: 349 ff.). Gerade die jüngeren Geschäftsführer der Familienunternehmen wollten die Busunternehmen nur ungern weiterführen, weil der Transportsektor gleich hinter dem Drogenhandel der meistgehasste Berufszweig war, der außerdem mit verschiedenen Guerilla-Truppen in Verbindung gebracht wurde. Ihre Meinung über die Familienunternehmen wurde allerdings zumeist nicht von den Vätern oder Großvätern geteilt, die das Unternehmen gegründet hatten und keine Veränderungen für Notwendig erachteten. Somit befanden sie sich oftmals in einem Generationenkonflikt, aus dem Transmilenio für manche einen Ausweg aufzeigte (Interview Sandoval 2009: 43 ff.). Zur Überzeugung der traditionellen Unternehmen wurde eine Strategie genutzt, die Ardila Gómez (2004: 337) als „good-cop, bad-cop" Strategie bezeichnet. Dabei war Peñalosa der „bad-cop" und behauptete mehrfach, dass er Transmilenio mit, ohne oder sogar gegen die traditionellen Busunternehmen umsetzen würde, notfalls auch mit der Hilfe von internationalen Investoren. Und der Leiter des Planungsteams, Ignacio de Guzmán, war der „good-cop", der wiederholt äußerte, dass er auf der Seite der Busunternehmen stünde und, dass es wichtig wäre, sie mit einzubeziehen.

„Sie müssen verstehen, dass wir das machen, um die Transportindustrie zu retten. [...] Wir machen das, damit die Nutzer uns mögen und respektieren"[168] (Guzmán zitiert in Gómez 2004: 39).

---

167 „...entender cuál es el problema de los transportadores, y entender la prioridad del transporte. Desde la tecnología, desde la sabiduría de los profesionales, no se sale casi nada, por no decir nada. Se necesita tener la experiencia del día a día y el conocimiento de la gente para poder aplicar de manera aceptada el conocimiento teórico y la tecnología que tienen los profesionales."
168 „Ustedes tienen que entender que nosotros vamos a hacer eso para salvar la industria del transporte. [...] Vamos a hacer que los usuarios nos quieran y nos respeten."

Dadurch sollten die Unternehmen davon überzeugt werden, dass sie keine andere Möglichkeit neben der Beteiligung an Transmilenio haben.

Bei den Verhandlungen wurde vom Planungsteam aber nicht nur auf die Einbindung von soziologischem und psychologischem Wissen geachtet, sondern vor allem auf eine aktive Beteiligung von Frauen, was im männlich dominierten Verkehrssektor nicht immer selbstverständlich war. Dadurch erhoffte man sich eine verbesserte Diskussionskultur (vgl. Interview B19 2009: 81). Die bewusste Einbindung von nicht-technischem Wissen und weiblicher Diskussionskultur sollte die Verhandlungen vorantreiben, damit die zumeist männlichen Busunternehmer möglichst schnell von Transmilenio überzeugt werden können.

Während den langen Verhandlungen, die etwa zwei Jahre dauerten, streikten die traditionellen Busunternehmen bzw. -fahrer insgesamt sieben Mal (Interview B18 2009: 38), was gravierende Auswirkungen auf das wirtschaftliche Leben in Bogotá hatte. Als erstes Unternehmen entschied sich *Sotrandes*, ein Unternehmen der Familie Martínez, mitzumachen. Allerdings war dafür eine Kooperation mit weiteren traditionellen Unternehmen für die Bewerbung um eine Transmilenio-Konzession erforderlich. Diese Unterstützung fanden sie, nach langer Überzeugungsarbeit, in der von ihnen geleiteten Vereinigung von Busunternehmern *Asonatrac*. Schließlich bildeten sie gemeinsam das Unternehmen SI99, das für Sistema Integrado 1999, stand, aber mit „Si" (spanisch für ja) auch die Zustimmung zu Transmilenio symbolisierte (vgl. Ardila Gómez 2004: 355 f.). Diese erste Zustimmung war sehr wichtig für die weitere Entwicklung von Transmilenio, da dadurch andere Unternehmen nachzogen und ebenfalls über eine Beteiligung bei Transmilenio nachdachten. Bei der Gruppierung der Unternehmen half das Planungsteam von Transmilenio, so dass sich vier Unternehmensgruppen herausbildeten (Interview B18 2009: 45).

Gleichzeitig wurde im Stadtrat über die Gründung von Transmilenio S.A. diskutiert und letztendlich festgelegt, dass sich nur traditionelle Busunternehmen mit lokalen Erfahrungen und dem Wissen über die örtlichen Gegebenheiten um die Konzessionen bewerben konnten. Aber sie konnten internationale Investoren einbeziehen, um von deren Kapital zu profitieren. Diese durften sich aber wiederum nicht ohne eine lokale Beteiligung bewerben. Dadurch wurde das finanzielle Risiko der traditionellen Busunternehmen verringert (vgl. Ardila Gómez 2004: 344).

Zur detaillierten Abstimmung der Planungen wurden die fünf Arbeitsgruppen (für Verkehrsmodellierung, Infrastrukturbau, finanzielle Aspekte, juristische Probleme und Restrukturierung der bestehenden Busstrecken) mit Vertretern der Busunternehmen und Buseigentümer, dem Sekretariat für Verkehr und Transport (STT) sowie dem Transmilenio-Planungsteam gebildet. Dadurch konnten die Ideen und Meinungen der traditionellen Unternehmen gut eingebunden werden, um zum einen spezifische Probleme gemeinsam zu diskutieren und zum anderen das Vertrauen der traditionellen Unternehmen in das neue System aufzubauen (vgl. ebd.: 349 f.).

Nachdem die Gründung von Transmilenio S.A. im Oktober 1999 erfolgte, wurden im Dezember 1999 die Konzessionen für Transmilenio ausgeschrieben. Allerdings war durch die Abstimmung zwischen Transmilenio S.A. und den traditionellen Unternehmen schon vorher klar, welche Unternehmen sich in welcher Konstellation bewerben würden. Damit letzte Abstimmungsprobleme aus dem Weg geräumt werden konnten, wurde ein Entwurf der Ausschreibungsunterlagen sowie der Verträge bereits im Vorfeld mit den Unternehmen diskutiert und viele Änderungsvorschläge aufgenommen. Letztendlich gab es genau vier Bewerbungen für die vier Konzessionen. Somit erhielten in der ersten Phase von Transmilenio vier neue Unternehmen den Zuschlag für die zehnjährigen Transmilenio-Konzessionen, darunter auch SI99, das 25 traditionelle Busunternehmen und über 500 Buseigentümer vereinte (vgl. ebd.: 364 ff.). Insgesamt waren damit 58 der 64 traditionellen Busunternehmen in die neuen Unternehmen involviert (vgl. Gómez 2004: 41). Außerdem kooperieren einige der traditionellen Unternehmen mit internationalen Konzernen, wie im Fall von *Ciudad Movil* das mit *Veolia* (ein französisches Unternehmen, das weltweit im ÖPNV arbeitet) kooperiert und gleichzeitig auch bei Transantiago in Santiago de Chile involviert ist (vgl. Interview B20 2009: 10). Diese Einbeziehung von internationalen Erfahrungen war zwar gewünscht, aber das lokale Know-how stand bei der Vergabe der Konzessionen klar im Vordergrund. Gómez fasst diesen Umstrukturierungsprozess der traditionellen Unternehmen wie folgt zusammen:

> „Das hat die Mentalität der Busunternehmen verändert, sie mussten auf ihre ‚Garagenunternehmen' verzichten, um richtige Unternehmen mit modernen und futuristischen Büros zu bilden"[169] (Gómez 2004: 41).

Nachdem im April 2000 die Verträge mit den neuen Unternehmen unterschrieben wurden, begann die Suche nach einer geeigneten Finanzierungsmöglichkeit zum Kauf der neuen Busse. Dafür ging der damalige Geschäftsleiter von Transmilenio S.A. zusammen mit den neuen Busunternehmen zu verschiedenen Banken, um diese vom Konzept zu überzeugen, damit sie letztlich Kredite an die neuen Unternehmen vergaben (vgl. Interview B18 2009: 59).

Neben den Konzessionen für die Busunternehmen wurden verschiedene weitere Konzessionen vergeben, z. B. für die Erhaltung und Reinigung der Stationen sowie zum Einsammeln und zur späteren Verteilung der Einnahmen aus dem Fahrscheinverkauf.

Für die **Entscheidungen über finanzielle Veränderungen**, die mit Transmilenio einhergingen, war ebenfalls die ökonomische Effizienz das Hauptargument, so dass immer nach einem Ausgleich zwischen Angebot und Nachfrage gesucht wurde (vgl. Interview B3 2009: 82). Deshalb waren staatliche Subventionen zum Betrieb von Transmilenio von Beginn an ausgeschlossen, so dass ein Interviewpartner vom Sekretariat für Mobilität äußerte:

> „…es soll ein sich selbst tragendes System sein, das ohne jegliche Subventionen auskommt, weil wir uns diesen Luxus nicht erlauben können"[170] (Interview B9 2009: 122).

---

169 „Este hecho le cambió la mentalidad a los transportadores, que tuvieron que despojarse de sus empresas de ‚garaje', para constituirse en verdaderos empresarios, con oficinas modernas y futuristas."

Deshalb hängt der Gewinn des gesamten Systems zu 100 % an der Fahrgastzahl und somit auch an der Höhe des Fahrpreises. Dieser richtet sich danach, wie viel ein gefahrener Kilometer real kostet, wobei z. B. die versteckten Kosten für die Erhaltung der Infrastruktur und die Abrechnung der Einnahmen berücksichtigt werden. Außerdem ist der Fahrpreis von den schwankenden Treibstoffkosten abhängig. Für diese Schwankungen, aber auch für Nachfrageschwankungen (z. B. aufgrund von Ferienzeiten) ist einen Finanzfond vorhanden, mit dem die kurzfristigen Schwankungen ausgeglichen werden können, bevor der Fahrpreis erhöht werden muss (Interview B9 2009: 120). Die Einnahmen der Busunternehmen richten sich vor allem nach den tatsächlich gefahrenen Kilometern, nicht nach der Fahrgastzahl (vgl. Ardila Gómez 2004: 348). Ein weiterer Faktor ist die angebotene Servicequalität, d. h. beispielsweise die Sauberkeit der Busse, die Pünktlichkeit sowie die Kleidung und die Fahrweise der Busfahrer (Interview B17 2009: 80). Eine Einkommensgarantie wie bei Transantiago, die auch in Bogotá von den Busunternehmen ins Spiel gebracht wurde, existiert nicht.

Bei allen Entscheidungen über technische, unternehmerische und finanzielle Veränderungen spielte die **Einbindung der *Localidades*** in der ersten Phase von Transmilenio überhaupt keine Rolle. Die Verkehrsplanung im Allgemeinen und ebenso die Planung von Transmilenio wurde stattdessen als eine Aufgabe der zentralen Stadtregierung gesehen (vgl. Interview Interview B6: 53, Interview B12 2009: 47). Ein Interviewpartner gab an, dass Localidades aus strategischen Gründen nicht in die Diskussionen einbezogen wurden, um das Projekt nicht zu gefährden:

> „Wir werden das System nicht mit den Politikern besprechen, weder mit den Bürgermeistern der Localidades, noch mit den Stadträten, noch mit Mitgliedern der JAL [Anm. d. V.: Junta Administradora Local – administrativer Rat der Localidades], noch mit den Leuten, die zu den JAL gehen, oder der lokalen Regierung, noch mit den Mitgliedern der Busvereinigungen. Aus einem Grund, den wir auch deutlich aussprechen: Diese Personen versuchen immer, die Diskussionen über eine neue Reform politisch zu instrumentalisieren"[171] (Interview B19 2009: 87).

Diese sehr ablehnende Haltung gegenüber der Einbindung der öffentlichen Akteure der untersten politischen Ebene in Bogotá hat sich seit der Einführung von Transmilenio nur unwesentlich geändert. Zwar ist seit 2005 ein Localidad-Bürgermeister, der von Bogotás Bürgermeister ausgesucht wird, Mitglied des sektoralen Komitees für Mobilität (vgl. Dekret 63 von 2005: Artikel 16). Aber das ist eher „ein Tropfen auf den heißen Stein" und kann nicht als ein Anzeichen für

---

170 „...sea un sistema autosostenible, que no necesite ningún tipo de subsidio porque nosotros no nos podemos dar ese lujo."
171 „No vamos a comentar el sistema con los políticos, ni con los alcaldes menores, ni con los concejales de la ciudad, ni con los de las JAL, ni con las personas que van a las juntas de acción local, o de gobierno local, ni con los miembros de los gremios. Por una razón que anunciamos claramente: esas personas siempre tratan de instrumentalizar desde un punto de vista político las discusiones de una nueva reforma."

eine weitere Dezentralisierung von administrativen Verantwortlichkeiten in Bogotá gewertet werden.

Die Bemühungen um **Partizipation der Zivilgesellschaft** standen während der Amtszeit von Mockus besonders im Mittelpunkt der Politik. In der darauffolgenden Amtszeit bemühten sich Peñalosa und sein Planungsteam ebenso um eine partizipative Planung von Transmilenio, die aber nicht formell vorgeschrieben war, sondern informell stattfand. Dafür hat das Planungsteam von Transmilenio insgesamt etwa 300 Veranstaltungen organisiert, bei denen sie den Bewohnern Bogotás das Projekt näher brachten. Dabei wurden verschiedene Vorschläge der Bewohner zur Veränderung gesammelt und eingearbeitet. Diese bezogen sich allerdings zumeist nur auf die Lage einiger Haltestellen sowie das Design der Haltestellen. Diese Erfahrung war für die Bewohner neu, da bisher die Regierung nur über Veränderungen informiert hatte, aber keine Partizipation möglich war (vgl. Ardila Gómez 2004: 359). *„This brought political support from these communities for the project"* (ebd.: 360). Diese positive Sicht auf den Partizipationsprozess wird aber nicht von allen geteilt. So schätzt ein Interviewpartner, der eine leitende Funktion während der Planungsphase einnahm, dass die Partizipation nur sehr gering war: „*...ehrlich gesagt, lag die Bürgerbeteiligung zum Bau von Transmilenio nahe null, sie tendierte gegen null*"[172] (Interview B18 2009: 107). Dies macht deutlich, dass unterschiedliche Ansichten dazu vorhanden sind, was Partizipation eigentlich ist. Ein Interviewpartner meint: „*Partizipation verbindet man hier eher mit Wahlen, aber nicht mit Nachbereitung und noch weniger mit Evaluierung und Kontrolle*"[173] (Interview B5 2009: 126). Die Bemühungen um eine Beteiligung der Bürger waren während der Planungen der zweiten und dritten Phase von Transmilenio nicht mehr so stark ausgeprägt (vgl. Interview B17 2009: 109). Ein Interviewpartner, der sich selbst sehr um die Partizipation in der ersten Phase bemühte, meinte, dass diese Bemühungen nur von ihm allein ausgingen und ausblieben, als er nicht mehr dabei war. Er fügte auch hinzu:

> „...die Leute hielten den Erfolg des Systems für selbstverständlich, dann wurde das System eingeweiht und es war von Anfang an sehr beliebt"[174] (Interview B19 2009: 93).

Diese Aussagen lassen vermuten, dass Partizipationsbemühungen letztendlich hauptsächlich genutzt wurden, um die Bürger zu informieren und somit die Wähler zu überzeugen.

Heutzutage wenden sich die JAL der Localidades immer wieder mit Beschwerden und Verbesserungsvorschlägen der Bewohner an Transmilenio S.A. oder das Sekretariat für Mobilität, damit die Busrouten der traditionellen Unternehmen oder die Alimentadoras von Transmilenio geändert werden. Die Briefe

---

172 „...si yo le soy sincero la participación ciudadana para montar Transmilenio fue cercana a cero, tendió a cero."
173 „Participación aquí se ha entendido más en las elecciones, pero no en el seguimiento y mucho menos en la evaluación y en el control."
174 „...ya la gente daba por hecho el éxito del sistema, entonces el sistema se inauguró y fue muy amado desde el comienzo."

gelangen direkt an die, für das jeweilige Stadtgebiet zuständige Unterabteilung des Sekretariats bzw. zur Planungsabteilung von Transmilenio S.A., wo sie bearbeitet werden (Interview B8 2009: 16ff.). Inwieweit die Anregungen der Bewohner beachtet werden, ist zwar unklar, aber dennoch stellt ein Interviewpartner des Sekretariats für Mobilität die Bedeutung der Einbeziehung der Bewohner in den Vordergrund:

> „Man kann nicht am Schreibtisch den Bürojob erledigen, ohne zu wissen, was die Bewohner brauchen. [...] Es ist sehr wichtig, die Bewohner zu involvieren. Denn letztlich sind das die Kunden und die Bürger"[175] (Interview B9 2009: 96 ff.).

Neben den Maßnahmen zur Bürgerbeteiligung in der ersten Phase von Transmilenio wurde ein Schwerpunkt auf das **Informieren** der Bevölkerung gelegt. Dafür wurden 300 junge Frauen und Männer der Gruppe *Mission Bogotá* eingestellt, die die Einführung von Transmilenio vermitteln sollten. Diese kamen jeweils aus den unterschiedlichen Vierteln der Stadt, womit sichergestellt wurde, dass die unterschiedlichen Wertvorstellungen der reichen und armen Haushalte bekannt waren und die unterschiedlichen Dialekte gesprochen wurden. Sie haben auf sehr unterschiedliche und kreative Art und Weise versucht, das neue System den Nutzern in den Bussen und Haltestellen z. B. als Lied oder als kleines Theaterstück näher zubringen. Dabei wurden auch die Ladenbesitzer an den Transmilenio-Korridoren sowie die anwesenden Kunden von ihnen über die zukünftige Baustelle aufgeklärt. Es wurde Wert darauf gelegt, dass diese Vermittlung von Informationen wie eine „Telenovela" in kurzen Beiträgen mit leicht verständlicher Sprache durchgeführt wurde, damit möglichst viele Personen davon profitieren konnten (vgl. Interview B19 2009: 58 ff.). Die Informationsgruppe *Mission Bogotá* besteht immer noch und ist heute für die Durchführung von verkehrserzieherischen Maßnahmen bei Transmilenio zuständig (wie z. B. der Hinweis, dass die Fahrgäste sich in einer Schlange anstellen und nicht in den Bus drängen sollen, bevor andere Passagiere ausgestiegen sind).

Bei den Veränderungen von Busrouten des traditionellen Systems, die z. B. aufgrund der Einführung von neuen Transmilenio-Korridoren notwendig werden, wurde auf konventionelle Informationsmethoden zurückgegriffen und die Veränderungen in der Zeitung angekündigt, Handzettel verteilt und Aufkleber in den Bussen angebracht. Aber dennoch gibt es immer Fahrgäste, die sich trotzdem nicht zurechtfanden (vgl. Interview B8 2009: 34).

c) Implementierungsstufen der Reform
Anfangs wollte Peñalosa sieben Korridore gleichzeitig in seiner dreijährigen Amtszeit umsetzen. Aber sein Planungsteam fand diese Zahl zu ambitioniert und konnte Peñalosa umstimmen, nur drei Korridore in seiner Amtszeit zu bauen und

---

[175] „Tú no puedes sentarte a hacer un trabajo de escritorio sin estar pendiente de qué es lo que la comunidad también requiere. [...] Es muy importante tener a la comunidad involucrada. Porque finalmente además son los clientes y son los ciudadanos."

den Bau weiterer Korridore dem nächsten Bürgermeister zu überlassen. Allerdings gab es Unstimmigkeiten bei der Auswahl des wichtigsten Korridors, der auf jeden Fall in Nord-Süd-Richtung durch die Stadt verlaufen sollte, da dadurch die räumliche Ausbreitung der Stadt beachtet werden würde. Peñalosa hatte sich für die Avenida Caracas entschieden, wo schon separate Busstreifen vorhanden waren. Dort wurde allerdings der größte Widerstand der traditionellen Busunternehmen vermutet. Genau aus diesem Grund bevorzugte das Planungsteam einen parallel dazu verlaufenden Korridor, da dort weniger Probleme mit den Busunternehmen zu erwarten waren. Peñalosa ließ sich aber nicht von seinem Planungsteam überzeugen, da er unbedingt Stärke und Durchsetzungswillen gegenüber den traditionellen Busunternehmen zeigen wollte. Er hoffte außerdem, dass dadurch andere Korridore leichter umzusetzen wären. Seine Entscheidungen und Ideen für die zukünftige Entwicklung des gesamten ÖPNV in Bogotá wurden aber nicht immer von der eigentlich für Verkehrsthemen und vor allem für den traditionellen Busverkehr zuständigen Behörde (dem STT) geteilt, so dass Peñalosa insgesamt sechs Verkehrssekretäre in seiner Amtszeit austauschte (vgl. Ardila Gómez 2004. 331 ff.).

Der erste Korridor von Transmilenio sollte eigentlich am 30.09.2000 eröffnet werden, allerdings fehlten Busse und die Infrastruktur war nicht vollständig fertig gestellt. Aber schon einige Tage später am 04.10.2000 begann ein Probebetrieb auf dem Korridor der *Calle 80*. Die erste Stufe von Transmilenio wurde daraufhin am 18. Dezember 2000 mit 14 Bussen offiziell eröffnet, 12 Tage vor dem Ende von Peñalosas Regierungszeit. Bis Anfang Januar 2001, dem Beginn der zweiten Amtszeit von Mockus, konnten die Kunden kostenlos fahren und das System wurde dann schnell, wie in der ersten Phase geplant, auf 42 km erweitert, die von 470 Gelenkbussen bedient wurden (vgl. Gómez 2004: 42, Castro 2004: 50). Transmilenio wurde insgesamt graduell d. h. Stück für Stück umgesetzt.

Die zweite Phase wurde zwischen 2002 und 2005 umgesetzt und umfasst drei Korridore für Troncales mit insgesamt 100 km Länge. Dieses Mal wurden allerdings nicht nur die traditionellen Busunternehmen beteiligt, die die Lizenzen für den traditionellen Betrieb besitzen, sondern auch die Buseigentümer. Nach Abschluss der ersten Phase standen allerdings die Beratungsunternehmen nicht mehr zur Verfügung, so dass diese Arbeit vom Planungsteam innerhalb Transmilenio S.A. übernommen wurde (Interview B4 2009: 65). Über die Erweiterung des Systems entscheidet aber nicht Transmilenio S.A. allein, sondern zusammen mit dem Sekretariat für Mobilität, dem Sekretariat für Planung und dem IDU unter der Leitung des jeweiligen Bürgermeisters. Die Erweiterungspläne sind dabei an die Vorgaben des POT und des Masterplans für Mobilität gebunden.

Allerdings kam es bei der Umsetzung einer neuen Phase immer wieder zu Schwierigkeiten mit den traditionellen Busunternehmen, die durch Transmilenio von bestimmten Strecken verdrängt wurden. Obwohl sie inzwischen fast alle in die neuen Unternehmen von Transmilenio involviert sind, den Umsetzungsprozess kennen und Vertrauen in die Wirtschaftlichkeit des Systems haben, stehen sie oftmals einer Ausweitung kritisch gegenüber (vgl. Interview B12 2009: 65, Interview B17 2009: 90). Aber nicht nur durch die schwierigen Verhandlungen mit den traditionellen Busunternehmen war jede Erweiterung des Systems mit einer Planungsunsicherheit verbunden, sondern auch die politische Ausrichtung des jeweiligen Bürgermeisters barg eine Ungewissheit für die zukünftige Entwicklung von Transmilenio. Die graduelle Umsetzungsstrategie war also positiv, weil die Probleme überschaubar waren und aus Fehlern in der nächsten Phase gelernt werden konnte, aber sie hatte auch Schattenseiten.

> „...wie Transantiago schön gezeigt hat, kann man die Welt nicht von einem Tag auf den anderen ändern. Das muss schrittweise geschehen. Und diese schrittweise Umsetzung macht die Sache sehr viel schwieriger. Man braucht einen Bürgermeister, der vom Projekt überzeugt ist und gewillt, sich dafür einzusetzen, und nicht so eine Schnarchnase wie der, den wir derzeit haben. Also, das alles sind Unsicherheiten, die sich auf die Zukunft auswirken"[176] (Interview B4 2009: 118).

Als dritte Phase von Transmilenio werden derzeit (2011) zwei weitere Korridore gebaut. Eigentlich sollte in dieser Phase auch ein parallel zur Avenida Caracas verlaufender Korridor auf der *Carrera Septima* entstehen. Diese Entscheidung wurde jedoch vom aktuellen Bürgermeister Samuel Moreno zurückgenommen. Dafür ist zwar keine eindeutige Begründung vorhanden, aber es wird vermutet, dass die Stadtregierung entweder nicht genug finanzielle Ressourcen hat (vgl. Interview B6 2009: 73) oder, dass die Lobby der wohlhabenden Autofahrer aus den nördlichen Stadtteilen Bogotás erfolgreich ihre Ablehnung einbringen konnte (vgl. Interview B15 2009: 15).

19.4.4. Auswirkungen von Transmilenio und deren Evaluierung

Transmilenio hat international viel Ansehen erlangt, weil das ambitionierte Projekt in kurzer Zeit sehr erfolgreich umgesetzt wurde. Deswegen wird es oftmals als *„the ‚Jewel' of Bogotá"* (Gilbert 2008: 445, auf Spanisch siehe Gómez 2004) bezeichnet. Mit Transmilenio hat sich das Erscheinungsbild der gesamten Stadt verändert und auch die Sicherheit auf den Straßen wurde verbessert. Seit Beginn des seit 1948 in Kolumbien andauernden bewaffneten Konflikts, der zeitweise auch für eine allgemein unsichere Situation in Bogotá gesorgt hat, erschienen kaum positive Meldungen über Bogotá. Erst mit der Einführung von Transmilenio, der mit seinen großen, roten Bussen das Stadtbild stark prägt und auf eine sich modernisierende Metropole schließen lässt, erscheinen auch in der internationalen Presse positive Meldungen über Bogotá (vgl. New York Times 20.07.2009, Der Standard 10.09.2010). Dadurch wird die Stadt langsam auch für den internationalen Tourismus attraktiv. Transmilenio wurde darüber hinaus von

---

[176] „...como bien mostró Transsantiago, el mundo no se puede cambiar de un día para otro. Entonces esto tiene que hacerse gradualmente. Y esta gradualidad hace las cosas mucho más difíciles. Se requiere un alcalde que esté convencido de eso y esté dispuesto a jugársela, que no sea el bobo que tenemos ahora. Entonces, todo eso son incertidumbres que llevan hacia el futuro."

der New York Times als Lösung für Großstädte in Entwicklungsländern im Kampf gegen den Klimawandel gepriesen (vgl. New York Times 09.07.2009). Und die Weltbank versucht, ähnliche Projekte in weiteren Entwicklungsländern umzusetzen. Transmilenio steht deshalb nicht nur für eine verbesserte Mobilität, sondern letztlich für einen Schritt weg vom Status Entwicklungsland.

Transmilenio war von Beginn an sehr beliebt bei den ÖPNV-Nutzern und wurde gut angenommen. Insgesamt waren die Bewohner anfänglich sehr stolz auf das neue Bussystem und zeigten es Besuchern und Touristen gerne (vgl. Gómez 2004: 71). Mit der Ausweitung des Systems in der zweiten Phase wurden vermehrt einkommensschwache Wohnviertel, die häufig auf den ÖPNV angewiesen sind, an das Transmilenio-Netz angebunden. Dadurch stieg die Nutzerzahl von Transmilenio stark an, so dass heutzutage (2011) bis zu 45.000 Passagiere/Stunde/Fahrtrichtung auf der Avenida Caracas befördert werden (vgl. Wright/Hook 2007: 50, Transmilenio S.A. zitiert in Gómez 2004: 75). Damit sprengt Transmilenio sämtliche vorher in Lehrbüchern aufgestellten Regeln, da dieses Bussystem mehr Passagiere als viele Metrosysteme weltweit befördert. Dieser neue Vergleich „auf Augenhöhe" mit anderen Städten der Welt macht viele Bewohner stolz auf Transmilenio.

> „…wir können uns mit Stolz mit vielen Metros weltweit vergleichen. Das hat auf internationaler Ebene für eine große Überraschung gesorgt…"[177] (Interview B13 2009: 169)

Aber diese große Popularität des Systems ist in den letzten Jahren vor allem aufgrund der hohen Nutzerzahlen, die das System besonders in den morgendlichen und abendlichen Stoßzeiten an seine Kapazitätsgrenzen stoßen lässt, zurückgegangen. Letztendlich lässt also widersprüchlicher Weise gerade der große Erfolg von Transmilenio die Popularitätswerte sinken. Heute ist die Fahrt im Transmilenio während Hauptverkehrszeiten aufgrund der hohen Auslastung wenig komfortabel. Diese Situation resultiert auf der Ausrichtung des Systems auf Effizienz, wie ein Universitätsprofessor im Interview meint:

> „Wenn man fünf Jahre zurückblickt, dachte niemand daran, dass man eine Metro bräuchte. Schon Transmilenio war ein Wunderwerk, alle waren mit Transmilenio glücklich, das war eine gigantische Innovation und es schien, als ob alles gut lief. Was ist passiert? Einige sagen, dass Transmilenio das Opfer des eigenen Erfolgs wurde. Das System wird also von zu vielen Leuten genutzt. Aber eigentlich glaube ich, dass bei der Planung von Transmilenio und auch heute, bei der Planung des Betriebs von Transmilenio, die wichtigste Planungsvariable Effizienz ist"[178] (Interview B3 2009: 81 f.).

---

177 „…con mucho orgullo nos podemos comparar con muchos metros del mundo y ese ha sido como una de las grandes sorpresas a nivel mundial..."

178 „Si tú miras hace 5 años, nadie pensaba que se necesitara un metro. Ya Transmilenio había sido una maravilla, todo el mundo estaba feliz con Transmilenio, había sido una innovación gigantesca, y parecía que todo iba bien. ¿Qué pasó? Algunos dicen que Transmilenio fue víctima de su propio éxito. Es decir, demasiada gente usa el sistema. Pero realmente yo lo que creo que pasó es que cuando se diseñó el Transmilenio o ahora, cuando se diseñan las operaciones de Transmilenio, la principal variable de diseño es ser eficientes."

Als Gegenmaßnahme gegen überfüllte Busse werden seit 2009 auf einzelnen sehr geraden Streckenabschnitten ohne Abbiegungen Busse mit zwei Gelenken eingesetzt. Diese Maßnahme ist allerdings nicht auf Initiative der Stadtverwaltung, sondern auf Initiative der Busunternehmen entstanden.

Im Gegensatz zum vorher chaotischen Bussystem hat sich die Verkehrssituation durch Transmilenio sehr verändert. Allerdings gibt es keine Studie, die die Situation vor der Einführung von Transmilenio und danach vergleicht. Stattdessen ist eine Verkehrsstudie aus dem Jahr 2005 vorhanden, die vom nationalen Statistikamt zusammen mit dem Sekretariat für Mobilität erstellt wurde (vgl. DANE-STT 2005). Der Masterplan für Mobilität (Alcadía Mayor de Bogotá 2006) arbeitet mit diesen Daten und erstellt einen Modal Split, der in Abbildung 15 dargestellt ist. Darin ist zu sehen, dass mit 57 % die Mehrheit der Fahrten mit dem Bus getätigt werden und nur 15 % mit dem privaten Pkw.

Abb. 15: Modal Split 2005

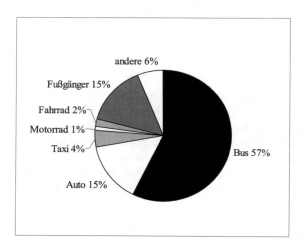

Quelle: Alcadía Mayor de Bogotá 2006: 8 ff.

Dieser Modal Split und die weiteren Daten aus dem Jahr 2005 sind allerdings nicht mit den zehn Jahre zuvor erhobenen Daten vergleichbar, die in der JICA-Studie (JICA 1996) ausgewertet und für die erste Planung von Transmilenio verwendet wurden (Interview B4 2009: 79). Aber seit 1998 wird jährlich die Befragung „Bogotá como vamos" mit etwa 1.500 Teilnehmern durchgeführt, die von der Handelskammer Bogotá, der Tageszeitung „El Tiempo" sowie einer Stiftung finanziert wird. Diese Befragungen wurden initiiert, um die Umsetzung der Wahlversprechen der Bürgermeister zu überprüfen (vgl. Garcés 2008: 205). Darin zeigt sich, dass die ÖPNV-Nutzung seit 1998 zugenommen und die Pkw-Nutzung abgenommen hat, obwohl wahrscheinlich die Motorisierungsrate gestiegen ist. Allerdings kann kein Modal Split aus der Studie entnommen werden, da die Auswertungen von Jahr zu Jahr leicht unterschiedlich ausfallen. Aber die Studie zeigt auch deutlich, dass die Zufriedenheit mit Transmilenio in den letzten Jahren gesunken ist (vgl. Ipsos 2010: 38 ff.).

Weitere Auswirkungen von Transmilenio werden in anderen Publikationen erwähnt: So führt Lefevre (2008: 334) auf, dass sich die durchschnittliche Reisezeit mit Transmilenio im Vergleich zur vorherigen ÖPNV-Situation um etwa 30 % verringert hat und Peñalosa (2004: 101) geht davon aus, dass die Bewohner dadurch 1,5 Stunden Fahrzeit pro Tag sparen. Außerdem werden 85 % weniger Unfälle und 68 % weniger Diebstähle gezählt sowie insgesamt geringere Schadstoff- und Lärmemissionen auf den Transmilenio-Korridoren gemessen (vgl. Gómez 2004: 67 ff.), so dass sich die Sicherheit und die Aufenthaltsqualität im öffentlichen Raum wesentlich verbessert hat. Dazu beigetragen haben außerdem die neuen Fußgängerbrücken, die die in der Straßenmitte gelegenen Haltestellen erschließen. Sie haben die trennende Wirkung vieler stark befahrener Straßen verringert und Wohnquartiere miteinander verbunden sowie gleichzeitig zur Verringerung der Verkehrsunfälle mit Fußgängern beigetragen.

Welche sozialen Auswirkungen Transmilenio z. B. auf die Integration von Bewohnern mit geringem Einkommen hat, ist allerdings umstritten. So beinhaltet das Transmilenio-Ticket zwar mehrmaliges Umsteigen und die Nutzung der Alimentadoras, dennoch ist der traditionelle Bus günstiger, wenn ein Umsteigen nicht notwendig ist, da der Fahrpreis etwas niedriger ist. Außerdem gehören 86 % der Transmilenio-Nutzer zu den drei ärmsten Bevölkerungsschichten (auf einer Skala von eins bis sechs). Aber proportional zur Größe der einzelnen Bevölkerungsschichten verschiebt sich dieses Bild, so dass die mittleren Bevölkerungsschichten stärker als die unteren und oberen Bevölkerungsschichten Transmilenio nutzen (vgl. Gilbert 2008: 453).

Aus ökonomischer Sicht ist Transmilenio ein voller Erfolg, da von Beginn an mehr Passagiere Transmilenio nutzen als gedacht, so dass die Kredite der Busunternehmen vorzeitig zurückgezahlt werden konnten (Interview B20 2009: 30). Aufgrund dieses Erfolgs der ersten Phase wurden in der Ausschreibung der zweiten Phase die finanziellen Anreize etwas verringert (Interview B6 2009: 47). Insgesamt erhöht Transmilenio die Attraktivität der Stadt für Investoren: *„Eine Stadt mit einem guten ÖPNV ist auch attraktiver für Investoren, wodurch Arbeitsplätze geschaffen werden"*[179] (Peñalosa o.J.: 54).

Dementsprechend wurden viele Arbeitsplätze direkt bei den Busunternehmen oder bei den Zulieferbetrieben der Busse sowie durch den Bau der Infrastruktur geschaffen (vgl. Gómez 2004: 74). Aber es ist unklar, ob es auch Verlierer des neuen Systems gibt, z. B. Busfahrer, die keine neue Arbeit gefunden haben. Zudem hat Transmilenio indirekt den Bodenmarkt neu geordnet, so dass die Grundstücke und Immobilien mit einer guten Anbindung an Transmilenio höher bewertet werden als vorher. Immobilien werden sogar oftmals ganz eindeutig mit einer

---

179 „Una ciudad con un buen sistema de transporte también es más atractiva a los inversionistas y por lo tando genera empleo."

guten Anbindung an Transmilenio beworben. Deshalb ist zu beobachten, dass entlang der Transmilenio-Korridore die Einwohner- und Bebauungsdichte steigt, was sich in einem verringertem Leerstand, vermehrten Bauaktivitäten, höheren Gebäuden und einer höheren Belegung der Wohnungen zeigt (vgl. Lefevre 2008: 337 ff.). Außerdem wurden vor allem an den Endhaltestellen der Transmilenio-Korridore, an denen ein Umsteigen zu den Alimentadoras und zu regionalen Buslinien möglich ist, große Einkaufszentren angesiedelt, die neue Subzentren in der Stadt bilden.

19.4.5. Re-Definition

Der große Erfolg von Transmilenio hat die nationale Politikebene dazu bewegt, die finanzielle Unterstützung für Massentransportmittel auch auf die Entwicklung von BRT-Systemen auf andere kolumbianische Städte auszuweiten. So existiert heutzutage eine nationale Verkehrspolitik zur Initiierung und Unterstützung solcher Bussysteme in den sieben Großstädten Bucaramanga, Cartagena, Santiago de Cali, Pereira, Medellín, Barranquilla sowie Soacha, die als Erweiterung von Transmilenio außerhalb der Stadtgrenzen Bogotás an Transmilenio angebunden wird. Im Gegensatz zu Transmilenio werden die Projekte aber nicht von der lokalen Politikebene geleitet, sondern vom nationalen Verkehrsministerium, das dadurch neue Zuständigkeiten übernommen hat.

In Bogotá ist die Re-Definition von Transmilenio stark von wechselnden Bürgermeistern und Staatspräsidenten geprägt, die unterschiedliche Prioritäten in der Verkehrspolitik setzen. So hat Mockus in seiner zweiten Amtszeit im Anschluss an Peñalosa Transmilenio zunächst ganz nach Plan weiterentwickelt und die zweite Phase begonnen. In den darauf folgenden Amtszeiten von Garzón und Moreno lag der Schwerpunkt aber nicht mehr auf dem Ausbau von Transmilenio, weshalb die aktuell sich im Bau befindende (Stand April 2011) dritte Phase nur schleppend geplant und umgesetzt wird. Stattdessen lag vor allem mit dem derzeitigen Bürgermeister Moreno seit Anfang 2008 die Priorität auf dem Bau einer Metro, was eines seiner Wahlversprechen für seine Amtszeit bis Ende 2011 war. Viele Bewohner Bogotás bringen die Metro mit Fortschritt, Bequemlichkeit und Ruhe in Verbindung (vgl. Interview B1 2009: 68) und gehen davon aus, dass sich damit alle Mobilitätsprobleme lösen lassen. Da das Thema Mobilität für den Wahlkampf um das Bürgermeisteramt immer ein drängendes Thema ist, steht die Metro derzeit sehr hoch auf der Prioritätenliste des Bürgermeisters. Bisher ist die Diskussion zwischen den verschiedenen lokalen und nationalen sowie privaten und öffentlichen Akteuren zwar so weit fortgeschritten wie noch niemals zuvor und es wurden verschiedene Studien und CONPES Dokumente erstellt, aber dennoch ist bisher, ein halbes Jahr vor Ende der Amtszeit von Samuel Moreno, weder ein endgültiger Beschluss gefasst noch mit den konkreten Bauplanungen begonnen worden.

Gleichzeitig soll laut dem aktuellen kommunalen Entwicklungsplan (vgl. Abkommen 308 von 2008) ein integriertes ÖPNV-System aus den Komponenten eines integrierten Bussystems, einer Metro, eines Nahverkehrszugs und Transmilenio entstehen. Das integrierte Bussystem (*Sistema Integrado de Transporte Público* – SITP) sollte laut dem Masterplan für Mobilität schon längst umgesetzt worden sein, aber das Thema wurde lange kaum beachtet. Inzwischen ist 2009 ein Dekret erlassen worden, in dem die Planungen etwas konkretisiert wurden. Dementsprechend soll das SITP folgende Maßnahmen beinhalten (vgl. Dekret 309 von 2009):

– Einteilung in Gebiete, in denen das System nacheinander ab Herbst 2011 transformiert werden soll (graduelle Implementierung)
– Ausschreibung von je einer Konzession pro Gebiet, d. h. die traditionellen Unternehmen müssen sich in großen Unternehmen zusammenfinden
– Schaffung von Haupt- und Nebenstrecken zusätzlich zu Transmilenio
– Einführung eines integrierten Tarifs mit einer zentralen Stelle zur Verwaltung der Einnahmen

Diese umfangreiche Umstrukturierung des SITP ist Transantiago sehr ähnlich, so dass die an der Planung beteiligten Mitarbeiter von Transmilenio S.A. und das Sekretariat für Mobilität die Erfahrungen aus Santiago beachten:

> „Wir reflektieren ständig, was ihnen [Anm. d. V.: den Planern in Santiago] passiert ist, damit uns das nicht passiert […]. Sie haben den Preis dafür bezahlt, dass sie die Pioniere waren […]. Chile wird uns eine Reihe von Problemen ersparen"[180] (Interview B13 2009: 177).

Es scheint also, dass nicht nur Transmilenio das Vorbild für Transantiago war, sondern ebenso Transantiago ein Vorbild für die weitere Entwicklung eines integrierten ÖPNV-Systems in Bogotá ist.

Die Planungen für das SITP werden derzeit zwar von Transmilenio S.A. in Zusammenarbeit mit dem Sekretariat für Mobilität durchgeführt, aber letztendlich soll Transmilenio S.A. für die Steuerung des gesamten integrierten ÖPNV-Systems zuständig sein. Dadurch gibt das Sekretariat für Mobilität jedoch viel Verantwortlichkeiten ab und hat danach keinen Einfluss auf die Buslinien mehr. Ein Interviewpartner des Sekretariats für Mobilität sieht diese Verschiebung von Kompetenzen ebenfalls kritisch:

> „Aber ja klar, wir geben sehr viele [Ergänzung d. V.: Aufgaben] ab, nicht nur weil sich Transmilenio um die Ausschreibungen kümmert, sondern weil die Unternehmensgliederung anders ist…"[181] (Interview B8 2009: 63).

Außerdem ist der institutionelle Rahmen des neuen SITP sehr unklar, da das System weder zum traditionellen Bussystem gehört noch als ein Massentransport-

---

180 „Siempre hacemos reflexiones sobre que les pasó a ellos para que a nosotros no nos pase […]. Pagaron el precio de ser los pioneros […]. Chile a nosotros nos va a ahorrar una serie de problemas."
181 „Pero si claro, nos descargamos muchisimo, no solo por que Transmilenio es el que se encarga de las licitaciones, sino por que el esquema empresarial es diferente…"

mittel gilt (vgl. Interview B17 2009: 48). Diese sehr komplexe und umfangreiche Umstrukturierung des traditionellen Bussystems soll laut Dekret 309 bis Oktober 2011 in einem ersten Gebiet umgesetzt werden. Aber bisher ist nicht klar, ob dieser Termin eingehalten werden kann.

Die insgesamt diffuse Verkehrspolitik in Bogotá wird von einem Interviewpartner wie folgt ironisch kommentiert:

> „Der Fokus sollte eigentlich Transmilenio sein. Heute ist es nicht mehr Transmilenio, sondern die Metro. Im nächsten Wahlkampf für das Bürgermeisteramt könnten es Schiffe sein"[182] (Interview B1 2009: 62).

Es scheint also sehr unklar zu sein, in welche Richtung sich Transmilenio und der gesamte ÖPNV in Bogotá in den nächsten Jahren entwickeln wird. Die weitere Entwicklung hängt sehr stark von den Prioritäten des nächsten Bürgermeisters ab, der ab Januar 2012 das Bürgermeisteramt übernehmen wird. Peñalosa hat angekündigt, noch einmal mit einem Wahlprogramm, das die Mobilitätsproblematik in den Mittelpunkt stellt, zu kandidieren. Es bleibt also abzuwarten, wie der nächste Bürgermeister die Mobilitätsprobleme angehen wird.

---

182 „El Norte se suponía era Transmilenio. Hoy ya no es Transmilenio, es el Metro. En la próxima campaña de la alcaldía pueden ser barcos."

TEIL G: VERGLEICHENDE DISKUSSION

In diesem Teil der Arbeit werden abschließend die beiden Fallstudien vergleichend diskutiert. Dabei richtet sich der Aufbau dieses Kapitels nach den Forschungsfragen der Untersuchung. Somit beginnt dieser Teil mit den Besonderheiten des jeweiligen Governanceprozesses, so dass die Frage beantwortet werden kann, wie Entscheidungen über die ÖPNV-Reformen im jeweiligen Kontext in Santiago und Bogotá getroffen und umgesetzt wurden. Daraufhin wird der Frage nachgegangen, wie der Multi-Level-Kontext in den beiden Städten gestaltet ist und welche Veränderungen sich für die Maßstabsebenen durch Transantiago und Transmilenio ergeben haben. Danach werden förderliche und hinderliche Governancefaktoren von Transantiago und Transmilenio benannt und daraus Handlungsempfehlungen abgeleitet, die auf der Forschungsfrage basieren, wie ÖPNV-Governance für eine erfolgreiche Umsetzung umfangreicher ÖPNV-Reformen in Megastädten in Lateinamerika gestaltet sein sollte. Abschließend wird ein Resümee gezogen und der weitere Forschungsbedarf aufgezeigt.

20. BESONDERHEITEN DER GOVERNANCEPROZESSE

20.1. ...von Transantiago

Mit Transantiago ist zum ersten Mal in Lateinamerika das gesamte ÖPNV-System einer Megastadt umstrukturiert worden. Dabei wurde auf die Erfahrungen mit BRT-Systemen in anderen Städten Lateinamerikas, vor allem in Bogotá, zurückgegriffen und diese an die Gegebenheiten in Santiago angepasst, so dass z. B. das vorhandene Metrosystem konzeptionell in das neue ÖPNV-System integriert wurde. Damit wurden vier der acht Stufen der Verkehrsintegrationsleiter[183] nach Hull (2005: 322) erreicht.

Die Analyse der Governanceelemente von Transantiago veranschaulicht jedoch Probleme, die als typisch für die chilenische Politik zu bezeichnen sind. In Abbildung 16 sind die verschiedenen Governance-Besonderheiten von Transantiago zusammengefasst dargestellt.

---

[183] Die Verkehrsintegrationsleiter von Hull (2005) beinhaltet die folgenden Stufen: (1) physische und operative Integration von ÖPNV, (2) modale Integration, (3) Integration von Marktanforderungen, (4) Integration von sozialen Zielen, (5) Integration von Umweltaspekten in der Verkehrspolitik, (6) institutionelle und administrative Integration, (7) Integration von Politikfeldern, (8) Integration von Politikmaßnahmen.

Abb. 16: Zusammenfassung der Governanceelemente von Transantiago

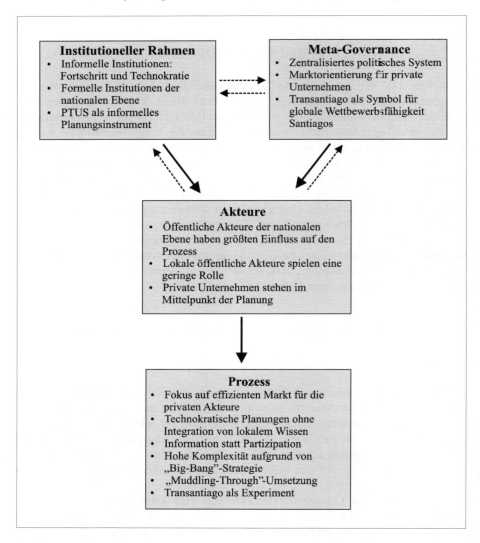

Quelle: eigene Darstellung

Bei den im Zentrum stehenden Akteuren wird deutlich, dass sich mit Transantiago deren Zusammensetzung, Verteilung von Verantwortlichkeiten sowie Einflussmöglichkeiten verschoben haben. So hatte das MTT mit der Modifikation der formellen Verantwortlichkeiten die Möglichkeit, den ÖPNV stärker als vorher zu regulieren und das gesamte ÖPNV-System zu gestalten. Damit hatten das MTT und weitere beteiligte öffentliche Akteure der nationalen Ebene den größten Einfluss auf die Entscheidungen der Reform. Eine weitere Veränderung der Einflussmöglichkeit ist für die privatwirtschaftlichen Busunternehmen zu beobachten, die zwar keine Möglichkeit mehr haben, das Liniennetz und die Taktfrequenz direkt zu beeinflussen, so wie es vor Transantiago der Fall war. Aber dennoch beeinflussten sie, durch die vertraglich geregelten Public-Private-Partnerships, indirekt die Entscheidungen im ÖPNV, da ihnen in diesen Verträgen ein effizienter Markt zugesichert wurde. Durch diese Zusicherung wurde ihre Stellung im Governancearrangement erheblich gestärkt, so dass das Verkehrsministerium versuchte, den Betrieb von Transantiago wirtschaftlich möglichst effizient zu gestalten. Eine weitere Veränderung der Einflussmöglichkeiten ist für die zivilgesellschaftlichen Akteure auszumachen. Diese hatten zwar in der Planungsphase von Transantiago so gut wie keine Möglichkeiten, einen Einfluss auf die Entscheidungen geltend zu machen. Aber aufgrund der Proteste der ÖPNV-Nutzer in den ersten Wochen und Monaten nach Einführung von Transantiago haben die Nutzer heutzutage (via Internet, Telefon oder die kommunale Verwaltung) die Möglichkeit, ihre Meinung zu äußern. Dieser Prozess kann als Partizipation gewertet werden, auch wenn diese nur in einem geringen Umfang, sehr informell und in der Re-Definitionsphase der Reform stattfindet.

Die Akteure handelten im Prozess zum einen vor dem Hintergrund des institutionellen Rahmens. Dieser war erstens durch informelle Handlungsregeln geprägt, die sich mit einem starken Fortschrittsglauben durch die ÖPNV-Reform sowie einem traditionell technokratischen Handlungs- und Entscheidungsstil beschreiben lassen. Zweitens waren formelle Institutionen vorzufinden, die stark von der nationalen Politikebene geprägt werden. Und drittens war der Verkehrsentwicklungsplan PTUS als das entscheidende Planungsinstrument auszumachen, das jedoch nur ein informelles Instrument darstellt. Aufgrund des Bestrebens, Transantiago möglichst schnell umzusetzen, sollten institutionelle Veränderungen vermieden werden, weshalb der institutionellen Rückhalt von Transantiago als schwach zu bezeichnen ist.

Zum anderen handelten die Akteure im Rahmen der als Meta-Governance bezeichneten Aspekte. Im Fall von Transantiago ist damit erstens das zentralisierte politische System gemeint, das die Akteurskonstellation, deren Kooperationen und Interessen bestimmte. Damit wurden die Entscheidungen über die Stadt- und Verkehrsentwicklung von Santiago auf der nationalen Politikebene getroffen und wiesen einen starken „top-down" Charakter auf. Städtische Themen spielten zwar bei den Präsidentschaftswahlen kaum eine Rolle, allerdings hat die durch die Proteste gegen Transantiago ausgelöste ernsthafte politische Krise gezeigt, dass der ÖPNV als lokale Problematik durchaus eine große Bedeutung für die nationale Politik hat. Zweitens hatte die aus dem Wirtschaftsmodell resultierende Markorientierung der Politik für die privatwirtschaftlichen Unternehmen einen großen Einfluss auf die Entscheidungen von Transantiago. Damit wurde die gesamte Reform dem Diktat der ökonomischen Effizienz unterstellt, so dass soziale und ökologische Gesichtspunkte nicht im Fokus der Planung stehen. Und drittens muss beachtet werden, dass Transantiago als ein Symbol für die globale Wettbewerbsfähigkeit Santiagos diente und die Stadt attraktiver für internationale Investoren machen sollte. Kritische Stimmen im Vorfeld der Umsetzung sollten deshalb unbedingt vermieden werden, weshalb die nationale Regierung versuchte, alle Planungen allein durchzuführen.

Die Analyse des Policy-Making-Prozesses von Transantiago hat gezeigt, dass sich mit der starken Fokussierung auf einen effizienten Markt – mit möglichst geringen Risiken für die privatwirtschaftlichen Akteure – der ursprüngliche Charakter des Projekts sehr veränderte, so dass weder Partizipationsabsichten noch die Absicht zur integrierten Planung umgesetzt wurden. Stattdessen glaubte der Staat, alle auftretenden sozialen, ökologischen und politischen Probleme lösen zu können, fürchtete aber ein Scheitern der öffentlich-privaten Kooperation und somit ein Scheitern des gesamten Projekts. Dementsprechend folgten die Entscheidungen über Transantiago einem technokratischen Grundprinzip und keiner politischen Argumentation, weshalb die Einbindung von nicht-technischem Wissen der öffentlichen und privatwirtschaftlichen Akteure der lokalen Ebene sowie der Bevölkerung eine der größten Herausforderungen darstellte. Diese Form der Beteiligung hätte eine detaillierte Planung notwendig gemacht und wurde letztendlich kaum angegangen, weil dadurch die, aufgrund der „Big-Bang"-Strategie, ohnehin hohe Komplexität des Projekts gestiegen wäre, was eine Gefährdung für die schnelle Umsetzung gewesen wäre. Deswegen kann nicht von einer Naivität der Entscheidungsträger in der Planung ausgegangen werden, sondern eher von einem Experiment, zu dem viel Improvisation gehört, um auf Probleme schnell reagieren zu können. Die notwendige Improvisationsfähigkeit schreibt ein Interviewpartner den Chilenen grundsätzlich zu. Dieser war nicht direkt in die Entscheidungsprozesse mit eingebunden, verweist aber auf die allgemein hohe Professionalität in der Verkehrsplanung:

> „Improvisieren ist ziemlich typisch für Chilenen, es spielt aber keine so große Rolle wie in anderen Ländern Lateinamerikas. [...] Wir hier in Chile haben eine ziemlich professionelle Arbeitsweise. Im Verkehrssektor passiert allerdings etwas völlig Irreguläres"[184] (Interview S18 2009: 61).

Mit dieser Aussage wird deutlich, dass die Improvisationsstrategie in der Planungsphase keineswegs von den Akteuren offiziell als solche formuliert wurde, weshalb die Improvisation diesen Interviewpartner überrascht hat. Innerhalb von CGTS wurde diese Strategie allerdings schon während der Planungsphase diskutiert, wie ein leitender Angestellter von CGTS klarstellt:

> „Es hat eine interne Diskussion darüber gegeben, ob man vor Betriebsbeginn mit dem Bau fertig sein muss, um anzufangen oder ob man ohne zu Bauen anfängt. Und man kam zu dem Schluss, dass man mit dem Betrieb beginnt, ohne alles fertiggestellt zu haben; nur mit dem,

---

[184] „La improvisación si, es una cosa bastante Chilena, pero menos que en otros países de Latinoamérica. [...] Nosotros somos bastante profesionales para hacer las cosas, en Chile. Sin embargo, en el sector transporte, algo pasa que es todo irregular."

was bereits da ist und, dass man das Projekt dann mit dem weiteren Arbeitsfortschritt verbessert"[185] (Interview S15 2009: 44).

Damit baute die ÖPNV-Reform, ebenso wie der in den letzten Jahren getätigte Bau von Stadtautobahnen in Santiago, auf eine bewusste Improvisation als Planungsstrategie[186], die jedoch nicht offiziell so benannt wurde. Auftretende Probleme wurden bei Transantiago von Fall zu Fall vor dem Hintergrund aktueller politischer Erfordernisse entschieden, so dass von einem „Muddling-through"-Prinzip gesprochen werden kann. Insofern hat der Fall Transantiago gezeigt, dass eine langfristige Planung des ÖPNV und des Stadtverkehrs nicht vorhanden sind. Stattdessen wird kurz- bis mittelfristig geplant und dabei sehr sektoral entschieden, weshalb eine gemeinsame Vorstellung aller Akteure über die zukünftige Entwicklung von Santiago nicht existiert.

Abschließend kann gesagt werden, dass nach den Re-Regulierungen in der ÖPNV-Politik der 1990er Jahre, die als dritte Phase bezeichnet wird und von einer Re-Demokratisierung sowie Vertiefung des neoliberalen Wirtschaftsmodells geprägt war, mit Transantiago eine vierte Phase der Verkehrspolitik in Santiago eingeleitet wurde. Diese ist zwar nicht von einem eindeutigen politischen Makrotrend geprägt, aber dennoch sind die Veränderungen in den öffentlich-privaten Kooperationen und den Entscheidungskompetenzen so bedeutsam, dass von einer neuen Phase der Verkehrspolitik in Santiago gesprochen werden kann. Außerdem wurde zum ersten Mal ein integriertes ÖPNV-System entwickelt, womit von den bisherigen, sehr dezentralen Planungen abgerückt wurde.

20.2. ...von Transmilenio

Mit Transmilenio wurde weltweit das erste Mal ein BRT-System in einer Megastadt sehr erfolgreich eingerichtet. Bogotá ist seitdem um eine Attraktion reicher und weltberühmt für sein modernes Bussystem. Die Einführung von Transmilenio kann als Revolution des ÖPNV-Systems gewertet werden und veränderte mit seinen roten Bussen, den Bushaltestellen und der weiteren Infrastruktur den öffentlichen Raum und das Erscheinungsbild der Stadt. Zur Planung und Umsetzung von Transmilenio wurde ein integrierter Ansatz gewählt, mit dem nicht nur eine operative Integration erfolgte, sondern auch eine Integration mit der Flächennutzungs- und der gesamten Stadtentwicklungsplanung. Somit wurden bis zu sechs der acht Stufen der Verkehrsintegrationsleiter von Hull (2005: 322) erreicht.

---

185 „Lo que pasa es que existió una discusión interna, si acaso se tenia todo construido para comenzar o si se comenzaba sin construir. Y lo que se concluyó es que se comenzaba a funcionar sin construir, más bien, con lo que existía y ahí uno iba trabajando y avanzando en la construcción."
186 Diese Planungsstrategie hat Silva (2011: 41) ebenso bei dem Bau von Stadtautobahnen nachgewiesen.

Die Analyse der Governanceelemente von Transmilenio veranschaulicht die Vorgehensweise der Verkehrspolitik in Bogotá, die für Kolumbien einzigartig ist. Die verschiedenen Governance-Besonderheiten von Transmilenio sind in Abbildung 17 zusammengefasst dargestellt.

Die Analyse der im Zentrum stehenden Akteure hat gezeigt, dass sich mit Transmilenio das Rollenverständnis der lokalen und nationalen öffentlichen Akteure verändert hat, da die lokalen Akteure in Bogotá gestärkt wurden und seitdem öfter als zuvor eine Vorreiterrolle für andere Städte in Kolumbien einnehmen. Vor Transmilenio wurden ÖPNV-Reformen in Bogotá weder von den Bürgermeistern noch von den Staatspräsidenten ausreichend in Angriff genommen. So kamen Ideen zum Bau einer Metro oder der Reform des Bussystems nie über die Diskussion von verschiedenen Versionen, Finanzierungsmöglichkeiten und Verantwortlichkeiten hinaus. Erst Enrique Peñalosa konnte in seiner Amtszeit als Bürgermeister die Idee eines BRT-Systems in einer ersten Phase umsetzen. Er spielte dabei eine zentrale Rolle und kann als wichtigster Beförderer der Reform bezeichnet werden, der es schaffte, den zuerst sehr kritischen Stadtrat sowie die traditionellen Busunternehmen zu überzeugen, die eine bedeutende Rolle bei der Reform spielten. Letztlich ging der Bürgermeister eine Koalition mit dem Stadtrat, dem IDU sowie dem Planungsteam von Transmilenio (aus dem später Transmilenio S.A. entstand) ein, um das Projekt politisch durchsetzen und schließlich umsetzen zu können.

Die Akteure handelten im Prozess von Transmilenio auf der einen Seite vor dem Hintergrund des institutionellen Rahmens. Dieser war erstens geprägt durch das „ungeschriebene Gesetz" der Ausbildung einer politischen Marke des Bürgermeisters, wodurch besonders sichtbare Stadtentwicklungsthemen in den Fokus der Lokalpolitik rückten, mit denen die Popularitätswerte des Bürgermeisters stiegen. Zweitens war der institutionelle Rahmen durch wenige für Transmilenio passende formelle Institutionen gekennzeichnet. Durch die Nutzung dieser institutionellen Lücke konnte die Reform relativ frei, d. h. ohne einschränkende Institutionen, schnell umgesetzt werden. Drittens handelten die Akteure im Rahmen der lokalen, formellen Planungsinstrumente, in die Transmilenio eingebunden war, die aber von den Akteuren selbst bis zu einem gewissen Maße (um)gestaltet werden konnten.

Auf der anderen Seite handelten die Akteure vor dem Hintergrund der als Meta-Governance bezeichneten Aspekte. Dabei stand im Fall von Transmilenio erstens das dezentrale politische System im Mittelpunkt, aufgrund dessen lokale Akteure die Möglichkeit hatten, eine Strategie zur Umsetzung einer eigenen Stadtentwicklungspolitik ohne den Einfluss der nationalen Regierung zu entwickeln. Erst dadurch wurde auch die Bildung einer „politischen Marke" des Bürgermeisters ermöglicht, so dass die fortgeschrittene administrative und politische Dezentralisierung in Kolumbien einen großen Einfluss auf die Implementierung von Transmilenio ausmachte. Zweitens hatte das marktorientierte Wirtschaftsmodell einen Einfluss auf die Entscheidungen der Akteure, die dadurch versuchten, dem Ziel eines wirtschaftlich effizienten ÖPNV-Systems ohne staatliche Subventionen gemeinsam mit den privaten Busunternehmen näher zu kommen. Und drittens stand Transmilenio vor allem bei der weiteren Entwicklung des Systems als ein Symbol für den Wandel der Stadt im letzten Jahrzehnt, sodass das vorher sehr schlechte Image der Stadt verbessert wurde.

Abb. 17: Zusammenfassung der Governanceelemente von Transmilenio

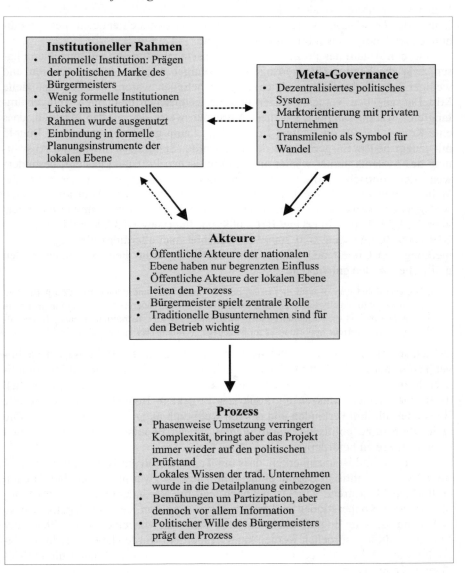

Quelle: eigene Darstellung

Die Analyse des Policy-Making-Prozesses von Transmilenio hat gezeigt, dass die Einbindung von lokalem Wissen der traditionellen Busunternehmen über die lokalen Gegebenheiten und die lokale Nachfrage eine detaillierte Planung sehr unterstützt hat. Dadurch mussten weniger Planungsfehler nach der Einführung behoben werden und die erste Phase konnte als erfolgreich bewertet werden. An eine Beteiligung von weiteren lokalen Akteuren wie der Zivilgesellschaft und der Verwaltungen der *Localidades* wurde zwar gedacht, aber dennoch endeten diese Bemühungen letztendlich als Informationskampagne.

Für den Ablauf des Prozesses hat die Umsetzungsstrategie mit einzelnen Phasen zwar die Komplexität verringert, da weniger Akteure zu koordinieren und weniger Infrastrukturbauten gleichzeitig zu betreuen waren, weniger finanzielle Mittel ausgegeben werden mussten und die technischen Planungen weniger umfangreich waren. Dennoch hat diese Vorgehensweise den großen Nachteil, dass eine Kontinuität für die weitere Entwicklung kaum gegeben war, was in Bogotá mit jedem neuen Bürgermeister deutlich wurde. Stattdessen wurde die Ausweitung des Systems immer wieder auf den politischen Prüfstand gestellt, besonders wenn der politische Wille für eine Ausweitung fehlte. Genau dieser politische Wille scheint aber für die Umsetzung der ersten Phase von Transmilenio ausschlaggebend gewesen zu sein, worauf viele Interviewpartner hinwiesen (Interview B13 2009: 177, Interview B16 2009: 94, Interview B18 2009: 94, Interview B19 2009: 9, Interview B20 2009:98). Beachtet man allerdings die folgende Anmerkung von Gilbert und Dávila, wird deutlich, warum Peñalosa einen großen politischen Willen entwickelte:

„The traditional way of both increasing personal popularity and demonstrating a permanent improvement to the city has been for mayors to leave some concrete memorial to their time in office. Not only is such a memorial difficult to erase, but its construction creates jobs and offers the mayor various opportunities for patronage" (Gilbert/Dávila 2002: 51).

Dementsprechend war die ÖPNV-Reform Transmilenio für Peñalosa ein wichtiger Teil seiner politischen Marke, die – genau wie die Veränderungen im öffentlichen Raum – ein sehr anschauliches Projekt für die Bewohner war. Er hinterließ damit nach seiner Amtszeit ein konkretes Projekt in Bogotá, das bis heute alle Bewohner mit ihm verbinden und das ihn weltberühmt gemacht hat. Damit wollte er letztlich seine politische Marke prägen, um an Popularität zu gewinnen und seine Karriere zu befördern.

Abschließend ist anzumerken, dass mit Transmilenio ein Bruch mit der vorherigen Verkehrspolitik in Bogotá einhergeht. Diese ist zwar nicht von einem klaren politischen Makrotrend geprägt, dennoch sind die Veränderungen in den öffentlich-privaten Kooperationen und in der Auffassung von Verantwortlichkeiten so bedeutend, dass in Bogotá, ebenso wie in Santiago, von einer neuen Phase der Verkehrspolitik gesprochen werden kann. Außerdem wurde ebenso wie in Santiago das erste Mal ein integriertes ÖPNV-System entwickelt und damit die ÖPNV-Planung zentralisiert.

21. MULTI-LEVEL GOVERNANCE UND RESKALIERUNG

Dieses Kapitel geht auf die Frage nach dem jeweiligen Multi-Level-Arrangement in Santiago und Bogotá ein und stellt dar, wie die Aushandlungsprozesse der ÖPNV-Reformen in den unterschiedlichen Arrangements gestaltet waren. Außerdem werden die durch die Umsetzungsprozesse von Transantiago und Transmilenio hervorgerufenen, sehr unterschiedlichen Veränderungen der räumlichen Maßstabsebenen und somit die Veränderung der Multi-Level Arrangements aufgezeigt. Für die Darstellung dieses Veränderungsprozesses werden die drei Reskalierungstypen von Pierre und Peters (2000: 83 ff.) genutzt, die schon in Kapitel 6 eingeführt wurden. Diese beziehen sich auf die Verlagerung von politischer Macht:

− erstens von einer unteren auf eine übergeordnete Entscheidungsebene („moving-up"),
− zweitens von einer übergeordneten auf eine lokale oder regionale Entscheidungsebene („moving-down"), sowie
− drittens vom Staat auf nicht-staatliche Unternehmen oder Nicht-Regierungs-Organisationen („moving-out").

Dabei findet mit Prozessen von „moving-up" und „moving-down" eine Verschiebung von politischer Macht auf vertikaler Ebene und mit dem Reskalierungsprozess „moving-out" eine Verschiebung auf horizontaler Ebene statt. Für Santiago und Bogotá werden im Folgenden die durch Transantiago und Transmilenio erfolgten Reskalierungsprozesse dargestellt, wobei nicht nur die Verlagerung von politischer Macht als Reskalierung bezeichnet wird, sondern beispielsweise auch die Verschiebung von Entscheidungskompetenzen, wirtschaftlichem Risiko oder der Kompetenz zur Initiierung von Innovationen.

21.1. ...in Santiago

Vor der Umsetzung von Transantiago war das Multi-Level-Arrangement in Santiago deutlich von dem zentralisierten politischen System gekennzeichnet. Dadurch war die Verkehrspolitik in Santiago stark von den staatlichen Akteuren der nationalen Ebene geprägt, Akteure der regionalen Ebene (die von der nationalen Ebene abhängig sind) hatten keine Entscheidungsbefugnisse. Ebenso hatten öffentliche Akteure der lokalen Ebene keinen Einfluss auf die Verkehrsplanung. D. h. die Akteure der nationalen Ebene planten die lokalen Verkehrsmaßnahmen und entwickelten den lokalen Verkehrsentwicklungsplan. Allein für diesen Planungszweck wurde die neue Maßstabsebene „Groß-Santiago" eingerichtet, in der 34 Kommunen zusammengefasst wurden, die jedoch gemeinsam keine administrative Entscheidungsebene darstellten. Damit wird deutlich, dass die vorhandenen administrativen Ebenen (Staat, Region und Kommune) für die Verkehrsplanung anscheinend wenig nützlich waren. Stattdessen wurde für Planungszwecke schon lange die zwischen den Kommunen der Megastadt und der Region Metropolitana liegende Ebene genutzt, die letztendlich die fehlende Entscheidungsebene der Gesamtstadt Santiago widerspiegelt. Dementsprechend können die vorhandenen administrativen Ebenen als diskutabel und letztlich veränderbar bezeichnet werden.

Das Multi-Level-Arrangement war zudem von einer Reihe von privatwirtschaftlichen Kleinstunternehmen und deren Vereinigungen geprägt. Diese waren für den Busbetrieb zuständig und konnten sehr frei handeln und wirtschaften, während die nationale Regierung den institutionellen Rahmen festgelegte. Weitere nicht-staatliche Akteure waren nicht vorhanden.

Der Aushandlungsprozess über die ÖPNV-Reform Transantiago hat für das Multi-Level-Arrangement eine Vielzahl von Veränderungen gebracht:

- Erstens können staatliche Akteure der nationalen Ebene verstärkt Einfluss auf Verkehrsplanung geltend machen. Besonders die Planung der Busstrecken und des gesamten Betriebs sowie der Kontrolle des Betriebsablaufs ging von den privatwirtschaftlichen Kleinstunternehmen in die Verantwortung der national-staatlichen Akteure über. Damit haben sich Verantwortlichkeiten und Entscheidungskompetenzen zwischen den verschiedenen Ebenen und Akteursgruppen deutlich verschoben, so dass von einem Reskalierungsprozess gesprochen werden kann. Dieser kann als eine Mischform bezeichnet werden. Diese besteht erstens aus „moving-up", einer vertikalen Reskalierung von lokaler zu nationaler Ebene. Zweitens ist ein horizontaler Reskalierungsprozess von privatwirtschaftlichen zu national-staatlichen Akteuren zu beobachten. Solche ein Reskalierungstyp ist von Pierre und Peters (ebd.: 83 ff.) nicht definiert worden. Deshalb wird an dieser Stelle der neue Reskalierungstyp „moving-in" eingeführt. Dieser stellt das Gegenteil zum Reskalierungstyp „moving-out" dar und verweist auf die Verschiebung von Verantwortlichkeiten von privaten zu öffentlichen Akteuren.
- Zweitens ist mit dem marktorientierten Modell die wirtschaftliche Effizienz des neuen ÖPNV-Systems in den Planungsfokus für die staatlichen Akteure der nationalen Ebene gerückt. Deshalb wurde versucht, das wirtschaftliche Risiko für die neuen Unternehmen zu minimieren, indem Einnahmegarantien gegeben wurden. Dementsprechend kann von einem Reskalierungsprozess gesprochen werden, bei dem das wirtschaftliche Risiko von lokalen privatwirtschaftlichen Akteuren zu den national-staatlichen Akteuren übergegangen ist, so dass dieser Prozess als eine Mischform der Typen „moving-up" und „moving-in" bezeichnet werden kann.
- Drittens haben die Kommunalregierungen und die Bewohner Santiagos durch die Proteste gegen Transantiago geschafft, einen, wenn auch geringen, Einfluss auf die Re-Definition von Transantiago geltend zu machen. Inzwischen wurde sogar von CGTS (dem zum staatlichen Verkehrsministerium gehörenden Planungsbüro für Transantiago), eine zeitlich begrenzte Partizipationskampagne durchgeführt. Es ist zwar unklar, inwieweit diese Ideen und Meinungen Transantiago wirklich beeinflussten, aber dennoch ist festzustellen,

dass für die national-staatlichen Akteure technische Lösungen nicht mehr das alleinige Mittel zur Lösung der Probleme sind, sondern dass der Blick inzwischen immer mehr auch auf die Nutzer des ÖPNV fällt. Dementsprechend kann von einer Reskalierung der Einflussmöglichkeit auf die Verkehrsplanungen gesprochen werden. Diese kann als „moving-down"-Prozess von nationaler zu lokaler Ebene sowie gleichzeitig als „moving-out"-Prozess von staatlichen zu zivilgesellschaftlichen Akteuren bezeichnet werden.

– Viertens wurde mit der Diskussion über die Einrichtung einer Verkehrsbehörde auf Ebene der Gesamtstadt Santiago (die sog. AMT) auf die Einrichtung einer autonomen Metropolregierung für die Megastadt Santiago verwiesen. Damit wurde das erste Mal konkret über die Einführung einer gesamtstädtischen Verwaltung für den Verkehr gesprochen, was als ein erster Schritt in Richtung einer Stadtregierung für Santiago angesehen wird. Würde diese gesamtstädtische Verkehrsbehörde tatsächlich eingerichtet werden, dann würde es sich um eine Reskalierung von Entscheidungskompetenzen von nationaler zu gesamtstädtischer Entscheidungsebene handeln, so dass von einem „moving-down"-Prozess gesprochen werden könnte. Bisher lässt dieser Diskussionsprozess vor allem deutlich werden, dass die vorhanden Entscheidungsebenen durch soziale und politische Diskussionsprozesse veränderbar sind und dadurch sogar neue Ebenen entstehen können.

– Fünftens wurden die Betriebslizenzen für Transantiago zwar international ausgeschrieben, aber letztendlich kooperieren nur einige wenige international agierende Unternehmen aus der Finanz- oder Verkehrsplanungsbranche mit den vorherigen Kleinstunternehmen in den neuen Busunternehmen. Dennoch wurde damit der gesamte Markt von einer lokalen Ebene (evtl. sogar einer einzelnen Strecke) auf die gesamtstädtische Ebene von Transantiago sowie teilweise auf die internationale Ebene gehoben. Für die privatwirtschaftlichen Akteure bedeutet Transantiago also eine Reskalierung ihrer betriebswirtschaftlichen Planung von lokaler Ebene zu einer gesamtstädtischen und internationalen Ebene, so dass von einem „moving-up"-Prozess gesprochen werden kann.

Zusammenfassend ist festzustellen, dass mehrere Reskalierungsprozesse vorhanden waren, die in verschiedene Richtungen (horizontal wie vertikal) verliefen. Dabei wurden Kompetenzen verlagert und die vorhandenen Ebenen durch politische Diskussionen verändert. Dadurch ist die Entscheidungsfindung komplexer geworden und findet heute noch weniger als zuvor auf separaten administrativen Ebenen statt. Die national-staatlichen Akteure versuchten zwar ihre Autonomie zu schützen, indem sie die ÖPNV-Planung an sich zogen, aber dennoch waren mehrere Ebenen sowie nicht-staatliche Akteure an der Gestaltung bzw. Umgestaltung der Reform beteiligt.

21.2. ...in Bogotá

Vor der Einführung von Transmilenio war in Bogotá das Multi-Level-Arrangement stark von dem dezentralen politischen System geprägt. Dadurch konnten die öffentlichen Akteure der lokalen Ebene (die im Fall von Bogotá die gesamte Stadt einbezieht) schon vor Transmilenio autonom über die Entwicklung des Verkehrs und des ÖPNV entscheiden und Planungen eigenständig durchführen (allerdings beschränkte sich die Planung auf die Weiterentwicklung des schon bestehenden ÖPNV-Systems). Die national-staatlichen Akteure erließen die allgemeingültigen Normen für den ÖPNV im gesamten Land, die somit auch in Bogotá galten. Einen umfassenderen Einfluss auf die lokalen ÖPNV-Planungen konnten die national-staatlichen Akteure nur geltend machen, wenn die lokale Ebene ÖPNV-Maßnahmen nicht allein finanzieren konnte. In diesem Fall war und ist immer noch eine Ko-Finanzierung von nationaler Ebene möglich, die den Akteuren dieser Ebene größeren Einfluss verschafft. Für den Betrieb des ÖPNV war vor Transmilenio eine Reihe von privatwirtschaftlichen Unternehmen zuständig. Diese konnten im Rahmen der nationalen Gesetze sehr frei handeln und wirtschaften. Weitere nicht-staatliche Akteure waren allerdings nicht involviert.

Der Aushandlungsprozess von Transmilenio hat zu folgenden Veränderungen in diesem Multi-Level-Arrangement geführt:

- Erstens hat sich das Rollenverständnis geändert. So haben zum ersten Mal in Kolumbien die lokalen öffentlichen Akteure in Bogotá die Planung eines Massentransportmittels allein geplant und umgesetzt, ohne dass die nationale Ebene eine Kofinanzierung übernommen hatte. Dies wurde nur möglich, da eine Gesetzeslücke in dem formell-institutionellen Rahmen ausgenutzt wurde, indem Transmilenio nicht als normaler ÖPNV, sondern als Massentransportmittel definiert wurde. Durch die Nutzung dieser Lücke in Verbindung mit einer möglichen Finanzierung aus dem städtischen Haushalt konnten die lokalen öffentlichen Akteure in Bogotá sehr eigenständig entscheiden. Somit kann von einer Reskalierung von verkehrspolitischen Kompetenzen von nationaler zu lokaler Ebene gesprochen werden, was einen „moving-down"-Prozess darstellt.
- Zweitens können mit Transmilenio die öffentlichen Akteure der lokalen Entscheidungsebene einen größeren Einfluss auf die ÖPNV-Planung auf den Transmilenio-Strecken geltend machen als vorher. Dabei gingen insbesondere die Kontrolle des Betriebsablaufs sowie die Planung des gesamten Betriebsablaufs von den privatwirtschaftlichen Busunternehmen des alten ÖPNV-Systems in die Verantwortung des lokalen, öffentlichen Unternehmens Transmilenio S.A. über. Diese Reskalierung kann als „moving-in"-Prozess bezeichnet werden, da die Planungskompetenzen von den privatwirtschaftlichen Unternehmen zu den öffentlichen, lokalen Akteuren übergingen.
- Drittens hat Bogotá aufgrund der positiven Entwicklung der Reform innerhalb Kolumbiens inzwischen eine Vorreiterposition für andere Städte eingenommen, so dass das nationale Verkehrsministerium als Initiator ebensolcher Pro-

jekte in anderen kolumbianischen Städten auf die Entwicklung in Bogotá schaut. Diese Reskalierung von Ideen und Innovationen kann als „moving-up"-Prozess bezeichnet werden.
- Viertens war es für die Gewinnung einer Betriebslizenz in dem Ausschreibungsprozess für die traditionellen Unternehmen von Vorteil, wenn sie mit internationalen Partnern kooperierten. Dadurch wurde der gesamte ÖPNV-Markt von einer sehr lokalen Nische auf eine für internationale Unternehmen interessante Ebene gehoben, so dass wie bei Transantiago von einer Reskalierung der betriebswirtschaftlichen Planung von lokalen privatwirtschaftlichen Akteure zu einer gesamtstädtischen und internationalen Ebene gesprochen werden kann. Somit erfolgt die Reskalierung in vertikaler Richtung und kann als „moving-up"-Prozess bezeichnet werden.
- Fünftens ist mit den vorhandenen Verkehrsproblemen und der Umsetzung von Transmilenio eine Zusammenarbeit mit den umliegenden Kommunen, die nicht zu Bogotá gehören, auf die politische Agenda gesetzt worden, weil Suburbanisierungstendenzen die Verkehrsflüsse verstärken. Ein Ergebnis dieser Zusammenarbeit ist derzeit der Bau der Transmilenio-Erweiterung nach Soacha (eine Kommune in Cundinamarca, außerhalb Bogotás). Zum ersten Mal findet eine kommunale Grenzen überschreitende Diskussion über die weitere Entwicklung von Landnutzung und Verkehr der Megastadt Bogotá statt. Diese Zusammenarbeit kann als Reskalierung des Verkehrsplanungsmaßstabs bezeichnet werden, da durch die Diskussion eine neue Maßstabsebene entstanden ist, die sich der realen Verkehrsströme und -probleme annimmt. Diese Reskalierung kann als „moving-up"-Prozess beschrieben werden, da lokale Planungskompetenzen auf eine andere Entscheidungsebene verschoben werden, ohne dass in diesem Fall jedoch eine neue administrative Ebene entstanden ist.

Zusammenfassend ist festzustellen, dass wie in Santiago verschiedene Reskalierungsprozesse zu beobachten sind. Diese verlaufen allerdings hauptsächlich in vertikaler und weniger in horizontaler Richtung. Dabei wurden wie in Santiago Kompetenzen verlagert. Außerdem wurde eine Veränderung der Ebenen durch eine grenzüberschreitende Zusammenarbeit deutlich. Die zu beobachtenden „moving-down"-Prozesse verweisen auf den Dezentralisierungstrend in Kolumbien. Aber mit den gleichzeitigen „moving-up"-Prozessen wird die Frage danach deutlich, wie weit eine Dezentralisierung im Bereich der Verkehrsplanung reichen sollte und inwieweit die Verkehrsplanung in diesem Fall zentralisiert sein sollte.

22. FÖRDERLICHE UND HINDERLICHE GOVERNANCEFAKTOREN

Im Folgenden wird der Forschungsfrage nach förderlichen und hinderlichen Governancefaktoren von Transantiago und Transmilenio nachgegangen, um daraus im nächsten Kapitel Handlungsempfehlungen ableiten zu können. In den beiden Fallstudien sind viele verschiedene förderliche und hinderliche Governancefaktoren vorzufinden. Nicht verwunderlich ist allerdings, dass aus der Analyse von Transantiago besonders viele hinderliche Faktoren resultieren, während sich aus der Analyse von Transmilenio viele förderliche Faktoren ergeben. Diese Situation spiegelt die teilweise misslungene Umsetzung von Transantiago und die überwiegend sehr erfolgreiche Umsetzung von Transmilenio wider.

Im folgenden Abschnitt werden die verschiedenen förderlichen und hinderlichen Faktoren für beide Fallstudien, geordnet nach den Governanceelementen des Analyserahmes, dargestellt.

22.1. ...von Transantiago

Die Umsetzung von Transantiago ist von einer Reihe vor allem hinderlichen, aber auch einigen förderlichen Governancefaktoren geprägt. Diese sind in Tabelle 9 detailliert aufgeführt. Entlang der Elemente des Analyserahmens (Meta-Governance, Institutionen, Akteure und Prozess) sind in Tabelle 9 zu jedem Aspekt des Analyserahmens hinderliche und förderliche Faktoren benannt. Diese sind mit einer Aussage, was sie bei Transantiago erschweren oder erleichtern, versehen. Im folgenden Abschnitt wird das Augenmerk auf drei, die Ergebnisse der Tabelle 9 verbindende Elemente gelegt, die aus Meta-Governance und den informellen Institutionen resultieren.

- Erstens war für Transantiago das zentralisierte politische System, das in Santiago mit dem Fehlen einer gesamtstädtischen Planungs- und Verwaltungsebene verbunden ist, ein hinderlicher Governancefaktor. Dadurch übernahm die nationale Ebene die Planung von städtischen Angelegenheiten, so dass für die lokalen Akteure die Entwicklung einer eigenen Vorstellung über die zukünftige Stadt- und Verkehrsentwicklung erschwert wurde. Damit verbunden, waren aufgrund der nationalen Planungshoheit „Bottom-up"-Entscheidungen erschwert. Dadurch fand eine Diskussion über die zukünftige Verkehrsentwicklung von Santiago auf nationaler Ebene statt, so dass lokale Akteure kaum Möglichkeiten hatten, die Entwicklung der Stadt, in der sie leben, mitzubestimmen. Dadurch ging bei der Planung der ÖPNV-Reform vor allem das spezifische Wissen der lokalen Akteure verloren, so dass die ÖPNV-Nachfrage und das ÖPNV-Angebot nicht von Beginn an optimal aufeinander abgestimmt waren. Die zentralisierte Entscheidungsstruktur erschwerte außerdem während der Implementierungsphase von Transantiago eine eindeutige Zielsetzung. Zwar war letztendlich das Verkehrsministerium für Transantiago zuständig, aber andere Ministerien waren ebenso an den grundsätzlichen Entscheidungen über die Reform beteiligt, wodurch das Setzen und Verfolgen von Zielen Schwierigkeiten bereitete.
- Der zweite hinderliche Governancefaktor für die Umsetzung von Transantiago war das vorherrschende Wirtschaftsmodell, das durch seine starke Marktorientierung neben der Definition von ökonomischen Zielen die Bestimmung von anderen Zielen erschwerte. Durch das überwiegend ökonomische Kalkül

der Akteure wurden politische Lösungen für Konflikte oftmals nicht in Betracht gezogen und die Einbeziehung von anderen als privatwirtschaftlichen Akteuren erschwert. In der Implementierungsphase von Transantiago zeigte sich der Fokus auf die ökonomische Effizienz vor allem in dem Ziel, die Busanzahl unbedingt zu verringern und den Fahrpreis möglichst niedrig zu halten, ohne dabei staatliche Subventionen zahlen zu müssen. Diese Schwerpunktsetzung des neuen ÖPNV-Systems erschwerte außerdem die Einbindung von sozialen und ökologischen Kriterien.

– Der dritte für die Umsetzung von Transantiago hinderliche Governancefaktor war das „ungeschriebene Gesetz" des technokratischen Handelns, wodurch nicht-technisches und nicht-ökonomisches Wissen nur schwer Eingang in die Entscheidungen fand. Dadurch bestand in der Implementierungsphase von Transantiago ein übermäßig großes Vertrauen in die benutzten Verkehrsmodelle, so dass alternative Vorschläge oder Gutachten nicht einbezogen wurden. Ebenso fand durch das technokratische Handeln auch das Wissen der lokalen Verwaltung und der Bevölkerung keinen Eingang in die Entscheidungsprozesse. Dieses technokratische Handeln und das Vertrauen in technische Lösungen für die ÖPNV-Reform führte zur Wahl der „Big-Bang"-Umsetzungsstrategie, mit der alle Probleme auf einmal mit einem technisch anspruchsvollen neuen System gelöst werden sollten. Der Stolz der chilenischen Verkehrsplaner auf die wissenschaftlichen Errungenschaften sowie die wirtschaftliche Entwicklung des Landes in den letzten Jahren in Verbindung mit der Symbolik von Transantiago als Bild für Modernität und Entwicklung Santiagos steigerte das Vertrauen in eine technologische Großlösung und ließ die entscheidenden Akteure blind für die Probleme während der Planungsphase werden. Die zusätzliche bewusste Improvisation in der Planung, die ebenso durch das große Vertrauen in technische Lösungen befördert wurde, war für die Umsetzung von Transantiago sehr hinderlich.

Förderliche Governancefaktoren von Transantiago sind nur wenige vorzufinden. Aber dennoch können drei Faktoren herausgefiltert werden:

– Erstens beförderte die Formulierung von Transantiago als Programm der nationalen Regierung die Bedeutung des Projekts für die nationale Politik und somit für den Geldgeber.
– Zweitens konnte durch die vertraglich festgelegte Möglichkeit zur Modifizierung des Systems sehr gut eine Anpassung an die aktuelle Nachfrage vorgenommen werden.
– Und drittens muss festgestellt werden, dass durch die internationale Expertise der chilenischen Verkehrspolitikberater, die an der Entstehung des Verkehrsentwicklungsplans maßgeblich beteiligt waren, der Policy-Transfer des international bekannten Beispiels Transmilenio möglich wurde. Allerdings ist es aufgrund der benannten Umsetzungsprobleme fraglich, ob dieser Transfer als geglückt bezeichnet werden kann.

22.2. ...von Transmilenio

Auch die Umsetzung von Transmilenio ist von verschiedenen vor allem förderlichen aber auch einigen hinderlichen Governancefaktoren geprägt, die in Tabelle 10 zusammengestellt sind. Wie im vorherigen Kapitel sind auch hier die Governancefaktoren entlang der Elemente und Aspekte des Analyserahmens in Tabelle 10 aufgeschlüsselt und mit einer Aussage, was sie bei Transmilenio erschweren oder erleichtern, versehen. Im folgenden Abschnitt wird der Fokus auch in diesem Fall auf die verbindenden Elemente gelegt werden, die aus Meta-Governance resultieren. Als förderlich für Transmilenio sind folgende Governancefaktoren festzustellen:

- Erstens ist die administrative, politische und fiskalische Dezentralisierung in Kolumbien als förderlicher Governancefaktor zu verstehen, die den Handlungsspielraum der lokalen Akteure für die Stadtentwicklungs- und Verkehrspolitik erweitert hat. Dadurch wurde der Umsetzungsprozess von Transmilenio vom politischen Willen des Bürgermeisters Peñalosa geleitet, der dem Projekt viel persönlichen Enthusiasmus entgegengebracht hat. Dieser politische Wille für Transmilenio gehörte jedoch zur politischen Marke des Bürgermeisters, der eine Vorstellung über die zukünftige Stadt- und Verkehrsentwicklung hatte. Die schnelle und erfolgreiche Umsetzung von Transmilenio war einer der wichtigsten Aspekte seiner Legislaturperiode und war somit wichtig für das Prägen seiner politischen Marke. Zur Darstellung der Bedeutung des Projekts wurde Transmilenio außerdem in verschiedene formelle und informelle Planungsinstrumente eingebunden, so dass die Abstimmung unter den verschiedenen Planungen zu einer gewissen Integration führte, die sich dennoch weiter ausbauen lassen könnte. Die Planung, deren Gelingen stark von den lokalen Akteuren abhängig war, förderte eine große Detailgenauigkeit. Dementsprechend wurde der Implementierungsprozess detailliert vorbereitet, indem Psychologen und Soziologen in das Planungsteam eingebunden wurden, die das Verständnis für das Interesse der traditionellen Busunternehmen förderten. Ebenso wurde auf kulturelle Eigenarten wie sprachliche und kulturelle Aspekte bei der Informationsvermittlung sowie die interne Diskussionskultur eingegangen, um damit schnelle Entscheidungen und eine genaue Planung zu ermöglichen.
- Als zweiter förderlicher Governancefaktor kann die marktorientierte Verkehrspolitik ausgemacht werden, die mit einem ökonomischen Kalkül der Akteure einhergeht. Sie beförderte im Zusammenspiel mit der Dezentralisierung des Staates, die Einbindung der traditionellen Busunternehmen in das neue System. Diese privaten Akteure spielten eine wichtige Rolle, da das gesamte System auf die Kräfte des Markts baute und deshalb ohne Subventionen auskommen musste. Die lokalen öffentlichen Akteure hatten aus diesem Grund in Bogotá die Bedeutung des Wissens der Busunternehmen über die lokalen Gegebenheiten erkannt, womit sich das Angebot des neuen ÖPNV-Systems besser an die Nachfrage anpassen ließ. Dementsprechend wurde ihr Wissen für

eine detaillierte Planung genutzt und die Einbeziehung der traditionellen Busunternehmen in den Mittelpunkt gestellt, da die lokalen Akteure erkannt hatten, dass eine präzise Planung der gesamten Reform mit einer gut durchdachten Kommunikationsstrategie und einer Analyse des gesamten Akteurs-Netzwerks entscheidend für eine erfolgreiche Umsetzung war.

Als hinderlich für Transmilenio sind folgende Governancefaktoren festzustellen:
- Die marktorientierte Verkehrspolitik war im Fall von Transmilenio nicht nur positiv, sondern erschwerte die Einbeziehung von zivilgesellschaftlichen Akteuren, da das Augenmerk vor allem auf den privatwirtschaftlichen Unternehmen lag. Zwar gab es während der Planung der ersten Phase von Transmilenio Bemühungen um eine Partizipation der Bevölkerung, diese hing jedoch an dem Engagement einer bestimmten Person, so dass mit dem Ausscheiden dieser Person aus den Planungen der zweiten Phase die Partizipationsbemühungen nachließen.

Des Weiteren war die graduelle Umsetzung von Transmilenio ein hinderlicher wie auch ein förderlicher Faktor für die Umsetzung. Die Aufteilung in einzelne, gut überschaubare Phasen erleichterte es auf der einen Seite, das Projekt weniger komplex zu gestalten. Dadurch konnten die Erfahrungen der Umsetzung jeder einzelnen Phase für die nächste Phase genutzt werden, um Probleme zu vermeiden. Auf der anderen Seite stellte die graduelle Umsetzung von Transmilenio jedoch im Hinblick auf die Kontinuität der gesamten Reform auch ein Hindernis dar, da aufgrund von wechselnden Akteuren die Umsetzung der einzelnen Phasen immer wieder in Frage gestellt wurde.

Tab. 9: Hinderliche und förderliche Governancefaktoren für eine Umsetzung von Transantiago

Element	Aspekt	Hinderliche und förderlich Faktoren für eine Umsetzung von TRANSANTIAGO		...erschwert oder erleichtert
Meta-Governance	Strukturell-politischer Kontext	a)	HINDERLICH: keine gesamtstädtische Planungs- und Verwaltungsebene, stattdessen übernimmt nationale Ebene die lokale Planung	a) ERSCHWERT: die Entwicklung einer eigenen Stadtentwicklungsstrategie der lokalen Akteure
	Wirtschaftsmodell	a)	HINDERLICH: starke Marktorientierung	a) ERSCHWERT: die Bildung von anderen als ökonomischen Zielen
		b)	HINDERLICH: ökonomisches Kalkül der Akteure	b) ERSCHWERT: politische Lösung von Konflikten
		c)	HINDERLICH: starke Netzwerke zw. nationaler Elite und nationaler Politik	c) ERSCHWERT: kritische Studien
	Symbolik	a)	HINDERLICH: Symbol für die Entwicklung und Modernität einer Stadt, um die Stadt besser im Städtewettbewerb zu positionieren	a) ERSCHWERT: eine Fokussierung abseits von ökonomischen Interessen
Institutioneller Rahmen	Informelle Institutionen	a)	HINDERLICH: gemeinsame Vorstellung darüber, dass Motorisierung mit Fortschritt und Entwicklung gleichzusetzen ist	a) ERSCHWERT: eine nachhaltige Verkehrspolitik und verringert die Attraktivität des ÖPNV für Nutzer und Autofahrer
		b)	HINDERLICH: technokratisches Handeln	b) ERSCHWERT: die Einbeziehung von nicht-technischen und nicht-ökonomischen Wissen
	Formelle Institutionen	a)	HINDERLICH: nationales Verkehrsministerium hat Planungshoheit über ÖPNV	a) ERSCHWERT: „bottom-up" Entscheidungen
		b)	HINDERLICH: vage Formulierung der Partizipationsabsichten	b) ERSCHWERT: Partizipation
		c)	HINDERLICH: schwache formell-institutionelle Grundlage	c) ERSCHWERT: starke Mehrheiten für das Projekt
	Planungsinstrumente	a)	HINDERLICH: informelles Planungsinstrument	a) ERSCHWERT: konkrete Abstimmung der Akteure, so dass das Ziel des Projekts konfus wird
		b)	HINDERLICH: sektorales Planungsinstrument	b) ERSCHWERT: integrierte Planung mit Einbeziehung von verschiedenen Planungsebenen und Sektoren
Akteure	Konstellation	a)	HINDERLICH: Leitung des Prozesses von einer Vielzahl von öffentlichen Akteuren der nationalen Ebene	a) ERSCHWERT: eindeutige Abgrenzung von Verantwortlichkeiten
		b)	HINDERLICH: Resultierend aus der Marktorientierung, spielen privatwirtschaftliche Akteure die wichtigste Rolle für das Projekt	b) ERSCHWERT: die Einbeziehung von anderen Akteursgruppen
	Interessen	a)	HINDERLICH: privatwirtschaftliches Interesse der traditionellen Unternehmen	a) ERSCHWERT: Veränderungen des ÖPNV-Systems
		b)	HINDERLICH: Akteure mit öffentlichem Interesse	b) ERSCHWERT: Veränderungen der Verantwortlichkeiten wenn sie selbst betroffen sind
	Kooperationen, Koalitionen	a)	HINDERLICH: Koalition von status-quo-interessierten Akteuren	a) ERSCHWERT: die Umsetzung des Projekts

Fortsetzung von Tab. 9

Element	Aspekt	Hinderliche und förderlich Faktoren für eine Umsetzung von TRANSANTIAGO		...erschwert oder erleichtert	
Prozess	Problemwahrnehmung und Agenda-Setting	a)	FÖRDERLICH: Projekt wird in nationales Regierungsprogramm aufgenommen	a)	ERLEICHTERT: die Bedeutung des Projekts für die nationale Politik und somit für potenzielle Geldgeber
	Planformulierung	a)	FÖRDERLICH: internationale Expertise der Politikberater	a)	ERLEICHTERT: den Transfer von internationalen Best-Practice-Beispielen (Policy-Transfer)
		b)	HINDERLICH: Schnelle Entwicklung des Plans und eine kurze Legislaturperiode	b)	ERSCHWERT: detaillierte Formulierung des Plans und eine Abstimmung mit anderen Planungen
	Implementierung	a)	HINDERLICH: Treffen von Entscheidung „hinter verschlossenen Türen"	a)	ERSCHWERT: nachvollziehbare Entscheidungen
		b)	HINDERLICH: Kooperation von mehreren Ministerien, um Entscheidungen über ÖPNV-Reform zu treffen, obwohl nur das Verkehrsministerium letztendlich verantwortlich ist	b)	ERSCHWERT: das Verfolgen eines eindeutigen Ziels
				c)	ERSCHWERT: kritische Stimmen innerhalb des Planungsteams
		c)	HINDERLICH: Ernennung von Planungsdirektoren von der nationalen Politikebene	d)	ERSCHWERT: konkrete Entscheidungen, da Verantwortlichkeiten unklar sind
		d)	HINDERLICH: Einbindung von administrativen Einrichtungen ohne eigene Verantwortungsbereiche (SEREMI)	e)	ERSCHWERT: Einbeziehung von alternativen Vorschlägen oder Gutachten und die Einbindung des Wissens der lokalen Verwaltungen
		e)	HINDERLICH: Technokratische Entscheidungen der nationalen Ebene mit einem übermäßigen Vertrauen in die Modellierung	f)	ERSCHWERT: eine reale Einschätzung der Busflottengröße und staatliche Subventionen
		f)	HINDERLICH: Unbedingtes Ziel der Verringerung von Bussen aufgrund des ökonomischen Fokus	g)	ERSCHWERT: einfache Abstimmung über die zukünftige Entwicklung und Finanzierung von Planungen
		g)	HINDERLICH: Aufteilung von Verantwortlichkeiten für fließenden Verkehr und verschiedene Infrastrukturen	h)	ERSCHWERT: eine Umsetzung der ursprünglichen Planung, so dass nur noch eine eingeschränkte Handlungsfähigkeit besteht
		h)	HINDERLICH: Abzug von ursprünglich vorgesehenen finanziellen Mitteln	i)	ERSCHWERT: die vorgesehene Finanzierung einzuhalten
		i)	HINDERLICH: Einnahmegarantien für die Busunternehmen ohne Sanktionen für nicht erbrachte Leistungen	j)	ERSCHWERT: die Einbindung von sozialen und ökologischen Kriterien
		j)	HINDERLICH: Fokus auf möglichst geringen Fahrpreis bei der Auswahl der Busunternehmen	k)	ERSCHWERT: die Einbindung des Wissens der lokalen Bevölkerung/Nutzer
		k)	HINDERLICH: Fokus auf Wirtschaftlichkeit	l)	ERSCHWERT: eine geordnete Nutzung vom ersten Tag an
		l)	HINDERLICH: Geringe Informationen für einschneidende Veränderung bei der Nutzung des ÖPNV-Systems	m)	ERSCHWERT: eine unkomplizierte Umsetzung der Planung, da damit das Projekt sehr komplex wird
		m)	HINDERLICH: „Big-Bang"-Umsetzungsstrategie		
	Evaluierung und Re-Definition	a)	FÖRDERLICH: vertraglich festgelegte Möglichkeit für leichte Modifizierungen des Systems alle paar Monate	a)	ERLEICHTERT: regelmäßige Anpassung an aktuelle Nachfrage

Tab. 10: Hinderliche und förderliche Governancefaktoren für eine Umsetzung von Transmilenio

Element	Aspekt	Hinderliche und förderlich Faktoren für eine Umsetzung von **TRANSMILENIO**		...erschwert oder erleichtert	
Meta-Governance	Strukturell-politischer Kontext	a)	FÖRDERLICH: Administrative, politische und fiskalische Dezentralisierung des Staates	a)	ERLEICHTERT: den Spielraum der lokalen Akteure für Stadtentwicklungs- und Verkehrspolitik
	Wirtschaftsmodell	a)	FÖRDERLICH: Marktorientierung und ökonomisches Kalkül der Akteure	a)	ERLEICHTERT: die Integration von Wissen der privatwirtschaftlichen Unternehmen über lokale Gegebenheiten und Nachfrage
	Symbolik	a)	FÖRDERLICH: Symbol für den Wandel der gesamten Stadt	a)	ERLEICHTERT: ein positives Image der Stadt
Institutioneller Rahmen	Informelle Institutionen	a) b)	HINDERLICH: geringe politische Unterstützung für Bürgermeister FÖRDERLICH: Politisches Handeln vor dem Hintergrund einer politischen Marke	a) b)	ERSCHWERT: Einigkeit der Akteure bei Entscheidungen ERLEICHTERT: die Entstehung von Visionen und Ideen über die zukünftige Stadtentwicklung
	Formelle Institutionen	a)	FÖRDERLICH: Lücke im formell-institutionellen Rahmen	a)	ERLEICHTERT: eine Umsetzung, die nicht so stark an formelle Regeln gebunden ist und somit befördert diese Situation evtl. auch innovative Ideen
	Planungsinstrumente	a)	FÖRDERLICH: Einbindung in formelle und informelle Planungsinstrumente	a)	ERLEICHTERT: eine integrierte Planung von Verkehrs- und Stadtentwicklung
Akteure	Konstellation	a) b) c)	FÖRDERLICH: Bürgermeister leitet den Prozess an FÖRDERLICH: Privatwirtschaftliche Unternehmen werden in Planungsprozess integriert HINDERLICH: Resultierend aus der Marktorientierung, spielen privatwirtschaftliche Akteure die wichtigste Rolle für das Projekt	a) b) c)	ERLEICHTERT: das Projekt von oberster Position der lokalen Ebene, was der Umsetzung politischen Willen gibt ERLEICHTERT: detaillierte Planung mit der das Angebot besser zur Nachfrage passt und lokale Besonderheiten berücksichtigt werden ERSCHWERT: die Einbeziehung von anderen Akteursgruppen
	Interessen	a)	HINDERLICH: privatwirtschaftliches Interesse der traditionellen Unternehmen	a)	ERSCHWERT: Veränderungen des ÖPNV-Systems
	Kooperationen, Koalitionen	a)	FÖRDERLICH: Koalition von veränderungsinteressierten Akteuren	a)	ERLEICHTERT: Umsetzung des Projekts

Fortsetzung von Tab. 10

Element	Aspekt	Hinderliche und förderlich Faktoren für eine Umsetzung von TRANSMILENIO		...erschwert oder erleichtert	
Prozess	Problemwahrnehmung und Agenda-Setting	a)	FÖRDERLICH: Längerfristige Diskussion über Veränderung des ÖPNV	a)	ERLEICHTERT: schnelle Einigung auf eine vorgeschlagene Maßnahme
	Planformulierung	a)	FÖRDERLICH: Einbindung des Plans in andere Planungen	a)	ERLEICHTERT: eine Abstimmung unter den verschiedenen Planungen und somit eine integrierte Planung
	Implementierung	a)	FÖRDERLICH: Planungsteam erarbeitet nicht nur Ideen, sondern ganz konkrete Vorschläge zur Umsetzung des Projekts	a)	ERLEICHTERT: schnelle Entscheidungen
		b)	FÖRDERLICH: Beratungsunternehmen werden direkt im Planungsteam verankert	b)	ERLEICHTERT: enge Zusammenarbeit zwischen externen und internen Planungsexperten
		c)	HINDERLICH: Beteiligung von jungen und unerfahrenen Planern	c)	ERSCHWERT: Entscheidungen, die auf Erfahrungen beruhen
		d)	FÖRDERLICH: Einsatz von Projektbefürwortern in Vorstand von kritischen Behörden und dem Stadtrat	d)	ERLEICHTERT: positive und schnelle Entscheidungen
		e)	FÖRDERLICH: Psychologen und Soziologen als Teil des Planungsteams	e)	ERLEICHTERT: das Verständnis gegenüber den traditionellen Unternehmen
		f)	FÖRDERLICH: Beteiligung von Frauen im Planungsteam	f)	ERLEICHTERT: eine Verbesserung der Diskussionskultur
		g)	FÖRDERLICH: Unterstützung bei der Umstrukturierung der Unternehmen	g)	ERLEICHTERT: eine schnelle Einigung der Unternehmen
		h)	FÖRDERLICH: Einbindung des lokalen Wissens der Busunternehmen	h)	ERLEICHTERT: das Vertrauen in das neue System
		i)	FÖRDERLICH: Projektleiter sucht gemeinsam mit den Busunternehmen nach Finanzierungsmöglichkeiten	i)	ERLEICHTERT: schafft Vertrauen bei den Banken
		j)	HINDERLICH: Bemühungen um Partizipation der Bevölkerung ist von einer engagierten Person abhängig	j)	ERSCHWERT: eine kontinuierliche Partizipation
		k)	FÖRDERLICH: Beachtung kultureller und sprachlicher Aspekte bei der Informationskampagne	k)	ERLEICHTERT: die Information aller Bürger
		l)	FÖRDERLICH: Kritische Projektteile zuerst umsetzen	l)	ERLEICHTERT: die Umsetzung weiterer Phasen und Teile
		m)	FÖRDERLICH: Graduelle Umsetzung	m)	ERLEICHTERT: die Umsetzung der einzelnen Phasen, da die Komplexität geringer ist und alle Akteure aus den Erfahrungen lernen können
	Evaluierung und Re-Definition	a)	HINDERLICH: Graduelle Umsetzung	a)	ERSCHWERT: Kontinuität bei der Umsetzung, so dass einzelne Phasen immer wieder in Frage gestellt werden aufgrund von wechselnden Akteuren

23. HANDLUNGSEMPFEHLUNGEN

Im folgenden Kapitel wird, abgeleitet aus den förderlichen und hinderlichen Governancefaktoren in Santiago und Bogotá, der Frage nachgegangen, wie ÖPNV-Governance für eine erfolgreiche Umsetzung umfangreicher ÖPNV-Reformen in Megastädten in Lateinamerika gestaltet sein sollte[187] und es werden dementsprechende Handlungsempfehlungen gegeben. Es ist zwar grundsätzlich fraglich, inwieweit die Erfahrungen von Transmilenio und Transantiago auf andere Städte übertragen werden können. Aber ausgehend von der Annahme, dass die Länder Lateinamerikas zu einem zumindest ähnlichen Kulturkreis gehören, kann gesagt werden, dass die Erfahrungen aus Santiago und Bogotá für die Megastädte Lateinamerikas von Bedeutung sind. Inwieweit sich die Erfahrungen allerdings auf gänzlich andere Kulturkreise, Politik- oder Wirtschaftssysteme übertragen lassen, ist sehr fraglich.

Grundsätzlich ist festzustellen, dass die von Santiago aus Bogota übernommene Policy-Idee einer ÖPNV-Reform bei der Umsetzung in Santiago zu großen Problemen geführt hat. Die Analyse der Governancestrukturen und -prozesse von Transantiago und Transmilenio hat gezeigt, dass insbesondere die lokale Situation des strukturell-politischen Kontextes sowie die informellen Institutionen große Unterschiede aufwiesen und sich dementsprechend unterschiedlich auf die Prozesse auswirkten. Deshalb sollten andere Städte Lateinamerikas insbesondere die lokale Situation kritisch hinterfragen und sich informeller Institutionen sowie des Einflusses des vorherrschenden Wirtschaftssystems und des politisch dezentralen bzw. zentralisierten Systems bewusst werden.

Von besonderem Interesse sind außerdem die Konstellationen und Kooperationen der Akteure im Aushandlungsprozess. Hierbei sollten vor allem die Interessen und Motivationen der verschiedenen Akteure an der ÖPNV-Reform verdeutlicht werden, damit Konflikte frühzeitig aus dem Weg geräumt werden können. Dafür bietet sich die Einbindung von Psychologen und Soziologen in den Planungsprozess an, so dass einzelne Schritte besser reflektiert und Entscheidungen nachvollziehbarer werden. Insbesondere sollte in dem Aushandlungsprozess auf die Einbindung der traditionellen Busunternehmen in die Detailplanung geachtet werden, damit ihr spezifisches Wissen über die lokalen Gegebenheiten genutzt werden kann. Dies fördert das Vertrauen dieser Unternehmen in die Planung und in das neue ÖPNV- System, so dass Konflikte verhindert werden können. Es hat sich außerdem gezeigt, dass sich der Einsatz von Projektbefürwortern in kritischen Behörden oder Unternehmen, die für das Projekt unbedingt gewonnen werden müssen, positiv auf deren Entscheidungen auswirkt. Für ein schnelles Voranschreiten des Projekts ist es außerdem sinnvoll, Koalitionen zwischen den Akteuren zu bilden, die an der Veränderung interessiert sind, und kritische Akteure an den Verhandlungstisch zu holen. Dies kann z. B. in Form von runden Tischen

---

187 Unter dem Adjektiv erfolgreich wird in diesem Fall vor allem die Erreichung des definierten Ziels der ÖPNV-Reform verstanden.

geschehen, bei denen die verschiedenen Interessen vorgetragen und kritische Punkte angesprochen werden können. Grundsätzlich ist es unbedingt notwendig die öffentlichen Akteure der lokalen Ebene in den Aushandlungsprozess einzubinden, wenn nicht sowieso die lokale Ebene für die ÖPNV-Reform zuständig ist. Dadurch kann die notwendige Integration von lokalen Besonderheiten zustande kommen und damit die Diskussion um eine zukünftige Stadtentwicklung befördert werden. Das Fallbeispiel Transmilenio hat gezeigt, dass gerade eine Vorstellung über die zukünftige Entwicklung der Stadt eine Orientierung der Akteure bei gemeinsamen Entscheidungen erleichtert. Deshalb sollte die Diskussion um eine Reform des ÖPNV Bestandteil einer umfassenden Diskussion über die Stadtentwicklung sein. Damit wird deutlich, dass die in vielen Megastädten Lateinamerikas vorhandenen Verkehrsprobleme nicht durch technische Lösungen allein in den Griff zu bekommen sind, sondern dass vor allem eine politische Diskussion über die Stadt- und Verkehrsentwicklung notwendig ist, um die verschiedenen Interessen der Akteure im Aushandlungsprozess zusammenzubringen und einen gemeinsamen Weg zu finden.

Die Nutzer des ÖPNV sind dabei ein wichtiger Akteur in diesem Prozess, denen eine Beteiligung an den Diskussionen über die zukünftige Entwicklung sowie den Planungen der ÖPNV-Reform ermöglicht werden sollte. Insgesamt muss dabei allerdings eine Balance zwischen „Top-down"-Entscheidungen der öffentlichen Akteure und „Bottom-up"-Entscheidungen der Bevölkerung gefunden werden. So ist bisher unklar, inwieweit ein gewisses Niveau von „Top-down" Entscheidungen notwendig ist, um eine integrierte Planung zu gewährleisten und Entscheidungen möglichst schnell umzusetzen. Gleichzeitig ist eine Partizipation der lokalen Bevölkerung aber erforderlich, um einen Rückhalt für solche umfangreichen Veränderungen zu gewährleisten und somit letztendlich auch Wählerstimmen zu gewinnen. Neben der Möglichkeit zur Partizipation sollte außerdem eine umfangreiche Informationskampagne umgesetzt werden, so dass vor allem die Nutzer des ÖPNV die umfangreichen Veränderungen verstehen, damit das neue ÖPNV-System keine Barriere darstellt.

Neben dem Fokus auf die Akteure ist es außerdem sinnvoll, den vorhandenen institutionellen Rahmen zu analysieren und zu hinterfragen. Dabei sollten die Verantwortlichkeiten und Kompetenzen der einzelnen Akteure klargestellt und ggf. neu strukturiert, d. h. auch formelle Institutionen ggf. verändert werden. Außerdem sollte eine spezielle Einheit mit eigenen Entscheidungskompetenzen für die Planung und Umsetzung der ÖPNV-Reform sowie für die Kontrolle des zukünftigen ÖPNV-Systems geschaffen werden. Wie schon erwähnt, sollte die Verkehrs- mit der Stadtentwicklungsplanung verzahnt werden, um einer integrierten Planung gerecht zu werden. Dementsprechend ist es notwendig, die verschiedenen Planwerke aufeinander abzustimmen, so dass bei der zukünftigen Stadtentwicklung die Landnutzung und der Verkehr gemeinsam geplant werden.

Für die Umsetzung der Reform sollte eine graduelle Strategie gewählt werden, da dadurch die Komplexität des gesamten Projektes abnimmt und somit die Planung der einzelnen Schritte detaillierter durchgeführt werden kann. Allerdings ist für die Umsetzung der weiteren Schritte eine klare Vorstellung über die zukünftige Entwicklung des Systems unabdingbar, um das Ziel der Reform zu erreichen. Dafür sollte das Projekt nicht von den zumeist kurzen Legislaturperioden abhängen, da Wahlen eine weitere Entwicklung gefährden könnten. Grundsätzlich ist in jedem Fall eine realistische Zeitplanung für die Umsetzung zu erarbeiten, aber gleichzeitig ist eine alternative Planung für den Fall, dass einzelne Komponenten nicht zeitgerecht realisiert werden, notwendig.

Nach der Umsetzung der ersten Phase sollte auf das Image des neuen ÖPNV-Systems geachtet werden, indem z. B. die neue technische Infrastruktur gepflegt und gewartet wird, die Taktfrequenzen eingehalten und Informationen zur Verfügung gestellt werden sowie die Servicequalität erhöht wird. Zusätzlich sollten Umfragen durchgeführt werden, um die Meinung der Bewohner und Nutzer über die aktuelle Situation und Verbesserungsvorschläge einzuholen, so dass das System weiter verbessert werden kann.

24. RESÜMEE UND WEITERER FORSCHUNGSBEDARF

In der vorliegenden Arbeit wurde ein Ansatz gewählt, der mit dem Fokus auf Multi-Level Governance und dem Prozess des Policy-Making der aktuellen Situation in Santiago und Bogotá gerecht wurde und gleichzeitig Prozess- und Strukturdimension von Governance beleuchtete. Der dafür entwickelte Analyserahmen mit den vier Elementen Meta-Governance, institutioneller Rahmen, Akteure und dem Prozess beinhaltete Elemente, die die strukturellen Aspekte von Governance definierten, auf kulturelle Besonderheiten eingingen, die beteiligten Akteure und ihre Interessen durchleuchteten sowie detailliert den Policy-Making-Prozess betrachteten.

Mit der Analyse der Governanceprozesse entlang des erstellten Analyserahmens hat sich gezeigt, dass in Santiago die Implementierung der ÖPNV-Reform von den Akteuren bewusst improvisiert wurde. Deshalb kann von einem „Muddling-through"-Prinzip gesprochen werden, bei dem Entscheidungen von Fall zu Fall getroffen wurden. Dieses Planungsprinzip charakterisierte den Umsetzungsprozess von Transantiago sehr stark und war in Santiago keineswegs neu. Dennoch kann die aktuelle Phase der Verkehrspolitik in Santiago als neu bezeichnet werden, da mit Transantiago verschiedene Reskalierungsprozesse abliefen. Das vorher vorhandene Multi-Level-Arrangement, das auf der einen Seite vor allem durch ein zentralisiertes politisches System mit vielen national-staatlichen Akteuren sowie wenig lokalen öffentlichen Akteuren und auf der anderen Seite durch eine Vielzahl von privatwirtschaftlichen Akteuren charakterisiert war, wurde verändert. Dadurch können heute lokale Akteure der Kommunen sowie zivilgesellschaftliche Akteure einen geringen Einfluss auf die Veränderungen des ÖPNV geltend machen. Die zu beobachtenden Reskalierungsprozesse verliefen in verschiedene Richtungen, horizontal wie vertikal. So können z. B. zwar die nationalstaatlichen Akteure mehr Einfluss auf die Verkehrsplanung geltend machen und Entscheidungen treffen, die vorher von privaten Akteuren der lokalen Ebene getroffen wurden. Aber gleichzeitig haben auch zivilgesellschaftliche Akteure durch die umfassenden Proteste nach der Umsetzung von Transantiago vermehrt Einflussmöglichkeiten. Diese werden zwar offiziell zumeist nicht als Partizipation dargestellt, sind aber dennoch eine getreu dem „Muddling-through"-Prinzip entstandene Form von Einbindung anderer Meinungen und Ideen, was in Chile bisher nur wenig erprobt ist. Insgesamt bewegen sich die Reskalierungsprozesse, die durch Transantiago hervorgerufen wurden zwischen „moving-up" und „moving-down" sowie zwischen „moving-in" und „moving-out". Der Prozess von Aushandlung und Entscheidungsfindung ist durch diese vielfältigen Verschiebungen komplexer geworden.

Die Analyse des Governanceprozesses von Transmilenio hat gezeigt, dass die Implementierung vor allem von dem politischen Willen des Bürgermeisters Enrique Peñalosa geprägt war. Dieser politische Wille entstand durch die in der Stadtpolitik Bogotás übliche Ausbildung einer politischen Marke des Bürgermeisters, wodurch besonders beliebte Stadtentwicklungsthemen in den Fokus der Lokalpolitik rückten, so dass die Popularitätswerte des Bürgermeisters stiegen. Letztlich hing die Verkehrspolitik in Bogotá also sehr stark von den Legislaturperioden und den Wahlprogrammen der Bürgermeister ab. In Bogotá war eine eigenständige Lokalpolitik nichts Neues, sondern wurde mit der neuen Verfassung im Jahr 1991 in Kolumbien eingeführt. Aber dennoch hat auch mit Transmilenio (ebenso wie mit Transantiago) eine neue Phase der Verkehrspolitik in Bogotá begonnen, die sich durch Reskalierungsprozesse von der vorherigen Phase abhebt. Vorher war das vorhandene Multi-Level-Arrangement stark von dem dezentralen politischen System geprägt, so dass die öffentlichen Akteure der lokalen Ebene eigenständig verkehrspolitische Maßnahmen umsetzen konnten. Nationalstaatliche Akteure hatten dabei nur allgemeine Regelungen für ganz Kolumbien getroffen, konnten allerdings einen größeren Einfluss ausüben, wenn sie Projekte mitfinanzierten. Ebenso wie bei Transantiago war außerdem eine Vielzahl von privaten Busunternehmen für den Betrieb des ÖPNV zuständig. Die mit Transmilenio zu beobachtenden Reskalierungsprozesse verliefen hauptsächlich in vertikaler Richtung. So haben die lokalen öffentlichen Akteure in Bogotá die Planung und Umsetzung eines Massentransportmittels allein durchgeführt und finanziert, so dass die nationale Ebene in der ersten Phase kaum Möglichkeiten zur Einflussnahme hatte. Dadurch hatte zum ersten Mal in Kolumbien eine Kommune eine eigene Strategie für eine umfassende ÖPNV-Reform entwickelt und umgesetzt. Aufgrund der positiven Entwicklung von Transmilenio hat die Stadtregierung von Bogotá innerhalb Kolumbiens inzwischen eine Vorbildfunktion für andere Städte. Dadurch übernimmt das Verkehrsministerium als Initiator und Geldgeber für die ÖPNV-Reformen in anderen kolumbianischen Städten Ideen aus Bogotá, so dass sich die Rolle der Stadtregierung von Bogotá für das Verkehrsministerium sehr verändert hat. Insgesamt ist festzustellen, dass die Aushandlungsprozesse von Transmilenio in einem stärker gefestigten Rahmen stattfanden als die Prozesse in Santiago, da Verantwortlichkeiten klarer definiert waren und weniger in Frage gestellt wurden.

In der Analyse der förderlichen und hinderlichen Governancefaktoren fällt auf, dass diese insbesondere aus den Bereichen von Meta-Governance und informellen Institutionen kommen. So hatte das dezentrale politische System in Kolumbien einen positiven Einfluss auf die Implementierung von Transmilenio, während für Transantiago ein negativer Einfluss durch das zentralisierte politische System von Chile ausgemacht werden konnte. Ebenso war die in Bogotá vorzufindende politische Problemlösung mit einer detaillierten Planung als förderlich zu betrachten, während das technokratische Handeln kombiniert mit einer improvisierten Planung in Santiago ein Hindernis darstellte. Aber es war auch festzustellen, dass sich ein marktorientiertes Wirtschaftsmodell ebenso wie eine graduelle Umsetzung sowohl förderlich als auch hinderlich auf die Implementierung auswirkte.

Die aus diesen förderlichen und hinderlichen Governancefaktoren abgeleiteten Handlungsempfehlungen für andere Städte in Lateinamerika weisen darauf hin, dass die lokale Situation sowie informelle Institutionen in dem Planungsprozess zu analysieren und kritisch zu hinterfragen sind. Dadurch sollen Interessenkonflikte vermieden werden, damit die Planungen für solche ÖPNV-Reformen zielgerichteter umgesetzt werden können. Prinzipiell sind also Governanceaspekte möglichst umfassend zu beleuchten, so dass verkehrspolitische Maßnahmen erfolgreich implementiert werden können. Dies gilt insbesondere für Megastädte in Entwicklungsländern, in denen der ÖPNV eine besonders große Rolle für die Mobilität der Bevölkerung einnimmt und deshalb ÖPNV-Reformen möglichst erfolgreich umgesetzt werden sollten. Denn für eine nachhaltige Entwicklung dieser Städte muss der bisher zumeist hohe Anteil des ÖPNV am gesamten Verkehrsaufkommen trotz steigender Motorisierungsraten weitestgehend erhalten bleiben. Vor diesem Hintergrund können sich solche Städte keinen Misserfolg in der Umsetzung einer ÖPNV-Reform leisten, die einen Imageschaden für den ÖPNV nach sich ziehen und somit einen Verlust von ÖPNV-Nutzern an den motorisierten Individualverkehr darstellen könnte. Insofern ist für die Akteure in Megastädten in Entwicklungsländern die Nutzung des Wissens über vorhandene Governancestrukturen und -prozesse ein wichtiger Hinweis für die erfolgreiche Implementierung von verkehrspolitischen Maßnahmen. In vielen Städten weltweit werden Reformen im ÖPNV nach dem Vorbild von z. B. Bogotá angegangen und BRT-Systeme eingeführt. Aber die Implementation wird unterschiedlich angegangen und führte bisher oftmals zu Problemen. Deshalb sollen die Ergebnisse dieser Arbeit auf der einen Seite helfen, Herausforderungen der Implementation von Beginn an zu kennen, sodass „Stolpersteinen" ausgewichen und Barrieren überwunden werden können. Auf der anderen Seite sollen die schon in anderen Städten entwickelten Umsetzungsstrategien Eingang in die Diskussion finden und somit der damit stattfindende Policy-Transfer neue Möglichkeiten für die Umsetzung aufzeigen.

Bisher war eine vergleichende Studie über Governance des Policy-Making von ÖPNV-Reformen in Lateinamerika nicht vorhanden. Deshalb wurde mit dieser Arbeit erst einmal diese Forschungslücke geschlossen werden, um damit eine Grundlage für weitere, detaillierte Studien über z. B. Partizipationsmöglichkeiten, interne Abstimmungsprozesse oder die Verhandlungsprozesse mit den privatwirtschaftlichen Akteuren zu schaffen. Deshalb können auf diese Arbeit aufbauend, weiterführende Forschungsfragen zu folgenden Bereichen definiert werden:

– Erstens bietet sich die Frage nach den Möglichkeiten zur Partizipation der Bevölkerung bei ÖPNV-Reformen an. Dabei ist insbesondere interessant, wie Partizipation in unterschiedlichen kulturellen und politischen Kontexten ermöglicht wird. Dafür wäre ein Vergleich der lateinamerikanischen Projekte mit Projekten, die in anderen Kulturkreisen umgesetzt wurden spannend, um Mechanismen von Partizipation besser zu verstehen.
– Zweitens könnten die Verhandlungsprozesse mit den privatwirtschaftlichen Busunternehmen genauer in den Blick genommen werden, da die Integration der traditionellen Busunternehmen ein immer wiederkehrendes Problem für ÖPNV-Reformen in anderen Städten ist.
– Drittens wäre eine Studie aufschlussreich, die den Umgang mit Unsicherheiten bei der Planung und nichtintendierten Effekten untersucht. Die Erfahrungen aus Santiago und Bogotá haben gezeigt, dass in beiden Städten die Akteure mit großen Unsicherheiten und nichtintendierten Effekten umgehen mussten, die sie jedoch mit sehr unterschiedlichen Strategien angingen. Insofern wäre es für ähnliche Projekte in anderen Städten aber auch für die weitere Entwicklung in Santiago und Bogotá sehr hilfreich, diese Strategien genauer zu beleuchten.
– Viertens kann danach gefragt werden, ob sich die anhand von Transantiago und Transmilenio gefundenen Reskalierungsprozesse in einen allgemeinen Trend zur Veränderung von Planung in lateinamerikanischen Megastädten einordnen lassen. Oder lassen sich diese Veränderungen evtl. sogar in ein neues Planungsparadigma einordnen? Zur Beantwortung dieser Frage wäre jedoch eine umfassendere Untersuchung mit einem Vergleich von unterschiedlichen Planungen in mehreren Städten in Lateinamerika notwendig.
– Ein letzter Fragenblock widmet sich Fragen zu den Auswirkungen von ÖPNV-Reformen. So ist bisher fraglich, welche Auswirkungen die ÖPNV-Reformen langfristig auf den motorisierten Individualverkehr haben und ob sie wirklich eine Steigerung der Motorisierungsrate verhindern oder zumindest abmildern können. Außerdem ist bisher zum großen Teil unklar, wie sich die ÖPNV-Reformen auf die Landnutzung und damit auch auf die Bodenpreise und letztlich auch auf sozialräumliche Prozesse auswirken.

Die Arbeit hat gezeigt, dass der Governanceansatz für die Erforschung von verkehrspolitischen Maßnahmen, wie sie in Santiago und Bogotá umgesetzt wurden, grundsätzlich hilfreich ist, um die politischen Entscheidungs- und Planungsprozesse, die zur Umsetzung von verkehrspolitischen Maßnahmen führen, zu untersuchen. Gleichzeitig unterstützt er die bisher nur wenig fundierte wissenschaftliche Verkehrspolitik. Dementsprechend bietet der Governanceansatz viele Anhaltspunkte für die Analyse von verkehrspolitischen Entscheidungs- und Planungsprozessen. Insofern ist es wichtig, die wissenschaftliche Verkehrspolitik in einen weiten Governancekontext einzubinden, um die aktuellen verkehrspolitischen Entwicklungen zu verstehen und somit für eine nachhaltige Verkehrspolitik zukünftige Entwicklungen besser abschätzen zu können.

LITERATUR

ARD Tagesthemen (04.04.2007): Nahverkehrs-Kollaps in Santiago de Chile
Agrawal, Arun (1999): The Politics of Decentralization – A Critical Review, in: *WeltTrends* (25), 53–74
Agrawal, Arun / Ribot, Jesse (2002): Analyzing Decentralization: A Frame Work with South Asian and East African Environmental Cases, Working Paper Series, Washington D.C.: World Resources Institute
Alcadía Mayor de Bogotá (2006): Plan maestro de movilidad, Kapitel 8, abrufbar unter: http://www.movilidadbogota.gov.co/hiwebx_archivos/ideofolio/08-TransportePublico_15_9_24.pdf (Abrufdatum 18.07.2011)
Allard, Pablo (2008): El nuevo paisaje del la movilidad en Santiago, in: Aninat, Magdalena/ Allard, Pablo (Hrsg.), TAG. La nueva cultura de la movilidad, Santiago de Chile: Quebecor World, 38–45
Allard, Pablo / Basso, Leonardo / Coeymans, Juan Enrique / Covarrubias, Ana Luisa / u a. (2008): Diagnóstico, análisis y recomendaciones sobre el desarrollo del transporte público en Santiago. Grupo de expertos nombrados por el Sr. Ministro de transportes y telecomunicaciones, abrufbar unter: www.mtt.cl/prontus_mtt/doc/INFORME%20FINAL.pdf (Abrufdatum 18.07.2011)
Anderson, James (1975): Public Policymaking, New York (7. Aufl. 2011, Wadsworth)
Aninat, Magdalena / Allard, Pablo (2008): TAG: Desglosando las autopistas urbanas, in: Aninat, Magdalena/Allard, Pablo (Hrsg.), TAG. La nueva cultura de la movilidad, Santiago de Chile: Quebecor World, 18–26
Ardila Gómez, Arturo (2006): El transporte público en el Plan Maestro de Movilidad: una mirada crítica, in: Gómez Buendía, Hernando (Hrsg.), El futuro de la movilidad en Bogotá. Reflexiones a propósito del Plan Maestro de Movilidad, Cuadernos del informe de desarrollo humanos para Bogotá. Bogotá: El Malpensante, 93–106
Ardila Gómez, Arturo (2004): Transit Planning in Curitiba and Bogotá. Roles in Interaction, Risk and Change. Dissertation. Massachusetts Institute of Technology, abrufbar unter: http://dspace.mit.edu/bitstream/1721.1/28791/1/60248864.pdf (Abrufdatum 18.07.2011)
Avellaneda, Pau / Lazo, Alejandra (2009): Aproximación social al estudio de la movilidad cotidiana en la periferia pobre de la ciudad. Los casos de Juan Pablo II, en Lima, y de La Pintana, en Santiago de Chile, in: XV Congreso latinoamericano de transporte público y urbano. Buenos Aires, 31.03.–03.04.2009
Bache, Ian / Flinders, Matthew (2004a): Themes and Issues in Multi-level Governance, in: Bache, Ian/ Flinders, Matthew (Hrsg.), Multi-level Governance, Oxford: Oxford University Press, 1–11
Bache, Ian / Flinders, Matthew (2004b): Conclusions and Implications, in: Bache, Ian/ Flinders, Matthew (Hrsg.), Multi-level Governance, Oxford: Oxford University Press, 195–206
Beaverstock, J. V / Smith, R. G / Taylor, P. J (1999): A Roster of World Cities, in: *Cities* Vol. 16(6), 445–458
Bell, Stephen / Hindmoor, Andrew (2009): Rethinking Governance. The Centrality of the State in Modern Society, Cambridge: Cambridge University Press
Benz, Arthur (2005): Governance, in: Akademie für Raumforschung und Landesplanung (Hrsg.), Handwörterbuch der Raumordnung, Hannover: Akademie für Raumforschung und Landesplanung, 404–408

Benz, Arthur (2004): Governance – Modebegriff oder nützliches sozialwissenschaftliches Konzept?, in: Benz, Arthur (Hrsg.), Governance – Regieren in komplexen Regelsystemen. Eine Einführung, Wiesbaden: VS Verlag für Sozialwissenschaften, 11–28

Benz, Arthur (2001): Vom Stadt-Umland-Verband zu ‚regional Governance' in Stadtregionen, in: *Deutsche Zeitschrift für Kommunalwissenschaften* (40), 55–71

Benz, Arthur / Lütz, Susanne / Schimank, Uwe / Simonis, Georg (2007): Einleitung: Handbuch Governance. Theoretische Grundlagen und empirische Anwendungsfelder, in: Benz, Arthur / Lütz, Susanne / Schimank, Uwe / Simonis, Georg (Hrsg.), Handbuch Governance. Theoretische Grundlagen und empirische Anwendungsfelder, Wiesbaden: VS Verlag für Sozialwissenschaften, 9–25

Berney, Rachel (2010): Learning from Bogotá: How Municipal Experts Transformed Public Space, in: *Journal of Urban Design* Vol. 15(4), 539–558

Berney, Rachel (2011): Pedagogical Urbanism: Creating Citizen Space in Bogota, Colombia, in: *Planning Theory* Vol. 10(1), 16–34

Bernt, Matthias / Görg, Christoph (2008): Searching for the Scale – Skalenprobleme als Herausforderung der Stadt- und Umweltplanung, in: Wissen, Markus / Röttger, Bernd / Heeg, Susanne (Hrsg.), Politics of Scale. Räume der Globalisierung und Perspektiven emanzipatorischer Politik, Raumproduktionene: Theorie und gesellschaftliche Praxis. Münster: Westfälisches Dampfboot, 226–250

Beyme, Klaus von (2010): Vergleichende Politikwissenschaft, Wiesbaden: VS Verlag für Sozialwissenschaften

Beyme, Klaus von (2007): Verkehrspolitik als Feld der Staatstätigkeit – Ein Aufriss, in: Schöller, Oliver / Canzler, Weert / Knie, Andreas (Hrsg.), Handbuch Verkehrspolitik, Wiesbaden: VS Verlag für Sozialwissenschaften, 12–137

Bickerstaff, Karen / Walker, Gordon (2005): Shared Visions, Unholy Alliances: Power, Governance and Deliberative Processes in Local Transport Planning, in: *Urban Studies* Vol. 42(12), 2123–2144

Bogner, Alexander / Menz, Wolfgang (2005): Das theoriegenerierende Experteninterview. Erkenntnisinteresse, Wissensformen, Interaktion, in: Bogner, Alexander / Littig, Beate / Menz, Wolfgang (Hrsg.), Das Experteninterview. Theorie, Methode, Anwendung, Wiesbaden: VS Verlag für Sozialwissenschaften, 33–70

Brenner, Neil (1999): Globalisation as Reterritorialisation: The Re-scaling of Urban Governance in the European Union, in: *Urban Studies* Vol. 36(3), 431-451

Brenner, Neil (2009): Restructuring, rescaling and the urban question, in: *Critical Planning* (16), 60–79

Brinckerhoff, Derick / Brinkerhoff, Jennifer / McNulty, Stephanie (2007): Decentralization and Participatory Local Governance: A Decision Space Analysis and Application to Peru, in: Cheema, Shabbir / Rondinelli, Dennis (Hrsg.), Decentralizing Governance. Emerging Concepts and Practices, Washington: Brookings Institution, 189–11

Briones, Ignacio (2009): Transantiago: un problema de información, in: *Estudios Públicos* (116), 37–91

Bronger, Dirk (2004): Metropolen, Megastädte, Global Cities. Die Metropolisierung der Erde, Darmstadt: Wissenschaftliche Buchgesellschaft

Bull, Alberto (2003): Congestión de tránsito. El problema y cómo enfrentarlo, Santiago de Chile: Cepal, abrufbar unter: http://www.eclac.cl/publicaciones/xml/9/13059/CUE-87.pdf (Abrufdatum 18.07.2011)

Burchardt, Hans-Jürgen / Ernst, Tanja / Isidoro Losada, Ana Maria (2007): More Levels than Governance. Transnationale Mehrebenenpolitik am Beispiel lateinamerikanischer Sozialfonds, in: Brunnengräber, Achim / Walk, Heike (Hrsg.), Multi-Level-Governance. Klima-, Umwelt- und Sozialpolitik in einer interdependenten Welt, Schriften zur Governance-Forschung. Baden-Baden: Nomos Verlag, 251–278

CEPAL (2010): Anuario estadístico de América Latina y el Caribe, 2010, abrufbar unter: www.eclac.org/cgi-bin/getProd.asp?xml=/publicaciones/xml/6/42166/P42166.xml&xsl=/deype/tpl/p9 f.xsl&base=/tpl/top-bottom.xsl (Abrufdatum 01.06.2011)

CEPAL (2004): Las tarifas de transporte colectivo en las ciuades de América Latina: Los sistemas, los valores y los problemas, abrufbar unter: http://www.eclac.cl/Transporte/noticias/bolfall/3 /14823/FAL214a.htm (Abrufdatum 18.07.2011)

Campbell, Tim (2003): The Quiet Revolution. Decentralization and the Rise of Political Participation in Latin American Cities, Pittsburgh: University of Pittsburgh Press

Carrión, Fernando (Hrsg.) (2001): La ciudad construida. Urbanismo en América Latina, Quito (Ecuador), abrufbar unter: www.flacso.org.ec/docs/urbanismo.pdf (Abrufdatum 18.07.2011)

Cassen, Bernard (2002): Le piège de la gouvernance, in: *Le Monde Diplomatique, Juni 2002*

Castro, Angelica (2004): The Second Phase of TransMilenio, in: *Public Transport International* (4), 50–51

Cheema, Shabbir / Rondinelli, Dennis (2007): From Government Decentralization to Decentralized Governance, in: Cheema, Shabbir / Rondinelli, Dennis (Hrsg.), Decentralizing Governance. Emerging Concepts and Practices, Washington: Brookings Institution, 1–20

Comité Asesor Transporte Urbano (2000): Política y plan de transporte urbano de Santiago 2000–2010, Santiago de Chile

Commission on Global Governance (1995): Our Global Neighbourhood, Oxford

Compact Oxford English Dictionary (2008): 3. Auflage, Oxford: Oxford University Press

Correa, German (2002): Conferencia „Plan de Transporte Urbano de Santiago 2010", abrufbar unter: www2.ing.puc.cl/~iing/ed437/Revista/PLANDETRANSPORTEURBANODESANTI AGO2010.doc (Abrufdatum 18.07.2011)

Covarrubias, Ana Luisa (2008): Resultados encuesta observatorio del transporte público de Santiago, Libertad y Desarrollo: Serie Informe Económico, Nr. 192, abrufbar unter: http://www.lyd.org/wp-content/files_mf/SIE-192-Resultados%20Encuesta%20observatorio% 20del%20transporte%20publico%20de%20Santiago-ALCovarrubias-Mayo200.pdf (Abrufdatum 18.07.2011)

Crot, Laurence (2010): Transnational Urban Policies: 'Relocating' Spanish and Brazilian Models of Urban Planning in Buenos Aires, in: *Urban Research & Practice* Vol. 3(2), 119–137

Cruz Lorenzen, Carlos (2001): Transporte urbano para un nuevo Santiago, Santiago de Chile: Cumensu

Cámara de Diputados de Chile (2007): Informe de la comisión especial investigadora encargada de analizar los errores en el proceso de diseño e implementación del plan Transantiago, Santiago de Chile, abrufbar unter: http://www.arreglartransantiago.cl/ComInvestigadora/ Informe%20final%20Transantiago/Informe%20final%20C%C3%A1mara%20Diputados.doc (Abrufdatum 18.07.2011)

DANE, Departamento Administrativo Nacional de Estadística (2005): Censo General 2005. Nivel Nacional, Santiago de Chile

DANE-STT (2005): Encuesta de Movilidad 2005, Bogotá

Denters, Bas / Mossberger, Karen (2006): Building Blocks for a Methodology for Comparative Urban Political Research, in: *Urban Affairs Review* Vol. 41(4), 550–571

Devas, Nick (2004): Urban Poverty and Governance in an Era of Globalization, Decentralization and Democratization, in: Devas, Nick (Hrsg.), Urban Governance, Voice and Poverty in the Developing World: Earthscan, London, 15–36

DiGaetano, Alan / Strom, Elizabeth (2003): Comparative Urban Governance: An Integrated Approach, in: *Urban Affairs Review* Vol. 38(3), 356–395

Dolowitz, David / Marsh, David (1996): Who Learns What from Whom: a Review of the Policy Transfer Literature, in: *Political Studies* (44), 343–351

Duarte, Eduardo (2006): Plan Maestro de Movilidad 2006: un resumen, in: Gómez Buendía, Hernando (Hrsg.), El futuro de la movilidad en Bogotá. Reflexiones a propósito del Plan

Maestro de Movilidad, Cuadernos del Informe de Desarrollo Humanos para Bogotá. Bogotá: El Malpensante, 27–44
Ducci, Maria Elena (2005): Las batallas urbanas de principios del tercer milenio, in: Mattos, Carlos de /Ducci, Maria Elena / Rodríguez, Alfredo / Yanez Warner, Gloria (Hrsg.), Santiago en la globalización: ¿Una nueva ciudad?, Santiago de Chile: LOM Ediciones, 2. Aufl., 137–166
Dye, Thomas (1976): Policy analysis. What governments do, why they do it, and what difference it makes, Tuscaloosa: University of Alabama Press
Díaz, Guillermo / Gómez-Lobo, Andrés / Velasco, Andrés (2006): Micros en Santiago: de enemigo público a servicio público, in: Galetovic, Alexander (Hrsg.), Santiago: Dónde estamos y hacia dónde vamos?, Santiago de Chile: Centro de estudios públicos, 425–460
Díaz, Guillermo / Gómez-Lobo, Andrés / Velasco, Andrés (2002): Micros en Santiago: hacia la licitación del 2003, abrufbar unter: http://www.cid.harvard.edu/archive/events/chile/diaz _gomez-lobo_velasco.pdf (Abrufdatum 18.07.2011)
Eckhardt, Ute (1998): Dezentralisierung in Kolumbien. Eine Analyse der Reorganisation von Aufgaben, Finanzbeziehungen und Kontrollmechanismen zwischen Gebietskörperschaften, Marburg: Tectum Verlag
El Mercurio (01.04.2007): No se fije en gastos, compadre
El Mercurio (01.12.2010): Gobierno inicia campaña para recolectar un millón de sugerencias para el Transantiago
El Mercurio (10.11.2010): Vandalismo ataca paraderos del Transantiago
El Mercurio (13.02.2007): Anoche pasajeros se tomaron buses
El Mercurio (19.06.2004): Lagos limita a Bustamante en Transantiago
El Mercurio (22.08.2006): En resumen
El Mercurio (23.04.2009): Transantiago: déficit suma US$ 1.069 millones
El Mercurio (23.06.2011): Desechado corredor de buses por Gran Avenida
El Mercurio (27.08.2003): De la plaga amarilla al verde esperanza
Fernandez & De Cea (2007): Análisis de escenarios de diseño para Transantiago: Orden de trabajo N°6, Informe final. Escenario BALI-07, abrufbar unter: http://www.transantiago.cl/descargas/ OT6Feb2007.rar (Abrufdatum 18.07.2011)
Fernández & De Cea (2003a): Análisis modernización transporte público, VI ETAPA, SECTRA, abrufbar unter: http://www.transantiago.cl/descargas/Analisis_Modernizacion_de_Transporte _Publico_VI_Etapa.zip (Abrufdatum 18.07.2011)
Fernández & De Cea (2003b): Diagnóstico y evaluación general del funcionamiento del sistema de transporte público de superficie de Santiago. Análisis modernización transporte público, V Etapa, SECTRA, abrufbar unter: http://www.sectra.gob.cl/contenido/biblioteca/documentos/ Inf_fin_ModernTP_Vetapa.zip (Abrufdatum 18.07.2011)
Figueroa, Oscar (1996): A Hundred Million Journeys a Day: The Management of Transport in Latin Americas Mega-Cities, in: Gilbert, Alan (Hrsg.): The Mega-City in Latin America, New York: United Nations University Press, 111–132
Figueroa, Oscar (1990): La desregulación del transporte colectivo en Santiago: balance de diez años, in: *Revista Eure* Vol. 16(49), 23–32
Figueroa, Oscar (2005): Transporte urbano y globalización. Políticas y efectos en América Latina, in: *Revista Eure* Vol. 31(94), 41–53
Figueroa, Oscar/Orellana, Arturo (2007): Transantiago: gobernabilidad e institucionalidad, in: *Revista Eure* Vol. 33(100), 165–171
Finot, Iván (2002): Decentralization and participation in Latin America: an economic perspective, in: *Cepal Review* (78), 133–143
Flick, Uwe (2007): Qualitative Sozialforschung. Eine Einführung, Reinbek: Rowohlt Verlag
Flick, Uwe / Kardorff, Ernst von / Steinke, Ines (2003): Qualitative Forschung. Ein Handbuch 2. Aufl., Reinbek: Rowohlt Verlag

Flitner, Michael / Görg, Christoph (2008): Politik im Globalen Wandel – räumliche Maßstäbe und Knoten der Macht, in: Brunnengräber, Achim / Burchardt, Hans-Jürgen / Görg, Christoph (Hrsg.), Mit mehr Ebenen zu mehr Gestaltung? Multi-Level-Governance in der transnationalen Sozial- und Umweltpolitik, Schiften zur Governance-Forschung. Baden-Baden: Nomos Verlag, 163–181

Flyvbjerg, Bent (2004): Five Misunderstandings about Case-Study Research, in: Seale, Clive / Gobo, Giampietro / Gubrium, Jaber F. / Silverman, David (Hrsg.), Qualitative Research Practice, London: Sage Publications, 420–434

Fürst, Dietrich (2003): Was versteht man unter „Regional Governance"?, in: Katenhusen, Ines / Lamping, Wolfram (Hrsg.), Demokratien in Europa. Der Einfluss der europäischen Integration auf Institutionenwandel und neue Konturen des demokratischen Verfassungsstaates, Opladen: Leske+Budrich Verlag, 251–267

Galetovic, Alexander / Jordán, Pablo (2006): Santiago: ¿Dónde estamos y hacia dónde vamos?, in: Galetovic, Alexander (Hrsg.), Santiago: ¿Dónde estamos y hacia dónde vamos?, Santiago de Chile: Centro de estudios públicos, 25–69

Garay, Luis Jorge (2004): Colombia: estructura industrial e internacionalización 1967–1996, Bibliothek Luis Ángel Arango del Banco de la República, abrufbar unter: www.banrep cultural.org/blaavirtual/economia/industrilatina/041.htm (Abrufdatum 18.07.2011)

Garcés, María Teresa (2008): Desarrollo de la participación ciudadana y el control social, in: Gilbert, Alan / Garcés, María Teresa (Hrsg.), Bogotá: progreso, gobernabilidad y pobreza, Bogotá: Universidad del Rosario, 195–243

Gellner, Winand / Hammer, Eva-Maria (2010): Policyforschung, München: Oldenbourg Verlag

Gilbert, Alan (2008): Bus Rapid Transit: Is Transmilenio a Miracle Cure?, in: *Transport Reviews* Vol. 28(4), 439–467

Gilbert, Alan (2006): Good Urban Governance: Evidence from a Model City?, in: *Bulletin of Latin American Research* Vol. 25(3), 392–419

Gilbert, Alan (Hrsg.) (1996): The Mega-City in Latin America, New York: United Nations University Press

Gilbert, Alan / Dávila, Julio (2002): Bogotá: Progress Within a Hostile Environment, in: Myers, David J/ Dietz, Henry A (Hrsg.), Capital City Politics in Latin America: Democratization and Empowerment, London: Lynne Rienner, 29–63

Gläser, Jochen / Laudel, Grit (2009): Experteninterviews und qualitative Inhaltsanalyse als Instrumente rekonstruierender Untersuchungen, 3. Aufl., Wiesbaden: VS Verlag für Sozialwissenschaften

Gobierno de Chile (2003a): Bases de licitación para la presentación de propuestas para las unidades de negocio alimentadoras, Licitación Transantiago, Volumen 2, abrufbar unter: http://www.transantiago.cl/descargas/Bases%20Alimentadoras%20Final%20091204.pdf (Abrufdatum am 18.07.2011)

Gobierno de Chile (2003b): Bases de licitación para la presentación de propuestas para las unidades de negocio troncales, Licitación Transantiago, Volumen 1, abrufbar unter: http://www.transantiago.cl/descargas/Bases%20Troncales%20Final%20091204.pdf (Abrufdatum 18.07.2011)

Gobierno de Chile (o. J.): Transantiago, súbete. Plan de Transporte Urbano de Santiago, Chile,

Goueset, Vincent (1997): Die Entwicklung der kolumbianischen Städte, in: Altmann, Werner / Fischer, Thomas / Zimmermann, Klaus (Hrsg.), Kolumbien heute. Politik, Wirtschaft, Kultur, Frankfurt am Main: Vervuert Verlag, 37–58

Grandjot, Hans-Helmut (2002): Verkehrspolitik. Grundlagen, Funktionen und Perspektiven für Wissenschaft und Praxis, Hamburg: Deutscher Verkehrs-Verlag

Gschwender, Antonio (2007): A Comparative Analysis of the Public Transport Systems of Santiago de Chile, London, Berlin and Madrid: What can Santiago learn from the European Experiences? Dissertation, Bergische Universität Wuppertal

Gwilliam, Ken (2002): Cities on the move. A World Bank Urban Transport Strategy Review, Washington: The World Bank

Gómez, Jairo (2004): TransMilenio. La joya de Bogotá, Bogotá: Transmilenio S.A.

Gómez-Lobo, Andrés (2007): Transantiago: una reforma en panne, Santiago de Chile: Departamento de Economía, Universidad de Chile

Gómez-Lobo, Andrés / Hinojosa, Sergio (1999): Broad Roads in a Thin Country. Infrastructure Concessions in Chile.World Bank Policy Research Working Paper, Nr. 2279, abrufbar unter: http://www-wds.worldbank.org/external/default/WDSContentServer/IW3P/IB/2000/02/28/00 0094946_00021105302972/Rendered/PDF/multi_page.pdf (Abrufdatum 18.07.2011)

Görg, Christoph (2005): Von environmental governance zu landscape governance. Multi-level-governance und „politics of scale", UFZ-Diskussionspapiere 18/2005, Helmholtz-Zentrum für Umweltforschung-UFZ, Leipzig

Haldenwang, Christian von (2002): Entwicklung und Dezentralisierung. Die Dezentralisierungspolitik in der Regierung Lagos, Bonn: Deutsches Institut für Entwicklungspolitik, abrufbar unter: www.cibera.de/fulltext/2/2871/Dezentralisierungspolitik.pdf (Abrufdatum 18.07.2011)

Hall, Peter / Taylor, Rosemary (1996): Political Science and the Three New Institutionalisms, Köln: May-Planck-Institut für Gesellschaftsforschung (MPIfG Discussion Paper 96/6)

Hansjürgens, Bernd / Heinrichs, Dirk (2007): Mega-Urbanisierung: Chancen und Risiken für Nachhaltige Entwicklung in Megastädten, in: Bundeszentrale für Politische Bildung (Hrsg.), Online Dossier Megastädte, abrufbar unter: http://www.bpb.de/themen/OTB0ZA,0,MegaUrbanisierung%3A_Chancen_und_Risiken.html (Abrufdatum 18.07.2011)

Harvey, David (1989): From Managerialism to Entrepreneurialism: The Transformation in Urban Governance in Late Capitalism, in: *Geografiska Annaler (B)* Vol. 71(1), 3–17

Haupt, Heinz-Gerhard / Kocka, Jürgen (1996): Historischer Vergleich: Methoden, Aufgaben, Probleme. Eine Einleitung, in: Haupt, Heinz-Gerhard / Kocka, Jürgen (Hrsg.), Geschichte und Vergleich. Ansätze und Ergebnisse international vergleichender Geschichtsschreibung, Frankfurt am Main: Campus Verlag, 9–45

Healey, Patsy (1997): Collaborative Planning. Shaping Places in Fragmented Societies, London: Macmillan Press Ltd

Healey, Patsy (2006): Transforming Governance: Challenges of Institutional Adaptation and a New Politics of Space, in: *European Planning Studies* Vol. 14(3), 299–320

Heinrichs, Dirk (2005): How Decentralization and Governance Shape Local Planning Pratice. Rhetoric, Reality and the Lessons from the Philippines, Dissertation, Universität Dortmund

Heinrichs, Dirk / Kuhlicke, Christian / Meyer, Volker / Hansjürgens, Bernd (2009): Mehr als nur Bevölkerung: Größe, Geschwindigkeit und Komplexität als Herausforderung für die Steuerung, in: Altrock, Uwe / Kunze, Ronald / Pahl-Weber, Elke / Petz, Ursula von (Hrsg.), Jahrbuch Stadterneuerung 2009. Schwerpunkt „Megacities und Stadterneuerung", Berlin: Universitätsverlag der Technischen Universität Berlin

Heinz, Wolfgang (1997): Die kolumbianische Verfassung, in: Altmann, Werner / Fischer, Thomas / Zimmermann, Klaus (Hrsg.), Kolumbien heute. Politik, Wirtschaft, Kultur, Frankfurt am Main: Vervuert Verlag, 137–148

Helfferich, Cornelia (2004): Die Qualität qualitativer Daten. Manual für die Durchführung qualitativer Interviews. Lehrbuch, Wiesbaden: VS Verlag für Sozialwissenschaften

Hull, Angela (2005): Integrated Transport Planning in the UK: From Concept to Reality, in: *Journal of Transport Geography* Vol. 13(4), 318–328

Hurtado, Carlos (2008): Perspectivas y proyecciones de las autopistas urbanas en Santiago, in: Aninat, Magdalena/ Allard, Pablo (Hrsg.), TAG. La nueva cultura de la movilidad, Santiago de Chile: Quebecor World, 8–16

Hölzl, Corinna / Nuissl, Henning / Höhnke, Carolin / Lukas, Michael / Rodriguez Seeger, Claudia (2012): Dealing with Risks: A Governance Perspective on Santiago de Chile, in: Heinrichs, Dirk / Krellenberg, Kerstin / Hansjürgens, Bernd / Martínez, Francisco (Hrsg.), Risk Habitat Megacity, Berlin: Springer Verlag, 327–351

INE (2005): Chile: Ciudades, pueblos, aldeas y caseríos, Santiago de Chile
Ipsos (2010): Encuesta de percepción: Bogotá como vamos 2010, abrufbar unter: www.bogota comovamos.org/scripts/encuestap.php (Abrufdatum 18.07.2011)
JICA, Japan International Cooperation Agency (1996): Estudio del Plan Maestro del Transporte Urbano de Santa Fé de Bogotá en la República de Colombia. Informe final (Sumario), Bogotá
Jann, Werner / Wegrich, Kai (2009): Phasenmodell und Politikprozesse: Der Policy Cycle, in: Schubert, Klaus / Bandelow, Nils (Hrsg.), Lehrbuch der Politikfeldanalyse 2.0, München: Oldenbourg Verlag, 75–113
Jessop, Bob (2002): Governance and Meta-governance in the Face of Complexity. On the Roles of Requisite Variety, Reflexive Observation, and Romantic Irony in Participatory Governance, in: Heinelt, Hubert / Getimis, Panagiotis / Kafkalas, Grigoris / Swyngedouw, Erik (Hrsg.), Participatory Governance in Multi-Level Context. Concepts and Experience, Opladen: Leske+Budrich Verlag, 33–58
Jirón, Paola (2008): Mobility on the Move: Examining Urban Daily Mobility Practices in Santiago de Chile. Dissertation, London School of Economics and Political Science.
Jonas, Andrew / Ward, Kevin (2001): City-Regionalisms: Some Critical Reflections on Transatlantic Urban Policy Convergence, abrufbar unter: www.egrg.org.uk/pdfs/jonaswar.pdf (Abrufdatum 18.07.2011)
Jones, Charles (1970): An Introduction to the Study of Public Policy, Belmont, California: Wadsworth
Jouffe, Ives / Lazo, Alejandra (2010): Las prácticas cotidianas frente a los dispositivos de la movilidad. Aproximación política a la movilidad cotidiana de las poblaciones pobres periurbanas de Santiago de Chile, in: *Revista Eure* Vol. 36(108), 29–47
Kantor, Paul / Savitch, H. V (2005): How to Study Comparative Urban Development Politics: A Research Note, in: *International Journal of Urban and Regional Research* Vol. 29(1), 135–151
Keim, Karl-Dieter (2003): Das Fenster zum Raum. Traktat über die Erforschung sozialräumlicher Transformation, Opladen: Leske+Budrich Verlag
Kleinfeld, Ralf / Plamper, Harald / Huber, Andreas (Hrsg.) (2006): Regional Governance. Steuerung, Koordination und Kommunikation in regionalen Netzwerken als neue Formen des Regierens, Osnabrück: Vandenhoeck & Ruprecht Unipress Verlag
Kooiman, Jan (2005): Governing as Governance, in: Schuppert, Gunnar Folke (Hrsg.), Governance-Forschung. Vergewisserung über Stand und Entwicklungslinien, Schriften zur Governance-Forschung. Baden-Baden: Nomos Verlag, 149–172
Kooiman, Jan (2003): Governing as Governance, London: Sage Publications
Kooiman, Jan (1993): Modern Governance: New Government-Society Interactions, London: Sage
Kooiman, Jan (2000): Societal Governance: Level, Modes, and Orders of Social-Political Interaction, in: Pierre, Jon (Hrsg.), Debating Governance. Authority, Steering and Democracy, Oxford, 138–164
Kopfmüller, Jürgen / Barton, Jonathan R.. / Salas, Alejandra (2012): How Sustainable is Santiago?, in: Heinrichs, Dirk / Krellenberg, Kerstin / Hansjürgens, Bernd / Martínez, Francisco (Hrsg.), Risk Habitat Megacity, Berlin: Springer Verlag, 305–326
Kutter, Eckhard (2001): Räumliches Verhalten – Verkehrsverhalten: Sachstand und Defizite der Verkehrsforschung – Weiterentwicklung einer Verkehrsentstehungstheorie, in: Kutter, Eckhard / Timmermanns, Harry / Jones, Peter (Hrsg.), Arbeitspapier Mobilitätsforschung – Expertise für das Projekt Mobiplan, Teil 2, Technische Hochschule Aachen, 5–25
König, Hans-Joachim (1997): Staat und staatliche Entwicklung in Kolumbien, in: Altmann, Werner / Fischer, Thomas / Zimmermann, Klaus (Hrsg.), Kolumbien heute. Politik, Wirtschaft, Kultur, Frankfurt am Main: Vervuert Verlag, 111–136
Kübler, Daniel / Heinelt, Hubert (2005): Metropolitan Governance, Democracy and the Dynamics of Place, in: Heinelt, Hubert / Kübler, Daniel (Hrsg.), Metropolitan Governance: Capacity, Democracy and the Dynamics of Place, New York: Routledge, 8–28

Lagos, Ricardo (2000a): Mensaje Presidencial, 21 de mayo 2000

Lagos, Ricardo (2000b): Programa de Gobierno: Para Crecer con Igualdad

Lamnek, Siegried (1995): Qualitative Sozialforschung. Band 2: Methoden und Technik 3. Aufl., Weinheim: Psychologie Verlags Union

Lasswell, Harold (1956): The Decision Process: Seven Categories of Punctiuonal Analysis, University of Maryland, College Park, Md.

Lefevre, Benoit (2008): Visión a largo plazo e interacciones „transporte-urbanismo", los excluidos en el éxito del SBR TransMilenio de Bogotá, in: *Ciudad y Territorio: Estudios Territoriales* Vol. 40(156), 321–343

Levinson, Herbert / Zimmermann, Samuel / Clinger, Jennifer / Gast, James u. a. (Hrsg.) (2003): Bus Rapid Transit. Volume 2: Implementation Guidelines, TCRP-Report 90, Washington

Litvack, Jennie / Ahmad, Junaid / Bird, Richard (1998): Rethinking Decentralization in Developing Countries, Washington: The World Bank

Lleras, Germán Camilo (2006): El vehículo privado en el Plan Maestro de Movilidad, in: Gómez Buendía, Hernando (Hrsg.), El futuro de la movilidad en Bogotá. Reflexiones a propósito del Plan Maestro de Movilidad, Cuadernos del Informe de Desarrollo Humanos para Bogotá. Bogotá: El Malpensante, 107–114

Logan, John R. / Molotch, Harvey L. (1996): The City as a Growth Machine, in: Fainstein, Susan/ Campbell, Scott (Hrsg.), Readings in Urban Theory, Oxford, Massachusetts: Blackwell Publishers, 291–337

Lulle, Thierry / Dureau, Francoise / Goueset, Vincent / Mesclier, Évelyn (2007): Bogotá: crecimiento, gestión urbana y democracia local, in: Dureau, Francoise / Barbary, Olivier / Gouset, Vincent / Pissoat, Olivier u. a. (Hrsg.), Ciudades y sociedades en mutación. Lecturas cruzadad sobre Colombia, Bogotá: Universidad Externado de Colombia, 351–395

Lyons, Glenn (2004): Transport and society, in: *Transport Reviews* Vol. 24(4), 485–509

Löw, Martina (2008): Soziologie der Städte, Frankfurt am Main: Suhrkamp Verlag

Mahoney, James (2000): Path Dependence in Historical Sociology, in: *Theory and Society* Vol. 29(4), 507–548

Maillet, Antoine (2008): La gestación del Transantiago en el discurso público: hacia un análisis de políticas públicas desde la perspectiva cognitivista, in: Chile ¿De país modelado a país modelo? Una mirada sobre la política, lo social y la economía, Santiago de Chile: LOM, 325–345, abrufbar unter http://nuevomundo.revues.org/index10932.html (Abrufdatum 18.07.2011)

Mardones, Rodrigo (2008a): Chile: Transantiago recargado, in: *Revista de Ciencia Política* Vol. 28(1), 103–119

Mardones, Rodrigo (2008b): Descentralización: una definición y una evaluación de la agenda legislativa chilena (1990–2008), in: *Revista Eure* Vol. 34(102), 36–60

Marks, Gary / Hooghe, Liesbet (2004): Contrasting Visions of Multi-level Governance, in: Bache, Ian / Flinders, Matthew (Hrsg.), Multi-level Governance, Oxford: Oxford University Press, 15–30

Marsden, Greg / May, Anthony D. (2006): Do Institutional Arrangements Make a Difference to Transport Policy and Implementation? Lessons for Britain, in: *Environment and Planning C: Government and Policy* Vol. 24(5), 771–789

Marsden, Greg / Rye, Tom (2010): The Governance of Transport and Climate Change, in: *Journal of Transport Geography* Vol. 18(6), 669–678

Martínez, Francisco (2002): Towards a Microeconomic Framework for Travel Behaviour and Land Use Interactions, in: Mahmassani, Hani S. (Hrsg.), Perpetual Motion Travel Behaviour Research Opportunities and Application Changes, Amsterdam: Pergamon, 261–276

Mattos, Carlos de (2004): De la planificación a la governance: implicancias para la gestion territorial y urbana, in: *Revista Paranaense de Desenvolvimento* (107), 9–23

Mattos, Carlos de / Ducci, Maria Elena / Rodríguez, Alfredo / Yanez Warner, Gloria (2005): Santiago en la globalización: ¿Una nueva ciudad? 2. Aufl., LOM Ediciones: Santiago de Chile

Mayntz, Renate (1980): Die Implementation politischer Programme, Theoretische Überlegungen zu einem neuen Forschungsgebiet, in: Mayntz, Renate (Hrsg.), Implementation politischer Programme – Empirische Forschungsberichte, Köngistein: Athenäum Verlag, 236–248

Mayntz, Renate (2004): Governance Theory als fortentwickelte Steuerungstheorie?, abrufbar unter: http://www.mpi-fg-koeln.mpg.de/pu/workpap/wp04-1/wp04-1.html (Abrufdatum 18.07.2011)

Mayntz, Renate / Scharpf, Fritz (1995): Steuerung und Selbstorganisation in staatsnahen Sektoren, in: Mayntz, Renate / Scharpf, Fritz (Hrsg.), Gesellschaftliche Selbstregelung und politische Steuerung, Frankfurt/Main: Campus Verlag, 9–38

Mayring, Philipp (2003): Qualitative Inhaltsanalyse, in: Flick, Uwe / Kardorff, Ernst von / Steinke, Ines (Hrsg.), Qualitative Forschung. Ein Handbuch, Reinbek: Beltz Verlag, 468–475

McCarney, Patricia / Halfani, Mohamed / Rodriguez, Alfredo (1995): Towards an Understanding of Governance, in: Stren, Richard / Kjellberg, Judith (Hrsg.), Perspectives on the City, Urban Research in the Developing World. Toronto: University of Toronto, 91–141

Meakin, Richard (2004): Urban Transport Institutions, in: Deutsche Gesellschaft für Technische Zusammenarbeit (GTZ) (Hrsg.), Sustainable Transport: A Sourcebook for Policy-Makers in Developing Countries, Eschborn: TZ Verlagsgesellschaft

Metzger, Ulrich (2001): Dezentralisierung in Entwicklungsländern. Finanzielle Dezentralisierung und Sustainable Human Development. Dissertation, Universität Augsburg.

Meuser, Michael / Nagel, Ulrike (2005): ExpertInneninterviews – vielfach erprobt, wenig bedacht. Ein Beitrag zur qualitativen Methodendiskussion, in: Bogner, Alexander / Littig, Beate / Menz, Wolfgang (Hrsg.), Das Experteninterview. Theorie, Methode, Anwendung, Wiesbaden: VS Verlag für Sozialwissenschaften, 71–93

Moavenzadeh, Fred / Markow, Michael (2007): Moving Millions. Transport Strategies for Sustainable Development in Megacities, Dordrecht, Netherlands: Springer Verlag

Molotch, Harvey (1976): The City as a Growth Machine: Toward a Political Economy of Place, in: *The American Journal of Sociology* Vol. 82(2), 309–330

Montezuma, Ricardo (1996): El transporte urbano de pasajeros de Santafé de Bogotá, una compleja estructura donde la responsabilidad final es asumida por los propietarios y por los conductores, in: Montezuma, Ricardo (Hrsg.), El transporte urbano: un desafío para el próximo milenio. Seminario sistema de transporte para los grandes ciudades, Universidad Javeriana, Bogotá, 145–197

Montezuma, Ricardo (2003): Transformación urbana y movilidad: bases para el estudio en América Latina, 2. Aufl., Quito: Programa de Gestión Urbana-UN-HABITAT

Montezuma, Ricardo (Hrsg.) (2000): Presente y futuro de la movilidad urbana en Bogotá: Retos y realidades, Universidad Javeriana, Bogotá

Motte, Alain (1997): The Institutional Relation of Plan-Making, in: Healey, P. / Khakee, A. / Motte, A./ Needham, B. (Hrsg.), Making Strategic Spatial Plans. Innovation in Europe, London: University College London Press, 231–254

Muñoz, Juan Carlos / Gschwender, Antonio (2008): Transantiago: A Tale of Two Cities, in: *Research in Transportation Economics* Vol. 22(1), 45–53

Muñoz, Juan Carlos / Ortúzar, Juan de Dios / Gschwender, Antonio (2009): Transantiago: The Fall and Rise of a Radical Public Transport Intervention, in: Saleh, Wafaa / Sammer, Gerd (Hrsg.), Travel Demand Management and Road User Pricing: Success, Failure and Feasibility, Surrey: Ashgate Publishing Limited, UK, 151–172

La Nación (11.07.2010): El otro fraude del Transantiago

La Nación (15.05.2005): Gobierno espera que choferes depongan paro contra el Transantiago

La Nación (30.03.2007): Transantiago: de revolución a pesadilla

New York Times (09.07.2009): Buses May Aid Climate Battle in Poor Cities

New York Times (20.07.2009): Bogotá's Buses Offer a Green Lesson, in: *Extrabeilage zu Der Standard*

Nohlen, Dieter / Nuscheler, Franz (1992): Handbuch der Dritten Welt, Band 2: Südamerika, 3. Aufl., Bonn: Dietz Verlag

Nuissl, Henning / Heinrichs, Dirk (2011): Fresh Wind or Hot Air – Does the Governance Discourse Have Something to Offer to Spatial Planning?, in: *Journal of Planning Education and Research*, online first January 6, 2011

Nuissl, Henning / Heinrichs, Dirk (2006): Zwischen Paradigma und heißer Luft: Der Begriff der Governance als Anregung für die räumliche Planung, in: Altrock, Uwe (Hrsg.), Schwacher Staat – sparsame Stadt, Planungsrundschau Nr. 13, 51–72

Nuissl, Henning / Hilsberg, Johanna (2009): „Good Governance" auf lokaler Ebene – Ansätze zur Konzeptualisierung und Operationalisierung, UFZ-Diskussionspapiere 7/2009, Helmholtz-Zentrum für Umweltforschung-UFZ, Leipzig

Nuissl, Henning / Höhnke, Carolin / Lukas, Michael / Durán, Gustavo / Rodriguez Seeger, Claudia (2012): Megacity Governance: Concepts and Challenges, in: Heinrichs, Dirk / Krellenberg, Kerstin / Hansjürgens, Bernd / Martínez, Francisco (Hrsg.), Risk Habitat Megacity, Berlin: Springer Verlag, 87–108

Nuscheler, Franz (2009): Good Governance. Ein universelles Leitbild von Staatlichkeit und Entwicklung?, Duisburg: Institut für Entwicklung und Frieden, Universität Duisburg-Essen (INEFReport 96/2009), abrufbar unter: http://inef.uni-due.de/page/documents/Report96.pdf (Abrufdatum 18.07.2011)

OECD, International Energy Agency (2009): Chile Energy Policy Review 2009, Paris: OECD

Ortúzar, Juan de Dios / Willumsen, Luis (2006): Modelling Transport, 3. Aufl., Chichester: Wiley

Paredes, Ricardo (1992): Regulación del transporte colectivo en el Gran Santiago, in: *Estudios Públicos* Vol. 46, 249–265

Parias, Adriana (2002): Transporte y movilidad en Bogotá, in: Parias, Adriana / Luna del Barco, Antonio (Hrsg.), Transporte y processos urbanos en el siglo XX. Bogotá y la Bahía de Cadíz vistos con el mismo prisma, Cuadernos del CIDS. Universidad Externado, Bogotá, 15–67

Pasotti, Eleonora (2010): Political Branding in Cities. The Decline of Machine Politics in Bogota, Naples, and Chicago, Cambridge: Cambridge University Press

Peters, B. Guy (1999): Institutional theory in political science: the 'new institutionalism', London: Continuum International Publishing Group – Pinter

Peters, B. Guy / Van Nispen, F.K.M. (1998): The Study of Policy Instruments, Cheltenham: Edward Elgar

Peñalosa, Enrique (o.J.): La historia de Transmilenio (bisher unveröffentlicht)

Peñalosa, Enrique (2004): Transmilenio, es hoy una empresa ejemplo de la administración pública, in: Gómez, Jairo (Hrsg.), TransMilenio. La joya de Bogotá, Transmilenio S.A.: Bogotá, 80–103

Pflieger, Geraldine (2008): Historia de la universalización del acceso al agua y alcantarillado en Santiago de Chile (1970–1995), in: *Revista Eure* Vol. 34(103), 131–152

Pflieger, Geraldine / Kaufmann, Vincent / Pattaroni, Luca / Jemelin, Christophe (2009): How Does Urban Public Transport Change Cities? Correlations between Past and Present Transport and Urban Planning Policies, in: *Urban Stud* Vol. 46(7), 1421–1437

Pierre, Jon (2005): Comparative Urban Governance: Uncovering Complex Causalities, in: *Urban Affairs Review* Vol. 40(4), 446–462

Pierre, Jon (1999): Models of Urban Governance: The Institutional Dimension of Urban Politics, in: *Urban Affairs Review* Vol. 34(3), 372–396

Pierre, Jon / Peters, B. Guy (2000): Governance, Politics and the State, London: Macmillan Press

Pizano, Lariza (2003): Bogotá y el cambio. Percepciones sobre la ciudad y la ciudadanía, Bogotá: Universidad Nacional

Priemus, Hugo / Flyvbjerg, Bent / van Wee, Bert (2008): Decision-making on Mega Projects. Cost-benefit Analysis, Planning and Innovation, Cheltenham: Edward Elgar Publishing

Prittwitz, Volker von (2007): Vergleichende Politikanalyse, Stuttgart: Lucius & Lucius Verlagsgesellschaft

Pütz, Marco (2004): Regional Governance. Theoretisch-konzeptionelle Grundlagen und eine Analyse nachhaltiger Siedlungsentwicklung in der Metropolregion München. Dissertation, Ludwig-Maximilians-Universität, München: Oekom Verlag

Quijada, Rodrigo (2002): Conociendo el PTUS, in: *Temas Urbanos (Ciudad Viva)* (7), 1–24

Quijada, Rodrigo / Tirachini, Alejandro / Henríquez, Rodrigo / Hurtubia, Ricardo (2007): Investigación al Transantiago: Sistematización de declaraciones hechas ante la comisión investigadora, Resumen de contenidos de los principales informes técnicos, Información de documentos públicos adicionales y comentarios críticos, Santiago de Chile: Departamento de Ingeniería de Transporte. Universidad de Chile

Rakodi, Carole (2004): Urban Politics: Exclusion or Empowerment?, in: Devas, Nick (Hrsg.), Urban Governance, Voice and Poverty in the Developing World, London: Earthscan, 68–94

Ramón, Armando de (2007): Santiago de Chile. Historia de una sociedad urbana, Santiago de Chile: Catalonia

Reyes, Sonia (2003): Perspectivas del medio ambiente urbano: GEO Santiago, Santiago de Chile: Programa de las Naciones Unidas para el Medio Ambiente

Rhodes, R.A.W. (1997): Understanding Governance. Policy Networks, Governance, Reflexivity and Accountability, Buckingham: Open University Press

Rodríguez Seeger, Claudia (1995): Raumentwicklung und Dezentralisierung in Chile (1964–1994), Dissertation, Christian-Albrechts-Universität zu Kiel.

Rodríguez, Alfredo / Rodríguez, Paula (2009): Santiago, a Neoliberal City, letztmalig abrufbar am 20.07.2010 unter: http://www.socialpolis.eu/index.php?option=com_docman&Itemid=199&task=doc_download&gid=272

Rodríguez, Alfredo / Winchester, Lucy (1999): Ciudades y gobernabilidad en América Latina, 2. Aufl., Santiago de Chile: Ediciones SUR

Rondinelli, Dennis (1999): What Is Decentralization?, in: Litvack, Jennie / Seddon, Jessica (Hrsg.), Decentralization Briefing Notes, Washington: World Bank Institute, 2–6

Rondinelli, Dennis / Nellis, John / Cheema, Shabbir (1983): Decentralization in Developing Countries – a review of recent experience, Washington D.C.: World Bank

Sack, Detlef (2007): Mehrebenenregieren in der europaischen Verkehrspolitik, in: Schöller, Oliver / Canzler, Weert/ Knie, Andreas (Hrsg.), Handbuch Verkehrspolitik, Wiesbaden: VS Verlag für Sozialwissenschaften, 176–199

Sack, Detlef / Burchardt, Hans-Jürgen (2008): Multi-Level-Governance und demokratische Partizipation – eine systematische Annäherung, in: Brunnengräber, Achim / Burchardt, Hans-Jürgen / Görg, Christoph (Hrsg.), Mit mehr Ebenen zu mehr Gestaltung? Multi-Level-Governance in der transnationalen Sozial- und Umweltpolitik, Schiften zur Governance-Forschung. Baden-Baden: Nomos Verlag, 41–59

Sager, Tore / Ravlum, Inger-Anne (2004): Inter-agency Transport Planning: Co-ordination and Governance Structures, in: *Planning Theory & Practice* Vol. 5(2), 171–195

Sanhueza, Ricardo / Castro, Rodrigo (1999): Conduciendo el transporte público: la licitación de recorridos en Santiago, in: *Perspectivas en Política, Economía y Gestión* Vol. 3(1), 217–230, Universidad de Chile, Departamento de Economía

Sassen, Saskia (1991): The Global City: New York, London, Tokyo, Princeton: Princeton University Press

Scharpf, Fritz (1997): Games Real Actors Play. Actor-Centered Institutionalism in Policy Research, Boulder, CO: Westview Press

Schimank, Uwe (2007): Neoinstitutionalismus, in: Benz, Arthur / Lütz, Susanne / Schimank, Uwe / Simonis, Georg (Hrsg.), Handbuch Governance. Theoretische Grundlagen und empirische Anwendungsfelder, Wiesbaden: VS Verlag für Sozialwissenschaften, 161–175

Schubert, Klaus / Bandelow, Nils (Hrsg.) (2009): Lehrbuch der Politikfeldanalyse 2.0, 2. Aufl., München: Oldenbourg Verlag

Schulz [Höhnke], Carolin (2006): Transantiago – Planung und Governance des öffentlichen Nahverkehrs in Santiago de Chile. Diplomarbeit. Technische Universität Berlin (unveröffentlicht).

Schwalb, Lilian / Walk, Heike (2007): Blackbox Governance – Lokales Engagement im Aufwind?, in: Schwalb, Lilian / Walk (Hrsg.), Local Governance – mehr Transparenz und Bürgernähe?, Wiesbaden: VS Verlag für Sozialwissenschaften, 7–22

Schweizer, Stefan / Schweizer, Pia-Johanna (2009): Governance und Steuerung. Von der Planung zum Netzwerk. Beispiel kommunale Verkehrspolitik, Bremen: Europäischer Hochschulverlag

Schöller, Oliver (2007): Verkehrspolitik: Ein problemorientiertes Überblick, in: Schöller, Oliver / Canzler, Weert / Knie, Andreas (Hrsg.), Handbuch Verkehrspolitik, Berlin: VS Verlag, 17–42

SECTRA (2003): Análisis Modernización Transporte Público, V Etapa, abrufbar unter: www.sectra.cl/contenido/biblioteca/documentos/Inf_Fin_ModernTP_VEtapa.zip (Abrufdatum 18.07.2011)

SECTRA (2001): Encuesta Origen Destino de Viajes 2001, Santiago de Chile

SECTRA (2000): Resumen ejecutivo Plan de Transporte Urbano Santiago 2000–2006, Anhang A, abrufbar unter: www.ciudadviva.cl/sitio/images/stories/PDF/tu7.pdf (Abrufdatum 18.07.2011)

SECTRA (o.J.): Transantiago, letztmalig am 25.06.2008 abrufbar unter: http://www.sectra.cl/contenido/planificacion_sistema_transporte/sistema_transpor_urbano/download/Gran_Santiago/transantiago.zip

Selee, Andrew (2004): Exploring the Link between Decentralization and Democratic Governance, in: Tulchin, Joseph / Selee, Andrew (Hrsg.), Decentralization and Democratic Governance in Latin America, Washington: Woodrow Wilson International Center for Scholars, 3–36

Semana (17.09.2001): Bogotá está de moda

Semana (20.03.2005): ¡Que viva el „Transmilleno"!

Senatsverwaltung für Stadtentwicklung Berlin (2011): Mobilität der Stadt – Berliner Verkehr in Zahlen, abrufbar unter: http://www.stadtentwicklung.berlin.de/verkehr/politik_planung/zahlen_fakten/download/Mobilitaet_dt_komplett.pdf (Abrufdatum 18.07.2011)

Siavelis, Peter / Valenzuela, Esteban / Martelli, Giorgio (2002): Santiago: Municipal Decentralization in a Centralized Political System, in: Myers, David / Dietz, Henry (Hrsg.), Capital City Politics in Latin America: Democratization and Empowerment, London: Lynne Rienner, 256–295

Silva Nigrinis, Alicia / Fernández, Federico/ Peronard, Francisco / Jiménez, Tomas (2009): Bogotá. De la construcción al deterioro 1995–2007, Bogotá: Universidad del Rosario

Silva, Enrique (2011): Deliberate Improvisation: Planning Highway Franchises in Santiago, Chile, in: *Planning Theory* Vol. 10(1), 35–52

Silva, Patricio (2008): In the Name of Reason: Technocrats and Politics in Chile, Pennsylvania: Pennsylvania State University Press

Smith, Neil (1993): Homeless/Global: Scaling Places, in: Bird, Jon / Curtis, Barry / Putnam, Tim / Robertson, George u. a. (Hrsg.), Mapping the Futures, Routledge, 87–119

Stake, Robert E. (1995): The Art of Case Study Research, Thousand Oaks, California: Sage

Der Standard (10.09.2010): Autobahn, marsch!

Steinführer, Annett (2004): Wohnstandortentscheidungen und städtische Transformation. Vergleichende Fallstudien in Ostdeutschland und Tschechien, Dissertation, Wiesbaden: VS Verlag für Sozialwissenschaften

Stone, Clarence N (1989): Regime Politics. Governing Atlanta, 1946–1988, Kansas: University Press of Kansas

Swyngedouw, Erik (2004): Globalisation or „Glocalisation"? Networks, Territories and Rescaling, in: *Cambridge Review of International Affairs* Vol. 17(1), 25–48

Swyngedouw, Erik (1997): Neither Global nor Local: „Glocalization" and the Politics of Scale, in: Cox, Kevin R. (Hrsg.), Spaces of Globalization: Reasserting the Power of the Local, New York: Guildford Press, 137–166

The Economist (07.02.2008): The Slow lane. Fallout from a Botched Transport Reform

Thomi, Walter (2001): Hoffnungsträger Dezentralisierung? Zur Geschichte, den Potentialen und Perspektiven eines Instruments, in: Thomi, Walter / Steinrich, Markus / Polte, Winfried (Hrsg.), Dezentralisierung in Entwicklungsländern. Jüngere Ursachen, Ergebnisse und Perspektiven staatlicher Reformpolitik, Baden-Baden: Nomos Verlag, 17–41

Time Magazin (14.12.07): The Mass Transit System from Hell

Tomic, Patricia / Trumper, Ricardo (2005): Powerful Drivers and Meek Passengers: on the Buses in Santiago, in: *Race Class* Vol. 47(1), 49–63

Tomic, Patricia / Trumper, Ricardo / Hidalgo Dattwyler, Rodrigo (2006): Manufacturing Modernity: Cleaning, Dirt, and Neoliberalism in Chile, in: *Antipode* Vol. 38(3), 508–529

Transantiago (2004): Transformaciones urbanas y ciudadanía, abrufbar unter: http://www.transantiago.cl/descargas/transformaciones_urbanas_y_ciudadania.ppt (Abrufdatum 18.07.2011)

Trumper, Ricardo (2005): Automóviles y microbuses. Construyendo neoliberalismo en Santiago de Chile, in: Hidalgo, Rodrigo / Trumper, Ricardo / Borsdorf, Axel (Hrsg.), Transformaciones urbanas y procesos territoriales. Lecturas del nuevo dibujo de la ciudad latinoamericana, Santiago de Chile: GEOlibros, 71–82

UK Transport Research Centre (2010): Multi-level Governance, Transport Policy and Carbon Emissions Management, abrufbar unter: http://www.uktrc.ac.uk/research/researchprogramme/projects/project3 (Abrufdatum 18.07.2011)

UN, Department of Economic and Social Affairs Population Division (2010): World Urbanization Prospects. The 2009 Revision. Highlights, New York

UNEP (2010): Latin America and the Caribbean: Environment and Outlook. GEO LAC 3, Panama City

University of Oxford, Transport Studies Unit (2010): Deliverable 1: Inventory of measures, typology of non-intentional effects and a framework for policy packaging. OPTIC Optimal Policies for Transport in Combination, abrufbar unter: http://optic.toi.no/mmarchive_getfile.php?mmfileid=14934&CPMMFILEID_URL_WYSIWYG_TOKEN=1 (Abrufdatum 18.07.2011)

Valderrama, Andrés (2010): How Do We Co-produce Urban Transport Systems and the City? The Case of Transmilenio and Bogotá, in: Farías, Ignacio / Bender, Thomas (Hrsg.), Urban Assemblages. How Actor-Network Theory Changes Urban Studies, New York: Routledge, 123–138

Valenzuela, Esteban (1999): Alegato histórico regionalista, Santiago de Chile: Ediciones SUR

Vasconcellos, Eduardo (2001): Urban Transport, Environment and Equity. The Case for Developing Countries, London: Earthscan

Viegas, José/ Macário, Rosário (2007): Outcomes of Regulatory Change in Urban Mobility: Adjusting Institutions and Governance, in: Thredbo 10. Hamilton Island, Australia

Ward, Peter (1996): Contemporary Issues in the Government and Administration of Latin American Mega-Cities, in: Gilbert, Alan (Hrsg.), The Mega-City in Latin America, New York: United Nations University Press, 53–72

Weltbank (2010): Sustainable Transport and Air Quality for Santiago (GEF) Project, Implementation Completion and Results Report, no. ICR1317, abrufbar unter: http://www.wds.worldbank.org/external/default/WDSContentServer/WDSP/IB/2010/04/22/000333037_20100422000219/Rendered/PDF/ICR13170P073981C0disclosed041201101.pdf (Abrufdatum 18.07.11)

Whitehead, Mark (2003): 'In the Shadow of Hierarchy': Meta-governance, Policy Reform and Urban Regeneration in the West Midlands, in: *Area* Vol. 35, 6–14

Wissen, Markus (2007): Politics of Scale. Multi-Level-Governance aus der Perspektive kritischer (Raum-) Theorien, in: Brunnengräber, Achim / Walk, Heike (Hrsg.), Multi-Level-Governance. Klima-, Umwelt- und Sozialpolitik in einer interdependenten Welt, Schriften zur Governance-Forschung. Baden-Baden: Nomos Verlag, 229–250

Wissen, Markus (2008): Zur räumlichen Dimensionierung sozialer Prozesse. Die Scale-Debatte in der angloamerikanischen Radical Geography – eine Einleitung, in: Wissen, Markus/ Röttger, Bernd/ Heeg, Susanne (Hrsg.), Politics of Scale. Räume der Globalisierung und Perspektiven emanzipatorischer Politik, Raumproduktionene: Theorie und gesellschaftliche Praxis. Münster: Westfälisches Dampfboot, 8–32

Wittelsbürger, Helmut / Morgenstern, Julia (2006): Der steinige Weg der Dezentralisierung. Warum Chile vorerst zentralistisch bleibt, abrufbar unter: http://www.kas.de/proj/home/pub/52/1/year-2006/dokument_id-8335/index.html (Abrufdatum 18.07.2011)

Wolf, Simon (2007): Wasserprivatisierung durch Multi-Level-Governance? Bolivianische Wasserpolitik und der Einfluss interner wie externer Akteure, in: Brunnengräber, Achim / Walk, Heike (Hrsg.), Multi-Level-Governance. Klima-, Umwelt- und Sozialpolitik in einer interdependenten Welt, Schriften zur Governance-Forschung. Baden-Baden: Nomos Verlag, 279–302

Wright, Lloyd (2001): Latin American Busways: Moving People Rather than Cars, in: *Natural Resources Forum* Vol. 25(2), 121–134

Wright, Lloyd / Fjellstrom, Karl (2005): Mass Transit Options, in: Deutsche Gesellschaft für Technische Zusammenarbeit (GTZ) (Hrsg.), Sustainable Transport: A Sourcebook for Policy-Makers in Developing Countries, Eschborn: TZ Verlagsgesellschaft

Wright, Lloyd / Hook, Walter (2007): Bus Rapid Transit. Planning Guide, New York: Institute for Transportation and Development Policy

Wright, Lloyd / Montezuma, Ricardo (2004): Reclaiming Public Space: The Economic, Environmental, and Social Impacts of Bogotá's transformation, in: Cities for People Conference, Walk 21, Copenhagen, Denmark, abrufbar unter http://discovery.ucl.ac.uk/110/1/Wright_and_Montezuma%2C_Walk21_V%2C_Copenhagen%2C_Jun_2004.pdf (Abrufdatum 18.07.2011)

Yañez, Maria Francisca / Mansilla, Patricio / Ortúzar, Juan de Dios (2010): The Santiago Panel: Measuring the Effects of Implementing Transantiago, in: *Transportation* (37), 125–149

Yin, Robert K (2003): Case Study Research. Design and Methods 3. Aufl., Thousand Oaks, California

Zegras, Christopher (2007): The Built Environment and Motor Vehicle Ownership & Use: Evidence from Santiago de Chile, in: Annual Meeting of the Transportation Research Board TRB, Washington D.C.

Zegras, Christopher / Gakenheimer, Ralph (2000): Urban Growth Management for Mobility: The Case of the Santiago, Chile Metropolitan Region, Cambridge: MIT, Department of Urban Studies and Planning, abrufbar unter: http://web.mit.edu/czegras/www/Zegras_Gakenheimer_Stgo_growth_mgmt.pdf (Abrufdatum 18.07.2011)

Zimmermann, Karsten (2008): Eigenlogik der Städte – Eine politikwissenschaftliche Sicht, in: Berking, Helmuth / Löw, Martina (Hrsg.), Die Eigenlogik der Städte: Neue Wege für die Stadtforschung, Interdisziplinäre Stadtforschung. Frankfurt am Main: Campus Verlag, 207–230

Zunino, Hugo Marcelo (2006): Power Relations in Urban Decision-making: Neo-liberalism, 'Techno-politicians' and Authoritarian Redevelopment in Santiago, Chile, in: *Urban Studies* Vol. 43(10), 1825–1846

INTERNETQUELLEN

DNP a: http://www.dnp.gov.co/PortalWeb/Qui%C3%A9nesSomos/Misi%C3%B3nvisi%C3%B3n origen.aspx (18.07.2011)
DNP b: http://www.dnp.gov.co/PortalWeb/CONPES.aspx (18.07.2011)
Transmilenio S.A. a: http://www.transmilenio.gov.co/WebSite/DescargarPDFDeMiPlanDeViaje. aspx (18.07.2011)
Transmilenio S.A. b: http://www.transmilenio.gov.co/WebSite/Contenido.aspx?ID=Transmilenio SA_QuienesSomos_ResenaHistorica (18.07.2011)
TheCityFix.com: http://thecityfix.com/in-nyc-a-new-system-of-buses-expands-from-the-bronx-to-manhattan/ (18.07.2011)
Blog Plataforma Urbana: http://www.plataformaurbana.cl/archive/tag/enrique-penalosa (18.07.2011)
Transantiago: http://www.transantiagochile.com/consultora/fernandez-cea (letztmalig abgerufen am 10.12.2010)

GESETZE

Abkommen 04: Por el cual se autoriza al Alcalde Mayor en representación del Distrito Capital para participar, conjuntamente con otras entidades del orden Distrital, en la Constitución de la Empresa de Transporte del Tercer Milenio – Transmilenio S.A. y se dictan otras disposiciones (1999)
Abkommen 06: Por el cual se adopta el Plan de Desarrollo Económico, Social y de Obras Públicas para Santa Fe de Bogotá, D.C., 1998–2001: Por la Bogotá que queremos (1998)
Abkommen 257: Por el cual se dictan normas básicas sobre la estructura, organización y funcionamiento de los organismos y de las entidades de Bogotá, distrito capital, y se expiden otras disposiciones (2006)
Abkommen 308: Por el cual se adopta el Plan de Desarrollo Económico, Social, Ambiental y de Obras Públicas para Bogotá, D. C., 2008–2012: Bogotá positiva: para vivir mejor (2008)
CONPES 2999: Sistema del servicio público urbano de transporte masivo de pasajeros de Santa Fe de Bogotá (1998)
Dekret 212: Reglamento de los servicios nacionales de transporte publico de pasajeros (1992)
Dekret 24: Crea comisión asesora presidencial „Directorio de Transportes de Santiago" (2002)
Dekret 309: Por el cual se adopta el Sistema Integrado de Transporte Público para Bogotá, D.C., y se dictan otras disposiciones (2009)
Dekret 319: Por el cual se adopta el Plan Maestro de Movilidad para Bogotá Distrito Capital, que incluye el ordenamiento de estacionamientos, y se dictan otras disposiciones (2006)
Dekret 63: Por el cual se reglamenta y modifica la composición del Consejo de Gobierno Distrital y se reglamentan los Comités Sectoriales (2005)
Dekret 80: Por el cual se asignan unas funciones a los municipios en relación con el transporte urbano (1987)
Gesetz 105: Por la cual se dictan disposiciones básicas sobre el transporte, se redistribuyen competencias y recursos entre la Nación y las Entidades Territoriales, se reglamenta la planeación en el sector transporte y se dictan otras disposiciones (1993)
Gesetz 152: Por la cual se establece la Ley Orgánica del Plan de Desarrollo (1994)
Gesetz 18.059: Asigna al Ministerio de Transportes y Telecomunicaciones el carácter de organismo rector nacional de transito y le señala atribuciones (1981)
Gesetz 18.695: Ley organica constitucional de municipalidades (2002)

Gesetz 18.696: Modifica articulo 6° de la ley no 18.502, autoriza importación de vehículos que señala y establece normas sobre transporte de pasajeros (1988, Artikel 3 wurde 1990 eingefügt)

Gesetz 20378: Crea un subsidio nacional para el transporte público remunerado de pasajeros (2009)

Gesetz 310: Por medio del cual se modifica la Ley 86 de 1989 (1996)

Gesetz 336: Disposiciones generales para los modos de transporte (1996)

Gesetz 388: Por la cual se modifica la Ley 9 de 1989, y la Ley 2 de 1991 y se dictan otras disposiciones (1997)

Präsidiale Anweisung: Instructivo Presidencial que crea Comité de Ministros para el Transporte Urbano de Santiago (07.04.2003)

ANHANG

INTERVIEWPARTNER IN SANTIAGO

(zur Wahrung der Anonymität wurde auf die weibliche Form verzichtet)

Person	Position	Frühere/zusätzliche Positionen	Datum
S1	Professor an Universität	Beratende Tätigkeit für MTT	16.03.2006 06.03.2009
S2	Assistenzprofessor an Universität	Leitende Position bei Transantiago	21.03.2006 12.03.2009
S3	Assistenzprofessor an Universität	Beratende Tätigkeit für MTT und Transantiago	17.03.2009
S4	Assistenzprofessor an Universität	Früher bei SECTRA	11.04.2006
S5	Professor an Universität		27.04.2009
S6	Beratende Position im Verkehrsministerium	Professor an Universität	06.04.2009
S7	Beratende Position im Verkehrsministerium		13.04.2009
S8	Politiker und freier Berater	Früher Verkehrsminister, leitende Position bei Transantiago	17.04.2006
S9	Leitende Position Verkehrsministerium		25.04.2006
S10	Leitende Position im Seremitt		20.04.2009
S11	Leitende Position bei SECTRA		18.04.2006
S12	Leitende Position bei Transantiago		24.03.2006
S13	Leitende Position bei Transantiago		12.04.2006
S14	Leitende Position bei Transantiago		14.04.2009
S15	Leitende Position bei Transantiago	Früher Seremitt	21.04.2009
S16	Leitende Position bei Transantiago	Früher Seremitt	22.04.2009
S17	Mitarbeiter bei Transantiago		16.04.2009
S18	Leitende Position bei der Stiftung „Libertad y Desarrollo"		13.03.2009
S19	Mitglied von NGO „Ciudad Viva"	Früher leitende Position bei Transantiago	18.04.2006
S20	Mitglied von NGO „Ciudad Viva"		06.04.2006
S21	Geschäftsführer eines Busunternehmens		22.04.2009
S22	Leitende Position Kommunalverwaltung (Abt. Verkehr) einer Kommune		08.04.2009

INTERVIEWPARTNER IN BOGOTÁ

(zur Wahrung der Anonymität wurde auf die weibliche Form verzichtet)

Person	Institution	Frühere/zusätzliche Positionen	Datum
B1	Assistenzprofessor an Universität		28.05.09
B2	Professor an Universität		18.05.09
B3	Professor an Universität		26.05.09
B4	Professor an Universität		16.07.09
B5	Professor an Universität		07.07.09, 19.08.09
B6	Mitarbeiter im Ministerio de Transporte	Früher Transmilenio S.A.	01.07.09
B7	Mitarbeiter im Departamento Nacional de Planeación		09.07.09
B8	Leitende Position im Secretaria Distrital de Movilidad		11.08.09
B9	Beratende Position im Secretaria Distrital de Movilidad,	Früher Transmilenio S.A.	10.07.09
B10	Leitende Position im Secretaría Distrital de Planeación		04.08.09
B11	Mitarbeiter bei Transmilenio S.A. und Secretaría Distrital de Planeación		24.07.09
B12	Leitende Position bei Transmilenio S.A.		31.07.09
B13	Mitarbeiter bei Transmilenio S.A.		24.07.09
B14	Mitarbeiter bei Transmilenio S.A.		24.07.09
B15	Politiker und freier Berater	Ehem. Bürgermeister von Bogotá	21.08.09
B16	Mitarbeiter eines Forschungszentrums in Washington	Früher Transmilenio S.A.	11.07.09 (per Skype)
B17	Beratende Position im privaten Verkehrsberatungsunternehmen	Assistenzprofessor an Universität	15.07.09
B18	Leitende Position im privaten Beratungsunternehmen	Früher leitende Position bei Transmilenio S.A.	28.07.09
B19	Leitende Position im privaten Beratungsunternehmen	Früher leitende Position bei Transmilenio S.A.	23.07.09
B20	Leitende Position in einem Busunternehmen		04.08.09

BEISPIEL INTERVIEWLEITFADEN

Actor concreto
- Información sobre carrera profesional y el tarea/trabajo en la institución
- Información sobre la institución: departamentos/secciones, responsabilidades, jerarquía
- tarea principal y la meta de la institución
- conexión a TS? Usted esta involucrada personalmente en la planificación?

Metas de Transantiago
- Cuáles eran las metas de Transantiago? Por que querían cambiar el sistema de transporte público?
- Influencia de ideas como
    - la modernización del imagen de Santiago para la inversión extranjera?
    - la mejora de la movilidad para el crecimiento económico?
    - efectividad del transporte público? Que significa "efectividad"?

Procesos, fiscalización
- Comité de ministros:
    - Existe todavía? Quien esta involucrada y porque? Como se toman/ tomaron decisiones?
- „Comité técnico"?
    - Quien esta involucrada? Que están haciendo en este comité?
- Quien decide sobre cambios actuales (como recorridos, buses, frecuencias, paradas, contratos)?
    - Las empresas y comunas están involucradas?
    - Hay que cambiar los contratos con los empresas?
    - Como funciona la información para el publico sobre cambios actuales?
- Las decisiones tomadas están fiscalizadas/controladas cuando están implementadas?
- Quien controla a quien? Y hay sanciones o multas?

Actores, responsabilidad y datos del transporte
- Cuál es el rol de SECTRA?
- Hay una superposición de responsabilidades en algunas temas de transporte?
- Usted ve un déficit en la cooperación con otras instituciones?
- Quien elabora los datos importantes por la planificación del Transantiago? (ministerios, empresas privadas como Fernández y de Cea?)
- Quien decide en base a que datos? (flujo de la circulación,...)
- Todas las actores trabajan con los mismo dato y tienen acceso a los mismo datos?

Planificación y Autoridad Metropolitana de Transporte
- Que piensa usted sobre la planificación centralizada de TS? Es una solución adecuada o hay que cambiar algo en la distribución de poder?
- Por que todavía no existe la Autoridad Metropolitana de Transporte (aunque es un programa del PTUS)? Cuales serían sus competencias?

Cooperación entre público y privado
- Por qué hubo la decisión contra las microempresarios y por las empresas grandes? Que pasó con los microempresarios en Transantiago?
- Quien son de las nuevas empresas? De donde vienen?
- Quien seleccionó las empresas y como?
- Las nuevas empresas tuvieron alguna influencia en la base de licitación o en los contratos?
- Hubieron modificaciones en los contratos después los problemas? Cual modificaciones y por que necesario?

Subsidios
- De dónde viene la idea de dar un subsidio al transporte público?
- De dónde viene este dinero?
- Pueden estabilizar al sistema?
- Que significan subsidios para los políticas de transporte en Santiago?

Cooperación con las comunas
- Como están involucrado las comunas en la planificación?
- Para cual temas tienen una voz?
- Todas las comunas tienen la misma derecha para participar?

Por fin
- Cuáles eran los problemas de Transantiago en la etapa de implementación? Son los mismos como hoy o se ha solucionado algunas de estos problemas?
- Dónde ve usted problemas de Transantiago hoy en día?